JN197754

Switching Converter

共振形
スイッチング
コンバータの基礎

落合 政司 [著]
Ochiai Masashi

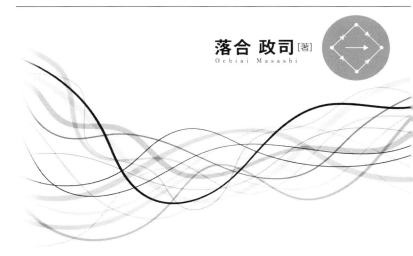

本書を発行するにあたって，内容に誤りのないようできる限りの注意を払いましたが，本書の内容を適用した結果生じたこと，また，適用できなかった結果について，著者，出版社とも一切の責任を負いませんのでご了承ください．

　本書は，「著作権法」によって，著作権等の権利が保護されている著作物です．本書の複製権・翻訳権・上映権・譲渡権・公衆送信権（送信可能化権を含む）は著作権者が保有しています．本書の全部または一部につき，無断で転載，複写複製，電子的装置への入力等をされると，著作権等の権利侵害となる場合があります．また，代行業者等の第三者によるスキャンやデジタル化は，たとえ個人や家庭内での利用であっても著作権法上認められておりませんので，ご注意ください．

　本書の無断複写は，著作権法上の制限事項を除き，禁じられています．本書の複写複製を希望される場合は，そのつど事前に下記へ連絡して許諾を得てください．

出版者著作権管理機構
（電話 03-5244-5088，FAX 03-5244-5089，e-mail：info@jcopy.or.jp）

JCOPY ＜出版者著作権管理機構 委託出版物＞

はじめに

　電気・電子機器には，交流電圧を直流電圧に変換し一定に制御された電圧を負荷回路に供給する電源回路が付いています。ここには小型・軽量で効率が高いスイッチング電源（スイッチングレギュレータ）が使われています。スイッチング電源は，矩形波コンバータと共振形コンバータに大きく分けることができます。スイッチング電源が開発された当初は共振形コンバータはまだなく，矩形波コンバータが主に使われていました。しかし，ノイズが大きいことから，ノイズを嫌う音響機器や計測器などには使われていませんでした。ノイズが少ない共振形コンバータが開発されてからは，共振形が使われるようになりました。

　共振形コンバータには，全波電圧共振形，半波電圧共振形，全波電流共振形，半波電流共振形があります。これらを基本回路として，いろいろな絶縁形共振コンバータが提案されています。電圧共振フライバック形，電圧共振フォワード形，電流共振ハーフブリッジ形，複合形の電流共振形などがあります。共振形コンバータは，矩形波コンバータに比べて効率が良くノイズが少ないという特徴を持っていることから，こちらを使用する機器が増えています。その中で，電圧共振と電流共振を利用した複合形の電流共振形コンバータ（SMZ コンバータ）が，最も広く，いろいろな機器に使われています。

　本書の第 I 部では，共振形コンバータが開発された背景，共振スイッチと，共振スイッチを降圧形コンバータに適用した四つの回路例，絶縁形共振コンバータのいろいろな回路方式について説明します。第 II 部では，電流共振形コンバータについて，詳細を解説します。現在までに，電流共振形コンバータの昇降圧比を交流近似解析法で求める方法を示した文献はありましたが，これ以外の詳細を述べたものはありませんでした。第 II 部では，電流共振形コンバータの動作電圧・電流，昇降圧比，静特性，動特性，出力電圧の過渡応答，周波数特性について理論式を新しい方法で導き，計算結果を示します。また，設計に際して注意すべき点についても説明します。式の導出にあたっては，読者が理解しやすいように，途中の経過も省略せずに示します。本書を通じて，共振形コンバータについての基礎知識と，電流共振形コンバータに展開するのに必要な技術を，十分に理解することができます。

　本書を企業の若き技術者と大学院，大学，高専の学生に贈ります。スイッチング電源はパワーエレクトロニクスの基礎となる回路であり，共振形スイッチングコン

はじめに

バータの基本的な原理や特性について学ぶことは，電気・電子工学を専攻する学生にとって重要かつ有意義です。企業の技術者にも役に立ち，有益です。十分に活用していただければ幸いです。

　2019 年 7 月

落 合 政 司

目次

第Ⅰ部　共振形コンバータとその代表的な回路方式

第 1 章　　共振形コンバータが開発された背景　　2
1.1　矩形波コンバータのスイッチ損失 2
1.2　動作周波数とスイッチングコンバータの小型化 4
1.3　共振形コンバータが開発された背景 5
1.4　第 1 章のまとめ 10

第 2 章　　共振スイッチと共振形コンバータ　　11
2.1　共振スイッチと共振形コンバータの四つの回路方式 11
2.2　降圧形コンバータへの適用 13
　　[1]　四つの回路方式と出力特性 13
　　[2]　動作周波数と出力電圧・昇降圧比の関係 16
　　[3]　出力電流と出力電圧・昇降圧比の関係 26
　　[4]　共振形降圧コンバータの特徴と用途 27
2.3　第 2 章のまとめ 28

第 3 章　　絶縁形共振コンバータ　　30
3.1　絶縁形共振コンバータの回路方式 30
　　[1]　いろいろな回路方式 30
　　[2]　出力特性 33
　　[3]　電流共振形コンバータ（SMZ コンバータ）の特徴 37
3.2　絶縁形共振コンバータとスイッチングトランス 38
3.3　第 3 章のまとめ 40

v

第 II 部　電流共振形コンバータの基礎

第 4 章　　動作原理　　　　　　　　　　　　　　44
　4.1　構成と動作原理 44
　4.2　1 周期間の動作と特徴 46
　4.3　第 4 章のまとめ 51

第 5 章　　無負荷状態の動作　　　　　　　　　　　52
　5.1　無負荷状態の電圧・電流 52
　5.2　昇降圧比および出力特性 59
　5.3　第 5 章のまとめ 63

第 6 章　　負荷を引いた状態の動作　　　　　　　64
　6.1　$t_0 \sim t_1$ 期間の電圧・電流 64
　　　［1］　励磁電流と一次換算出力ダイオード電流 64
　　　［2］　励磁電圧と電流共振コンデンサ電圧およびその他の電圧 72
　6.2　電圧・電流の初期値 76
　　　［1］　電流共振コンデンサ電圧の初期値 $V_{C_i}(0)$ 76
　　　［2］　励磁電流の初期値 $i_e(0)$ 81
　6.3　出力ダイオードの導通時間 t_1 84
　　　［1］　導通時間 t_1 の求め方 84
　　　［2］　電流共振コンデンサ電圧と励磁電流の初期値の計算 85
　　　［3］　出力ダイオード電流と導通時間 89
　6.4　$t_1 \sim t_2$ 期間の電圧・電流 91
　　　［1］　励磁電圧・電流と電流共振コンデンサ電圧 91
　　　［2］　時刻 t_1 における励磁電流と電流共振コンデンサ電圧 93
　6.5　出力電圧 99
　　　［1］　励磁電圧と出力電圧の関係 99
　　　［2］　出力ダイオード電流が最大になる時刻 t_m 100
　　　［3］　出力電圧 102
　6.6　出力特性 104
　　　［1］　昇降圧比の求め方 104

	［2］　比率 K_V の計算	105
	［3］　出力特性	110
	［4］　動作周波数と 1 周期間	112
6.7	第 6 章のまとめ	112

第 7 章　　静特性　　　　114

7.1	実際の出力電圧	114
7.2	出力インピーダンス Z_o	119
7.3	出力電圧の負荷変動	127
7.4	第 7 章のまとめ	128

第 8 章　　動特性　　　　129

8.1	直流に対するレギュレーション機構	129
8.2	直流ゲイン G_{vv}, G_{vf}, G_{vr}	131
	［1］　入力電圧に対する直流ゲイン G_{vv}	131
	［2］　動作周波数に対する直流ゲイン G_{vf}	132
	［3］　出力抵抗（負荷抵抗）に対する直流ゲイン G_{vr}	138
8.3	変動率 S	140
8.4	出力インピーダンス Z	143
8.5	負荷レギュレーション特性	146
8.6	第 8 章のまとめ	148

第 9 章　　出力電圧の過渡応答　　　　149

9.1	低周波に対する等価回路	149
	［1］　等価インダクタンス	149
	［2］　低周波に対する等価回路	153
9.2	伝達関数 $G_{vv}(s)$, $G_{vf}(s)$, $G_{vr}(s)$	156
9.3	出力電圧の過渡応答	166
	［1］　微小変動に対するレギュレーション機構と出力電圧の変化	166
	［2］　入力電圧が微小変動したときの出力電圧の過渡応答	167
	［3］　出力抵抗が微小変動したときの出力電圧の過渡応答	174
9.4	定常偏差	179
9.5	安定性と帰還ゲインの限界	180
9.6	第 9 章のまとめ	181

目次

第10章　周波数特性　　182

10.1　周波数に対する等価回路 182

10.2　入出力電圧比の周波数特性 183

10.3　出力インピーダンスの周波数特性 188

10.4　第10章のまとめ 191

第11章　設計に際して注意すべき点　　193

11.1　トランスの最大磁束密度 193

11.2　トランス巻数の決め方 194

　　　［1］　トランスの励磁電流 194

　　　［2］　トランスの巻数決定 195

　　　［3］　昇降圧比の確認 197

11.3　トランスのリーケージインダクタンスの最適値 197

11.4　昇降圧比と電流共振コンデンサの容量 199

11.5　第11章のまとめ 200

付録A　　フライバック形コンバータと電流共振形コンバータの ノイズ比較　　202

A.1　伝導ノイズの比較 203

A.2　輻射ノイズの比較 204

付録B　　降圧形コンバータの損失　　205

参考文献・図書　　207

索引　　208

viii

第I部

共振形コンバータと
その代表的な回路方式

第1章
共振形コンバータが開発された背景

　スイッチング電源は，矩形波コンバータと共振形コンバータに大きく分けること
ができ，スイッチング電源が開発された当初は，矩形波コンバータが主に使われて
いました。しかし，矩形波コンバータは動作周波数を上げるとスイッチング損失が
増大してしまい，小型化することができませんでした。また，ノイズが大きいこと
から，ノイズを嫌う音響機器や計測器などには使われていませんでした。一方，共
振形コンバータは，動作周波数を上げてもスイッチング損失が小さいため，スイッ
チングコンバータを小型化できます。また，ノイズの問題も少なくなり，共振形コ
ンバータが電気・電子機器に広く使われるようになりました。

　この章では，共振形コンバータが開発された背景と，矩形波コンバータに対する
共振形コンバータの優位点について説明します。

1.1　矩形波コンバータのスイッチ損失

　リンギングチョーク形コンバータやフライバック形コンバータなどの矩形波コン
バータは，スイッチをオン・オフさせることにより，二次側負荷に電力を供給しま
す。スイッチには半導体が使われ，立上り時間と立下り時間があります。また，導
通したときには抵抗が生じます。したがって，損失が発生します。図 1.1 は，リン
ギングチョーク形コンバータのスイッチである出力トランジスタに発生する損失を
示したものです。

　図 1.1 より出力トランジスタの損失 P_Q を求めると，次式のようになります。式
の中で，P_{SW} はスイッチング損失，$i_{Q\mathrm{rms}}$ は出力トランジスタを流れる電流の実効
値，R_{on} はオン抵抗，f は動作周波数を表します（これら以外は図 1.1 を参照して
ください）。

2

1.1 矩形波コンバータのスイッチ損失

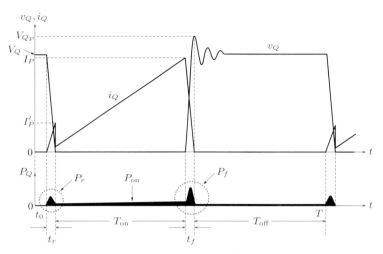

i_Q, V_Q, P_Q：出力トランジスタの電流，電圧，損失，P_{on}：オン期間の損失，P_r, P_f：スイッチオン時（立上り時間）およびスイッチオフ時（立下り時間）におけるスイッチング損失

図 1.1 リンギングチョーク形コンバータの出力トランジスタ損失

$$P_r = \frac{1}{T}\int_0^{t_r} v_Q i_Q dt = \frac{1}{T}\int_0^{t_r} V_Q\left(1-\frac{t}{t_r}\right)\cdot I'_P \frac{t}{t_r} dt = \frac{V_Q I'_P t_r}{6T}$$

$$= \frac{f}{6}\cdot V_Q I'_P t_r$$

$$P_f = \frac{1}{T}\int_0^{t_f} v_Q i_Q dt = \frac{1}{T}\int_0^{t_r} V_{Q_P}\frac{t}{t_f}\cdot I_P\left(1-\frac{t}{t_f}\right) dt = \frac{V_{Q_P} I_P t_f}{6T}$$

$$= \frac{f}{6}\cdot V_{Q_P} I_P t_f$$

$$P_{\mathrm{SW}} = P_r + P_f$$

$$P_{\mathrm{on}} = (i_{Q_{\mathrm{rms}}})^2 R_{\mathrm{on}}$$

$$P_Q = P_{\mathrm{SW}} + P_{\mathrm{on}} = \frac{f}{6}\left(V_Q I'_P t_r + V_{Q_P} I_P t_f\right) + (i_{Q_{\mathrm{rms}}})^2 R_{\mathrm{on}} \tag{1.1}$$

また，周波数に対する出力トランジスタの損失 P_Q の変化を求めると，次のようになります。

$$\frac{\partial P_Q}{\partial f} = \frac{\partial P_{\mathrm{SW}}}{\partial f} = \frac{1}{6}\left(V_Q I'_P t_r + V_{Q_P} I_P t_f\right) = \frac{P_{\mathrm{SW}}}{f} = \frac{hP_Q}{f} \tag{1.2}$$

3

第 1 章　共振形コンバータが開発された背景

ただし，h はスイッチング損失 P_{SW} の P_Q に占める割合（$h = P_{SW}/P_Q$）です。

以上より，次のことがいえます。式 (1.1) で示されている出力トランジスタ損失は，動作周波数が上がると大きくなります。そのときの動作周波数に対する変化量は，スイッチング損失の占める割合 h が大きいほど，大きくなります。図 1.2 を参照してください。

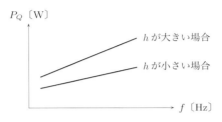

図 1.2　動作周波数に対するスイッチの損失

1.2　動作周波数とスイッチングコンバータの小型化

動作周波数を上げると，1 周期間にスイッチングコンバータが扱う電力量（エネルギー）W が減少するため，スイッチングコンバータを小型化することができます。次式は，出力電力を P_o としたときに，矩形波コンバータが 1 周期間 T にスイッチングトランスの二次側負荷に供給する電力量 W を表しています。

$$W \, [\mathrm{J}] = P_o T \, [\mathrm{Ws}] = \frac{P_o}{f} \, [\mathrm{W/Hz}] \tag{1.3}$$

この式から，動作周波数を高くすると，動作周波数に反比例して 1Hz 当たりの電力量 W が少なくなり，コンバータを構成する部品の定格を小さくできることがわかります（図 1.3 を参照）。したがって，部品形状を小さくでき，スイッチングコンバータを小型化できます。

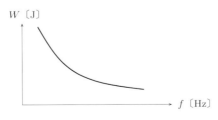

図 1.3　動作周波数と 1Hz 当たりの電力量 W

しかし，スイッチング回数の増加に伴い，スイッチのスイッチング損失やトランスコアの鉄損が増えてしまい，実際には温度上昇の面から小型化することはできません。

1.3 共振形コンバータが開発された背景

そこで，スイッチング損失を低減させる技術として考案されたのが，共振形コンバータです。共振させることにより波形を正弦波状にし，電圧または電流がゼロのところでターンオンまたはターンオフさせます。この動作はそれぞれ ZVS（zero voltage switching）および ZCS（zero current switching）と呼ばれ，これによりスイッチング損失を大幅に小さくすることができます（図 1.4 参照）。その結果，動作周波数を上げ，スイッチングコンバータを小型化できるようになります。

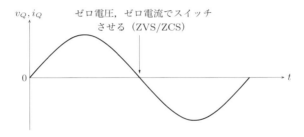

図 1.4　ZVS と ZCS

図 1.5 は，スイッチングトランスを抵抗に置き換えたときの抵抗負荷において，矩形波コンバータがターンオン・ターンオフするときのスイッチの電圧－電流の軌跡を描いたものです。V_{Q_P} と I_{Q_P} は電圧・電流の最大値を示します。ターンオンするときは電流の増加とともに電圧が減少し，ターンオフするときは逆に電流の減少とともに電圧が増加する特性を示します。どちらも電圧－電流の軌跡の内側の面積は大きく，大きな損失が発生します。1 周期間では，内側の面積の 2 倍に相当する損失が発生します。

図 1.6 (a) は電圧共振形コンバータがスイッチングするときの，抵抗負荷におけるスイッチの電圧－電流の軌跡を示しています。スイッチがターンオンするときは，損失は発生しません。スイッチがターンオフするとき，完全にオフするまでに少し電圧が上昇するため，いくらかの損失が発生しますが，その損失は矩形波コンバータに比べて極めて少なくなっています。図 1.6 (b) は電流共振形コンバータがスイッチングするときの，抵抗負荷におけるスイッチの電圧－電流の軌跡を示してい

第 1 章　共振形コンバータが開発された背景

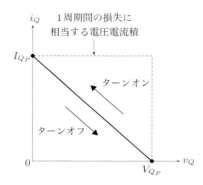

図 1.5　矩形波コンバータの抵抗負荷におけるスイッチの電圧−電流の軌跡

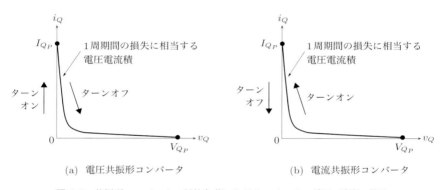

(a) 電圧共振形コンバータ　　　　(b) 電流共振形コンバータ

図 1.6　共振形コンバータの抵抗負荷におけるスイッチの電圧−電流の軌跡

ます。スイッチがターンオフするときは，損失は発生しません。スイッチがターンオンするとき，完全にオンするまでにある程度の電圧が加わった状態で電流が上昇するため，いくらかの損失が発生しますが，その損失はわずかです。

　以上で述べたように，スイッチを ZVS または ZCS させることにより，スイッチング損失を非常に小さくすることができます。その結果，スイッチ損失が大幅に減少し，動作周波数を上げ，スイッチングコンバータを小型化できるようになります。

　また，共振形コンバータを使うことにより，ノイズ（伝導ノイズと輻射ノイズ）も低減できます。フライバック形などの矩形波コンバータでは，スイッチがターンオンするときには，スイッチに並列に接続されたコンデンサの放電などにより，サージ電流が流れます。ターンオフするときは，トランスのリーケージインダクタンスや配線のインダクタンスにより，サージ電圧が発生します。図 1.7 を見てください。このサージ電圧（リンギング電圧）がノイズを発生する原因になります。

1.3 共振形コンバータが開発された背景

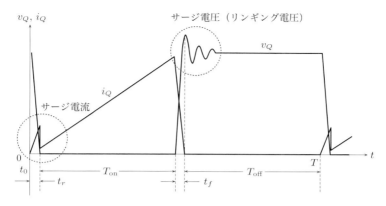

図 1.7 矩形波コンバータのスイッチに発生するサージ電圧・電流

出力ダイオードもノイズ源になります。図 1.8 はフライバック形コンバータにおいて，ターンオフするときの出力ダイオードの電流を示したものです。時刻 t_0 でゲート電圧が供給されるとスイッチはオンし，出力ダイオードは逆バイアスされます。このとき出力ダイオードにはまだ順方向に電流が流れており，このためストレージ期間に大きなリカバリー電流が流れ，大きなリカバリー損失とリカバリーノイズが発生します。その後，時刻 t_2 でオフした後に電流が急激にゼロに向かうために，回路の寄生インダクタンスに逆起電力が発生します。すると，浮遊容量などと共振して図に示すような振動が発生し，ノイズが放射されやすい状態になります。これもノイズ源になります。

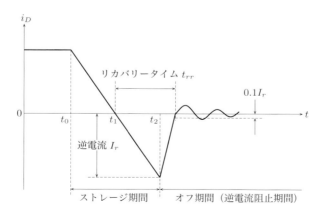

図 1.8 フライバック形コンバータにおけるターンオフ時の出力ダイオードの電流

第 1 章 共振形コンバータが開発された背景

共振形コンバータでは，スイッチを ZVS させるので，ターンオンするときのサージ電流はなくなります。また，オフした後のスイッチの両端電圧は，共振用のインダクタンス L_r と共振コンデンサ C_r により決まる一定の傾きで上昇するために，過渡的な振動は出にくく，ノイズの発生量は少なくなります。

共振形コンバータの動作波形は，図 1.9 と図 1.10 を参照してください。図 1.9 は，電流共振形（soft-switched multi-resonant zero-cross; SMZ）コンバータのスイッチ電圧波形（V_{Q_1} と V_{Q_2}）と出力ダイオードの電流波形（i_{D_1} と i_{D_2}）を示しています。また，図 1.10 は，電圧共振フライバック形コンバータのスイッチ電圧波形（V_Q）と出力ダイオードの電流波形（i_D）を示しています。図 1.9，図 1.10 にお

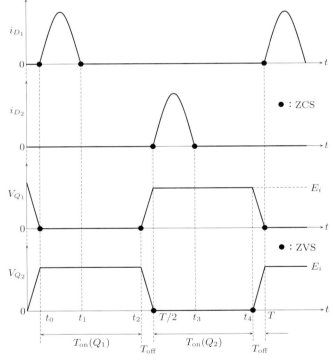

i_{D_1}, i_{D_2}：出力ダイオード D_1, D_2 の電流，V_{Q_1}, V_{Q_2}：スイッチ Q_1, Q_2 の両端電圧，E_i：入力電圧，$T_{on}(Q_1)$：Q_1 のオン期間，$T_{on}(Q_2)$：Q_2 のオン期間，T_{off}：Q_1, Q_2 ともにオフしている期間（電圧共振期間）

電流共振形コンバータの構成については，第 3 章を参照してください。

図 1.9　電流共振形コンバータ（SMZ コンバータ）の動作波形

1.3 共振形コンバータが開発された背景

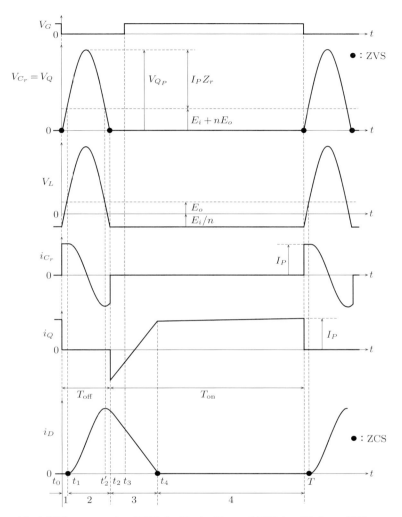

V_G：ゲート電圧，V_Q：スイッチ電圧（$= V_{C_r}$），V_L：二次励磁インダクタンス電圧，i_{C_r}：共振コンデンサ電流，i_Q：スイッチ電流，i_D：出力ダイオード電流，1～4：動作状態 1 から動作状態 4 の期間，E_i：入力電圧，E_i/n：二次換算の入力電圧，E_o：出力電圧，$E'_o = nE_o$：一次換算の出力電圧，n：巻線比（$n = N_1/N_2$，ただし N_1：一次巻線巻数，N_2：二次巻線巻数），Z_r：共振回路のインピーダンス，$Z_r = \sqrt{L_r/C_r}$，I_P：定電流

電圧共振フライバック形コンバータの構成については，第 3 章を参照してください。

$t_1 \sim t'_2$ 期間（共振期間）の V_{C_r}：$V_{C_r} = E_i + E'_o + I_P Z_r \sin \omega t$

図 1.10　電圧共振フライバック形コンバータの動作波形

第1章　共振形コンバータが開発された背景

いて，スイッチは ZVS しています。出力ダイオードもターンオン・ターンオフするときに ZCS しているので，先に説明したリカバリーノイズは低減できます。

　まったく同一条件ではありませんが，フライバック形コンバータと電流共振形コンバータ（SMZ コンバータ）の伝導ノイズと輻射ノイズを測定した結果を，付録 A に記載しています。フライバック形では伝導ノイズと輻射ノイズが突出して大きい周波数領域がありますが，電流共振形ではそれがなく，ノイズの発生が極めて少ないことが確認できます。

1.4　第1章のまとめ

第1章の要点をまとめると，以下のようになります。

① 動作周波数を上げると，トランスの二次側に供給する 1Hz 当たりの電力量 W〔J〕が小さくなるため，スイッチングコンバータを小型化することができます。

② しかし，矩形波コンバータでは，スイッチング回数の増加に伴い，スイッチのスイッチング損失やトランスコアの鉄損が増えてしまい，実際には温度上昇の面から小型化することはできません。

③ そこで，スイッチング損失を低減させる技術として考案されたのが，共振形コンバータです。共振させることにより波形を正弦波状にし，電圧または電流がゼロのところでターンオンまたはターンオフさせます。この動作はそれぞれ ZVS および ZCS と呼ばれ，これによりスイッチング損失を大幅に小さくすることができます。

④ 共振形コンバータにすることで，動作周波数を上げ，スイッチングコンバータを小型化できるようになります。

⑤ また，共振形コンバータは，伝導ノイズと輻射ノイズがともに少ないため，音響機器や計測器などノイズを嫌う機器にも広く利用できます。

第2章
共振スイッチと共振形コンバータ

ZVS や ZCS の動作を行うためには，LC の共振回路を利用したスイッチが必要です。矩形波コンバータのスイッチに LC の共振回路を組み合わせ，共振スイッチを構成することにより，矩形波コンバータを共振形コンバータにすることができます。共振スイッチには 4 種類のスイッチがあります。この章では，これらのスイッチを，降圧形コンバータに適用したときの 4 種類の共振形降圧コンバータについて，回路方式，出力特性（動作周波数に対する昇降圧比 G の変化），動作周波数と出力電圧・昇降圧比の関係，出力電流と出力電圧・昇降圧比の関係を示し，その特徴と用途について説明します。

2.1 共振スイッチと共振形コンバータの四つの回路方式

ZVS や ZCS の動作を行うために必要な，LC の共振回路を利用したスイッチには，スイッチに加わる電圧が正弦波になる電圧共振スイッチと，スイッチに流れる電流が正弦波になる電流共振スイッチの二つがあります（図 2.1 (a), (b) 参照）。それらは，さらに正弦波電圧・電流が一つの極性（正極）しか発生しない半波電圧共振スイッチおよび半波電流共振スイッチと，正弦波電圧・電流に正負両方の極性が発生する全波電圧共振スイッチおよび全波電流共振スイッチに分けることができ，合計で 4 種類になります（図 2.1 (c)〜(f) 参照）。

これらのスイッチを使い構成されたのが，電圧共振形コンバータと電流共振形コンバータであり，共振スイッチと同様に四つの回路方式に分類できます。それらを表 2.1 に示します。

第 2 章　共振スイッチと共振形コンバータ

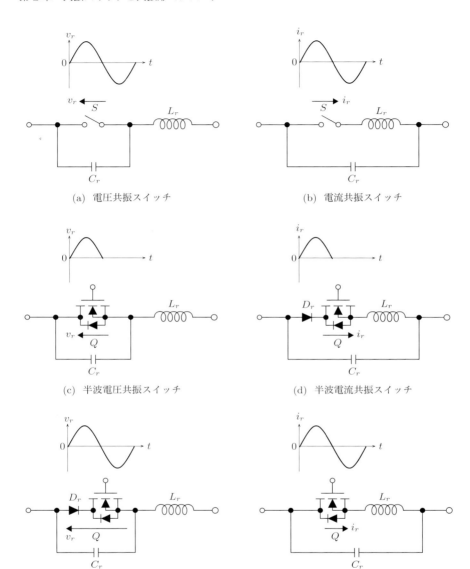

図 2.1　共振スイッチ

v_r：スイッチと共振コンデンサに発生する共振電圧，i_r：スイッチと共振コイルを流れる共振電流，L_r：共振コイル，C_r：共振コンデンサ

表 2.1 共振スイッチと共振形コンバータの四つの回路方式

	電圧共振形コンバータ		電流共振形コンバータ	
	半波電圧共振形	全波電圧共振形	半波電流共振形	全波電流共振形
共振スイッチ	図 2.1 (c)	図 2.1 (e)	図 2.1 (d)	図 2.1 (f)
スイッチ電圧・電流	正極性の正弦波電圧	正極性と負極性の正弦波電圧	正極性の正弦波電流	正極性，負極性の正弦波電流

2.2 降圧形コンバータへの適用

[1] 四つの回路方式と出力特性

　共振スイッチを降圧形コンバータに適用したときの四つの回路方式を，図 2.2 に示します。それらは，半波電圧共振形，全波電圧共振形，半波電流共振形，全波電流共振形の降圧コンバータになります。

　これらの共振形降圧コンバータのスイッチ電圧とスイッチ電流の動作波形を，図 2.3 に示します。電圧共振形降圧コンバータでは，ターンオンするときは，ZVS および ZCS します。ターンオフするときは，ZVS しますが ZCS はしません。電流共振形降圧コンバータでは，ターンオフするときは，ZCS および ZVS します。ターンオンするときは，ZCS しますが ZVS はしません。したがって，電圧共振形降圧コンバータではターンオフするときに，また電流共振形降圧コンバータではターンオンするときに，少々の損失が発生しますが，矩形波コンバータに比べて非常に少なく，共振形にすることにより損失を大幅に低減できるようになります。このときの抵抗負荷における共振形コンバータのスイッチの電圧–電流の軌跡は，1.3 節で説明したようになります。

　共振形コンバータでは，周波数制御により出力電圧を一定にします。電圧共振形では，スイッチがオフしている期間に正弦波電圧が発生します。したがって，出力電圧は，オフ期間を一定にしてオン期間を変え，周波数制御により一定に保たれます。電流共振形コンバータでは，スイッチがオンしている期間に正弦波電流が流れます。したがって，出力電圧は，オン期間を一定にしてオフ期間を変え，周波数制御により一定に保たれます。共振スイッチを降圧形に適用したときの共振形降圧コンバータの出力特性を，図 2.4～2.7 に示します。なお，図中では，G は昇降圧比（$G = E_o/E_i$，ただし E_i は入力電圧，E_o は出力電圧），f_0 は共振周波数（$f_0 = 1/(2\pi\sqrt{L_r C_r})$），$Z_r$ は共振回路のインピーダンス（$Z_r = \sqrt{L_r/C_r}$），R_o は出力抵抗（$R_o = E_o/I_o$，ただし I_o は出力電流（負荷電流））を表しています。

第 2 章　共振スイッチと共振形コンバータ

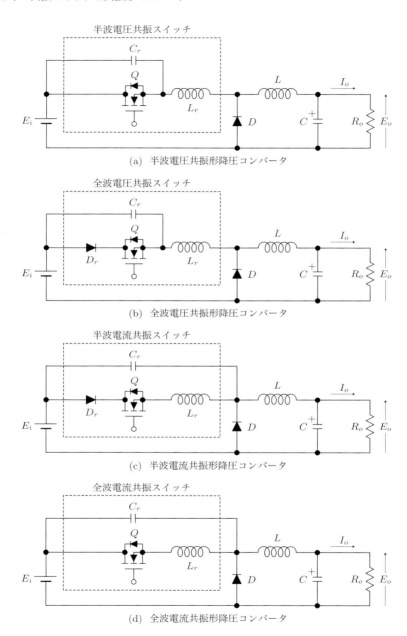

図 2.2　共振スイッチを降圧形コンバータに適用したときの四つの回路方式

2.2 降圧形コンバータへの適用

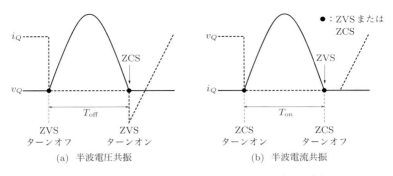

(a) 半波電圧共振　　　　　(b) 半波電流共振

図 2.3　半波共振形降圧コンバータのスイッチ電圧・電流

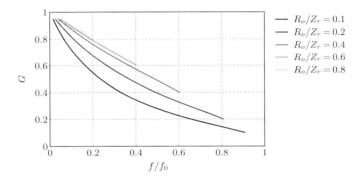

昇降圧比 G が $G < R_o/Z_r$ となると，ZVS しなくなります。

図 2.4　半波電圧共振形降圧コンバータの出力特性

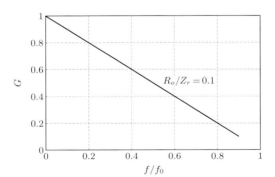

昇降圧比 G は R_o/Z_r によって変化しません。また，昇降圧比 G が $G < R_o/Z_r$ となると，ZVS しなくなります。

図 2.5　全波電圧共振形降圧コンバータの出力特性

15

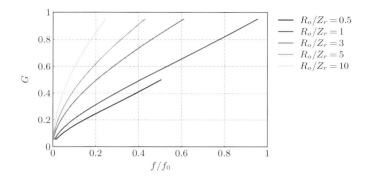

昇降圧比 G が $G > R_o/Z_r$ となると，ZCS しなくなります。

図 2.6　半波電流共振形降圧コンバータの出力特性

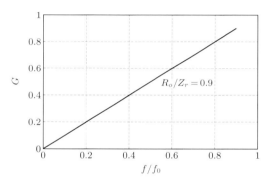

昇降圧比 G は R_o/Z_r によって変化しません。また，昇降圧比 G が $G > R_o/Z_r$ となると，ZCS しなくなります。

図 2.7　全波電流共振形降圧コンバータの出力特性

［2］　動作周波数と出力電圧・昇降圧比の関係

　電圧共振形降圧コンバータでは，動作周波数が上がると出力電圧 E_o と昇降圧比 G が下がります。電流共振形降圧コンバータでは，動作周波数が上がると出力電圧 E_o と昇降圧比 G も上がります。この動作について説明します。

◆ 電圧共振形

　電圧共振形降圧コンバータでは，共振コンデンサ C_r の平均電圧を $\bar{V}_{C_r}$ とすると，出力電圧 E_o は以下のように求められます。

$$E_o = E_i - \bar{V}_{C_r} \tag{2.1}$$

コンデンサに電流が流れると，電圧が蓄積されます．コイルに電流が流れても，電圧は蓄積されません．電圧共振形降圧コンバータでは，共振コンデンサ C_r と出力コンデンサ C の間に共振コイル L_r とコイル L が接続されていますが，これらのコイルには電圧は蓄積されないために，出力電圧 E_o は式 (2.1) となります．

① 半波電圧共振形降圧コンバータ

電圧共振形コンバータでは，オフ期間は一定で，オン期間を変えて出力電圧を制御します．オン期間が短くなり，動作周波数が高くなると，共振コンデンサ C_r の平均電圧が高くなります．図 2.8 に，半波電圧共振形降圧コンバータにおける動作波形を示します．オン期間が T_{on} から T_{on}' に短くなり，動作周波数が高くなると，

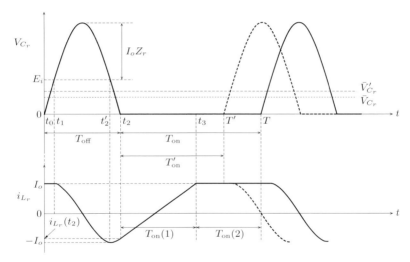

V_{C_r}：共振コンデンサの電圧，i_{L_r}：共振コイルの電流，$\bar{V}_{C_r}$：共振コンデンサの平均電圧の初期値，$\bar{V}_{C_r}'$：動作周波数が上がったときの共振コンデンサの平均電圧，T_{off}：スイッチのオフ期間，T_{on}：スイッチのオン期間，T_{on}'：動作周波数が上がったときのオン期間
$t_0 \sim t_1$ 期間の V_{C_r}：$V_{C_r} = \dfrac{I_o}{C_r}(t - t_0)$，$t_1 \sim t_2$ 期間の V_{C_r}：$V_{C_r} = E_i + I_o Z_r \sin \omega (t - t_1)$，$t_2 \sim t_3$ 期間の i_{L_r}：$i_{L_r} = i_{L_r}(t_2) + \dfrac{E_i}{L_r}(t - t_2)$，$t_3 \sim T$ 期間の i_{L_r}：$i_{L_r} = I_o$

$V_{C_r} = V_Q$ であり，スイッチには半波電流共振形より高い電圧が加わります．

図 2.8　半波電圧共振形降圧コンバータの動作波形

第 2 章 共振スイッチと共振形コンバータ

共振コンデンサ C_r の平均電圧が $\bar{V}_{C_r}$ から $\bar{V}'_{C_r}$ に上がります。オン期間は $T_{\text{on}}(1)$ 期間と $T_{\text{on}}(2)$ 期間に分けられ，$T_{\text{on}}(2)$ 期間がより短くなります。その結果，式 (2.1) からわかるように，出力電圧が低くなり，昇降圧比 G も低下します。図 2.9 は，このときの動作周波数に対する共振コンデンサの平均電圧と出力電圧の変化を示しています。

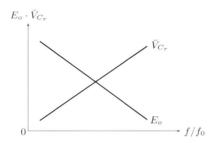

全波電圧共振形の変化は直線ですが，半波電圧共振形は直線ではありません。出力電流が一定のときは直線的に変化します。

図 2.9 電圧共振形降圧コンバータの動作周波数に対する共振コンデンサの平均電圧と出力電圧の変化

共振コンデンサ C_r の平均電圧 $\bar{V}_{C_r}$ は，図 2.8 より以下のように近似できます。

$$\begin{aligned}
\bar{V}_{C_r} &= \frac{1}{T}\left(\int_{t_0}^{t_1} V_{C_r}dt + \int_{t_1}^{t'_2} V_{C_r}dt + \int_{t'_2}^{t_2} V_{C_r}dt\right) \\
&\cong \frac{1}{T}\left(2\int_{t_0}^{t_1} V_{C_r}dt + \int_{t_1}^{t'_2} V_{C_r}dt\right) \\
2\int_{t_0}^{t_1} V_{C_r}dt &\cong (t_1 - t_0)E_i
\end{aligned} \quad (2.2)$$

ここに，以下の等式を代入し，整理します。

$$C_r = \frac{1}{\frac{1}{\sqrt{L_r C_r}}\cdot\sqrt{\frac{L_r}{C_r}}} = \frac{1}{\omega Z_r}$$

$$(t_1 - t_0) = \frac{E_i}{I_o}C_r$$

$$2 \int_{t_0}^{t_1} V_{C_r} dt \cong (t_1 - t_0) E_i = \left(\frac{E_i}{I_o} C_r \right) E_i = \frac{E_i^2}{I_o} \cdot \frac{1}{\omega Z_r}$$

$$= \frac{E_i^2}{I_o} \cdot \frac{1}{2\pi f_0 Z_r} \tag{2.3}$$

$$\int_{t_1}^{t_2'} V_{C_r} dt = (t_2' - t_1) E_i + I_o Z_r \int_{t_1}^{t_2'} \sin \omega t dt$$

$$= \frac{E_i}{2 f_0} + I_o Z_r \left[-\frac{1}{\omega} \cos \omega t \right]_{t_1}^{t_2'} = \frac{E_i}{2 f_0} + \frac{2 I_o Z_r}{\omega}$$

$$= \frac{E_i}{2 f_0} + \frac{I_o Z_r}{\pi f_0} = \frac{1}{f_0} \left(\frac{E_i}{2} + \frac{I_o Z_r}{\pi} \right) \tag{2.4}$$

式 (2.3) と式 (2.4) を式 (2.2) に代入します。

$$\bar{V}_{C_r} = \frac{1}{T f_0} \left(\frac{E_i^2}{I_o} \cdot \frac{1}{2\pi Z_r} + \frac{E_i}{2} + \frac{I_o Z_r}{\pi} \right)$$

$$= \frac{f}{f_0} \left(\frac{E_i^2}{I_o} \cdot \frac{1}{2\pi Z_r} + \frac{E_i}{2} + \frac{I_o Z_r}{\pi} \right) \tag{2.5}$$

式 (2.5) が共振コンデンサの平均電圧です。出力電流 I_o が一定のときは，f/f_0 に比例して増加します。実際には，共振コンデンサの平均電圧が変化し出力電圧が変化すると，出力電流 I_o が変化するので，共振コンデンサの平均電圧は f/f_0 に対して直線的には変化しません。

次に出力電圧と昇降圧比を求めます。出力電流 I_o は出力電圧によって変化してしまうため，出力電流 I_o を $I_o = E_o/R_o$ に置き換え，計算します。

$$E_o = E_i - \bar{V}_{C_r} = E_i - \frac{f}{f_0} \left(\frac{E_i^2}{I_o} \cdot \frac{1}{2\pi Z_r} + \frac{E_i}{2} + \frac{I_o Z_r}{\pi} \right)$$

$$= E_i - \frac{f}{f_0} \left(\frac{E_i^2}{2\pi E_o} \cdot \frac{R_o}{Z_r} + \frac{E_i}{2} + \frac{E_o}{\pi} \cdot \frac{Z_r}{R_o} \right)$$

$$= E_i - \frac{f}{2\pi f_0} \left(\frac{E_i^2}{E_o} \cdot \frac{R_o}{Z_r} + \pi E_i + 2 E_o \cdot \frac{Z_r}{R_o} \right) \tag{2.6}$$

$$G = \frac{E_o}{E_i} = 1 - \frac{f}{2\pi f_0} \left(\frac{E_i}{E_o} \cdot \frac{R_o}{Z_r} + \pi + 2 \frac{E_o}{E_i} \cdot \frac{Z_r}{R_o} \right)$$

$$= 1 - \frac{f}{2\pi f_0} \left(\frac{1}{G} \cdot \frac{R_o}{Z_r} + \pi + 2 G \cdot \frac{Z_r}{R_o} \right) \tag{2.7}$$

式 (2.6) と式 (2.7) の右辺には，左辺と同じ未知数が含まれており，これらを整理

すると，f/f_0 と出力電圧の関係式および f/f_0 と昇降圧比の関係式が得られます。

$$\frac{f}{f_0} = \frac{2\pi(E_i - E_o)}{\dfrac{E_i^2}{E_o} \cdot \dfrac{R_o}{Z_r} + \pi E_i + 2E_o \cdot \dfrac{Z_r}{R_o}} \tag{2.8}$$

$$\frac{f}{f_0} = \frac{2\pi(1 - G)}{\dfrac{1}{G} \cdot \dfrac{R_o}{Z_r} + \pi + 2G \cdot \dfrac{Z_r}{R_o}} \tag{2.9}$$

式 (2.9) より，出力特性（f/f_0 に対する昇降圧比 G）は図 2.4 のようになります。

② 全波電圧共振形降圧コンバータ

全波電圧共振形降圧コンバータの動作波形を図 2.10 に示します。図 2.10 において，$t_0 \sim t_1$ 期間と $t_2 \sim t_3$ 期間は等しくなります。$t_0 \sim t_1$ 期間は図 2.10 下部の式

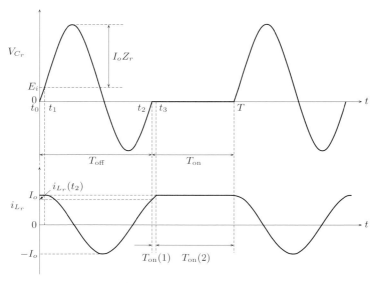

V_{C_r}：共振コンデンサの電圧，i_{L_r}：共振コイルの電流，T_{off}：スイッチのオフ期間，T_{on}：スイッチのオン期間

$t_0 \sim t_1$ 期間の V_{C_r}：$V_{C_r} = \dfrac{I_o}{C_r}(t - t_0)$, $t_1 \sim t_2$ 期間の V_{C_r}：$V_{C_r} = E_i + I_o Z_r \sin \omega(t - t_1)$, $t_2 \sim t_3$ 期間の i_{L_r}：$i_{L_r} = i_{L_r}(t_2) + \dfrac{E_i}{L_r}(t - t_2)$, $t_3 \sim T$ 期間の i_{L_r}：$i_{L_r} = I_o$

$V_{C_r} = V_Q$ であり，スイッチには全波電流共振形より高い電圧が加わります。

図 2.10　全波電圧共振形降圧コンバータの動作波形

より，

$$(t_1 - t_0) = \frac{E_i}{I_o} C_r = \frac{E_i}{I_o \omega Z_r} \tag{2.10}$$

となります。また，$t_2 \sim t_3$ 期間は次のように求められます。この期間に共振コイルを流れる電流は $t_1 \sim t_2$ 期間の共振電流の延長線上にあるため，$t_2 \sim t_3$ 期間を共振期間と近似すると以下のようになり，$t_0 \sim t_1$ 期間に等しくなります。

$$I_o Z_r \sin \omega (t_3 - t_2) \cong I_o Z_r \omega (t_3 - t_2) = E_i \text{ より}$$

$$(t_3 - t_2) = \frac{E_i}{I_o \omega Z_r} \tag{2.11}$$

したがって，$t_0 \sim t_2$ 期間は共振の 1 周期間 T になり，共振コンデンサに交流分（共振電圧）によって発生する直流電圧はゼロになります。これより，出力電圧と昇降圧比は以下のようになります。

$$\bar{V}_{C_r} = \frac{T_{\text{off}}}{T} E_i = \left(1 - \frac{T_{\text{on}}}{T}\right) E_i \tag{2.12}$$

$$E_o = E_i - \bar{V}_{C_r} = \frac{T_{\text{on}}}{T} E_i = \frac{T - T_{\text{off}}}{T} E_i = \left(1 - \frac{T_{\text{off}}}{T}\right) E_i$$

$$= \left(1 - \frac{f}{f_0}\right) E_i \tag{2.13}$$

$$G = \frac{E_o}{E_i} = \left(1 - \frac{f}{f_0}\right) \tag{2.14}$$

式 (2.14) より，出力特性（f/f_0 に対する昇降圧比 G）は図 2.5 のようになります。

◆ 電流共振形

電流共振形降圧コンバータでは，共振コイル L_r に流れる平均（直流）電流 $\bar{i}_{L_r}$ がコンバータの入力電流になります。このときの出力電圧は，コンバータの損失をゼロとすると，

$$E_o = \frac{E_i I_i}{I_o} = \frac{E_i \bar{i}_{L_r}}{I_o} \tag{2.15}$$

になります。コイルには直流電流が流れるのに対し，コンデンサには直流電流は流れません。電流共振形降圧コンバータでは，共振コイル L_r と並列に共振コンデンサ C_r が接続されていますが，コンデンサには直流が流れないために，共振コイル L_r を流れる電流がコンバータの入力電流になります。

21

③ 半波電流共振形降圧コンバータ

電流共振形降圧コンバータでは，オン期間は一定で，オフ期間を変えて出力電圧を制御します．図 2.11 に，半波電流共振形コンバータにおける動作波形を示します．半波電流共振形降圧コンバータでは，オフ期間が T_off から T'_off に短くなり，動作周波数が高くなると，共振コイルに流れる平均（直流）電流は，$\bar{i}_{L_r}$ から $\bar{i}'_{L_r}$ に増加します．オフ期間は $T_\text{off}(1)$ 期間と $T_\text{off}(2)$ 期間に分けられ，$T_\text{off}(2)$ の期間がより短くなります．その結果，式 (2.15) からわかるように，出力電圧が高くなり，昇降圧比 G も上昇します．図 2.12 は，このときの動作周波数に対する共振コイルに流れる平均電流と出力電圧の変化を示しています．

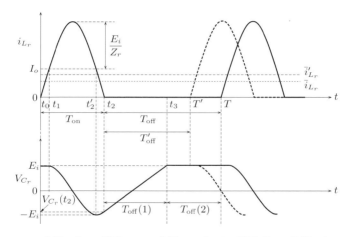

i_{L_r}：共振コイルの電流，V_{C_r}：共振コンデンサの電圧，$\bar{i}_{L_r}$：共振コイルの平均電流の初期値，$\bar{i}'_{L_r}$：動作周波数が上がったときの共振コイルの平均電流，T_on：スイッチのオン期間，T_off：スイッチのオフ期間，T'_off：動作周波数が上がったときのオフ期間

$t_0 \sim t_1$ 期間の i_{L_r}：$i_{L_r} = \dfrac{E_i}{L_r}(t - t_0)$，$t_1 \sim t_2$ 期間の i_{L_r}：$i_{L_r} = I_o + \dfrac{E_i}{Z_r}\sin\omega(t - t_1)$，$t_2 \sim t_3$ 期間の V_{C_r}：$V_{C_r} = V_{C_r}(t_2) + \dfrac{I_o}{C_r}(t - t_2)$，$t_3 \sim T$ 期間の V_{C_r}：$V_{C_r} = E_i$

$i_{L_r} = i_Q$ であり，スイッチには半波電圧共振形より大きな電流が流れます．

図 2.11　半波電流共振形降圧コンバータの動作波形

2.2 降圧形コンバータへの適用

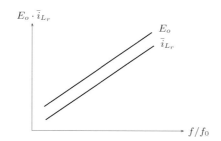

全波電流共振形の変化は直線ですが，半波電流共振形は直線ではありません。出力電流が一定のときは直線的に変化します。

図 2.12 電流共振形降圧コンバータの動作周波数に対する共振コイルの平均電流と出力電圧の変化

共振コイルの平均電流 $\bar{i}_{L_r}$ は，図 2.11 より以下のように近似することができます。

$$\bar{i}_{L_r} = \frac{1}{T} \left(\int_{t_0}^{t_1} i_{L_r} dt + \int_{t_1}^{t_2'} i_{L_r} dt + \int_{t_2'}^{t_2} i_{L_r} dt \right)$$

$$\cong \frac{1}{T} \left(2 \int_{t_0}^{t_1} i_{L_r} dt + \int_{t_1}^{t_2'} i_{L_r} dt \right) \tag{2.16}$$

$$2 \int_{t_0}^{t_1} i_{L_r} dt \cong (t_1 - t_0) I_o$$

ここに，以下の等式を代入し，整理します。

$$L_r = \sqrt{L_r C_r} \cdot \sqrt{\frac{L_r}{C_r}} = \frac{Z_r}{\omega}$$

$$(t_1 - t_0) = \frac{I_o}{E_i} L_r$$

$$2 \int_{t_0}^{t_1} i_{L_r} dt \cong (t_1 - t_0) I_o = \left(\frac{I_o}{E_i} L_r \right) I_o = \frac{I_o^2}{E_i} \cdot \frac{Z_r}{\omega} = \frac{I_o^2}{E_i} \cdot \frac{Z_r}{2\pi f_0} \tag{2.17}$$

$$\int_{t_1}^{t_2'} i_{L_r} dt = (t_2' - t_1) I_o + \frac{E_i}{Z_r} \int_{t_1}^{t_2'} \sin \omega t \, dt$$

$$= \frac{I_o}{2 f_0} + \frac{E_i}{Z_r} \left[-\frac{1}{\omega} \cos \omega t \right]_{t_1}^{t_2'} = \frac{I_o}{2 f_0} + \frac{2 E_i}{\omega Z_r}$$

第 2 章　共振スイッチと共振形コンバータ

$$= \frac{I_o}{2f_0} + \frac{E_i}{\pi f_0 Z_r} = \frac{1}{f_0}\left(\frac{I_o}{2} + \frac{E_i}{\pi Z_r}\right) \tag{2.18}$$

式 (2.17) と式 (2.18) を式 (2.16) に代入します。

$$\bar{i}_{L_r} = \frac{1}{Tf_0}\left(\frac{I_o^2}{E_i}\cdot\frac{Z_r}{2\pi} + \frac{I_o}{2} + \frac{E_i}{\pi Z_r}\right) = \frac{f}{f_0}\left(\frac{I_o^2}{E_i}\cdot\frac{Z_r}{2\pi} + \frac{I_o}{2} + \frac{E_i}{\pi Z_r}\right) \tag{2.19}$$

式 (2.19) が共振コイルの平均電流です。出力電流 I_o が一定のときは，f/f_0 に比例して増加します。実際には，共振コイルの平均電流が変化し出力電圧が変化すると，出力電流 I_o が変化するので，共振コイルの平均電流は f/f_0 に対して直線的には変化しません。

　次に出力電圧と昇降圧比を求めます。出力電流 I_o は出力電圧によって変化してしまうため，出力電流 I_o を $I_o = E_o/R_o$ に置き換え，計算します。

$$\begin{aligned}
E_o &= \frac{E_i \bar{i}_{L_r}}{I_o} = \frac{E_i}{I_o}\cdot\frac{f}{f_0}\left(\frac{I_o^2}{E_i}\cdot\frac{Z_r}{2\pi} + \frac{I_o}{2} + \frac{E_i}{\pi Z_r}\right) \\
&= \frac{f}{f_0}\left(\frac{I_o Z_r}{2\pi} + \frac{E_i}{2} + \frac{E_i^2}{I_o \pi Z_r}\right) \\
&= \frac{f}{2\pi f_0}\left(\frac{E_o}{R_o}Z_r + \pi E_i + \frac{2E_i^2}{E_o}\cdot\frac{R_o}{Z_r}\right) \tag{2.20}
\end{aligned}$$

$$\begin{aligned}
G &= \frac{E_o}{E_i} = \frac{f}{2\pi f_0}\left(\frac{E_o}{E_i}\cdot\frac{Z_r}{R_o} + \pi + \frac{2E_i R_o}{E_o Z_r}\right) \\
&= \frac{f}{2\pi f_0}\left(G\frac{Z_r}{R_o} + \pi + \frac{2}{G}\cdot\frac{R_o}{Z_r}\right) \tag{2.21}
\end{aligned}$$

式 (2.20) と式 (2.21) の右辺には，左辺と同じ未知数が含まれており，これらを整理すると，f/f_0 と出力電圧の関係式および f/f_0 と昇降圧比の関係式が得られます。

$$\frac{f}{f_0} = \frac{2\pi E_o}{\dfrac{E_o}{R_o}Z_r + \pi E_i + \dfrac{2E_i^2}{E_o}\cdot\dfrac{R_o}{Z_r}} \tag{2.22}$$

$$\frac{f}{f_0} = \frac{2\pi G}{G\cdot\dfrac{Z_r}{R_o} + \pi + \dfrac{2}{G}\cdot\dfrac{R_o}{Z_r}} \tag{2.23}$$

　式 (2.23) より，出力特性（f/f_0 に対する昇降圧比 G）は図 2.6 のようになります。

24

2.2 降圧形コンバータへの適用

④ 全波電流共振形降圧コンバータ

全波電流共振形降圧コンバータの動作波形を図 2.13 に示します。図 2.13 において，$t_0 \sim t_1$ 期間と $t_2 \sim t_3$ 期間は等しくなります。$t_0 \sim t_1$ 期間は図 2.13 下部の式より，

$$(t_1 - t_0) = \frac{I_o}{E_i} L_r = \frac{I_o Z_r}{E_i \omega} \tag{2.24}$$

となります。また，$t_2 \sim t_3$ 期間は次のように求められます。この期間に共振コンデンサに発生する電圧は $t_1 \sim t_2$ 期間の共振電圧の延長線上にあるため，$t_2 \sim t_3$ 期間を共振期間と近似すると以下のようになり，$t_0 \sim t_1$ 期間に等しくなります。

$$\frac{E_i}{Z_r} \sin \omega (t_3 - t_2) \cong \frac{E_i}{Z_r} \omega (t_3 - t_2) = I_o$$

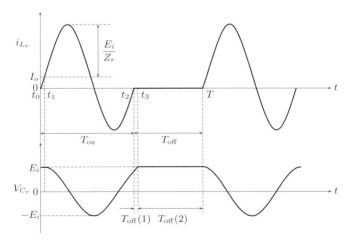

i_{L_r}：共振コイルの電圧，V_{C_r}：共振コンデンサの電圧，T_{on}：スイッチのオン期間，T_{off}：スイッチのオフ期間

$t_0 \sim t_1$ 期間の i_{L_r}：$i_{L_r} = \dfrac{E_i}{L_r}(t - t_0)$，$t_1 \sim t_2$ 期間の i_{L_r}：$i_{L_r} = I_o + \dfrac{E_i}{Z_r} \sin \omega (t - t_1)$，$t_2 \sim t_3$ 期間の V_{C_r}：$V_{C_r} = V_{C_r}(t_2) + \dfrac{I_o}{C_r}(t - t_2)$，$t_3 \sim T$ 期間の V_{C_r}：$V_{C_r} = E_i$

$i_{L_r} = i_Q$ であり，スイッチには全波電圧共振形より大きな電流が流れます。

図 2.13　全波電流共振形降圧コンバータの動作波形

第 2 章　共振スイッチと共振形コンバータ

$$(t_3 - t_2) = \frac{I_o Z_r}{E_i \omega} \tag{2.25}$$

　したがって，$t_0 {\sim} t_2$ 期間は共振の 1 周期間 T になり，共振コイルを流れる交流分（共振電流）の平均値はゼロになります。これより，出力電圧は以下のようになります。

$$\bar{i}_{L_r} = \frac{T_{\mathrm{on}}}{T} I_o \tag{2.26}$$

$$E_o = \frac{\bar{i}_{L_r}}{I_o} E_i = \frac{T_{\mathrm{on}}}{T} E_i = \frac{1/f_0}{1/f} E_i = \frac{f}{f_0} E_i \tag{2.27}$$

$$G = \frac{E_o}{E_i} = \frac{f}{f_0} \tag{2.28}$$

　式 (2.28) より，出力特性（f/f_0 に対する昇降圧比 G）は図 2.7 のようになります。

[3]　出力電流と出力電圧・昇降圧比の関係

　基本となる降圧形コンバータでは，出力インピーダンス Z_o をゼロとすると，出力電流 I_o が変化しても，出力電圧 E_o と昇降圧比 G は変化しません。ところが，半波共振形降圧コンバータでは，出力電流によって昇降圧比 G が変わってきます。図 2.4 と図 2.6 のように，R_o/Z_r が変化すると昇降圧比 G が変化します。半波電圧共振形降圧コンバータでは，R_o/Z_r が小さくなり出力電流が増えると，昇降圧比 G が低下します。同じ昇降圧比 G を得るためには，動作周波数を低くしなければなりません。同様に，半波電流共振形降圧コンバータでも，R_o/Z_r が小さくなり出力電流が増えると，昇降圧比 G が低下します。同じ昇降圧比 G を得るためには，動作周波数を高くしなければなりません。

　半波電圧共振形降圧コンバータでは，出力電流が増えると，オフ期間における共振電圧のピーク値 V_{Q_P}（$= E_i + I_o Z_r$）が大きくなり，1 周期間 T が一定のため，共振コンデンサの平均電圧が高くなります。その結果，出力電圧 E_o と昇降圧比 G が低下します。

　半波電流共振形降圧コンバータでは，出力電流が増えると，式 (2.15) より出力電圧 E_o が低下し，昇降圧比 G が低下します。

　全波電圧共振形降圧コンバータの出力電圧 E_o は式 (2.13) で，昇降圧比 G は式 (2.14) で与えられ，出力電流が変化しても変化しません。

　また，全波電流共振形降圧コンバータの出力電圧 E_o は式 (2.27) で，昇降圧比 G は式 (2.28) で与えられ，出力電流が変化しても変化しません。

[4] 共振形降圧コンバータの特徴と用途

これらの共振形降圧コンバータの特徴をまとめると，次のようになります。表2.2も参照してください。

① 電圧共振形ではオン期間を，電流共振形ではオフ期間を制御し，出力電圧を一定にします。

② 電圧共振形では，高い電圧がスイッチに加わります。電流共振形では，大きな電流がスイッチに流れます。

③ 電圧共振形では，出力電流 I_o が減少し限度値以下になると，ZVS しなくなります。電流共振形では，出力電流 I_o が増え限度値以上になると，ZCS しなくなります。

④ 電圧共振形では，ターンオンするときは，ZVS および ZCS します。ターンオフするときは，ZVS しますが ZCS はしません。電流共振形では，ターンオフするときは，ZCS および ZVS します。ターンオンするときは，ZCS しますが ZVS はしません。

⑤ 降圧形コンバータの出力は低電圧で大電流のため，オン期間に発生するスイッチ損失の占める割合が大きく，スイッチング損失の占める割合が小さくなります。このため，ZVS や ZCS しても，それほど効率が上がりません。付録 B に降圧形コンバータの損失を測定した結果を記載しています。詳細はそれを参照してください。この理由により，共振形降圧コンバータはあま

表 2.2 共振形降圧コンバータの特性

		電圧共振形	電流共振形
制御法	オン期間	変化させる	固定
	オフ期間	固定	変化させる
スイッチ 電圧・電流	ピーク電圧	$E_i + I_o Z_r$	E_i
	ピーク電流	I_o	$I_o + \dfrac{E_i}{Z_r}$
ゼロクロス条件		ZVS 条件 $I_o \geqq \dfrac{E_i}{Z_r}$ または $G \geqq \dfrac{R_o}{Z_r}$	ZCS 条件 $I_o \leqq \dfrac{E_i}{Z_r}$ または $G \leqq \dfrac{R_o}{Z_r}$
ターンオン	ZVS	○	×
	ZCS	○	○
ターンオフ	ZVS	○	○
	ZCS	×	○

第 2 章　共振スイッチと共振形コンバータ

り使われていません。

なお，①〜④は絶縁形共振コンバータでも同様のことがいえます。

ゼロクロス条件は図 2.8 と図 2.11 より，以下のように求めることができます。

- 電圧共振形の ZVS 条件

$$V_{C_r} = V_Q = E_i + I_o Z_r \sin \omega \, (t - t_1)$$

ZVS するためには，$\sin \omega \, (t - t_1) = -1$ のときに $V_{C_r} = V_Q = E_i - I_o Z_r \leqq 0$ でなければならず，これより，$I_o \geqq E_i / Z_r$ となります。また，$I_o = E_o / R_o \geqq E_i / Z_r$ より，$E_o / E_i = G \geqq R_o / Z_r$ が得られます。

- 電流共振形の ZCS 条件

$$i_Q = i_{L_r} = I_o + \frac{E_i}{Z_r} \sin \omega \, (t - t_1)$$

ZCS するためには，$\sin \omega \, (t - t_1) = -1$ のときに $i_Q = i_{L_r} = I_o - E_i / Z_r \leqq 0$ でなければならず，これより，$I_o \leqq E_i / Z_r$ となります。また，$I_o = E_o / R_o \leqq E_i / Z_r$ より，$E_o / E_i = G \leqq R_o / Z_r$ が得られます。

2.3　第 2 章のまとめ

第 2 章の要点をまとめると，以下のようになります。

① ZVS や ZCS の動作を行うためには，LC の共振回路を利用したスイッチが必要になります。この共振スイッチには，半波電圧共振スイッチおよび半波電流共振スイッチと，全波電圧共振スイッチおよび全波電流共振スイッチの 4 種類があります。

② 矩形波コンバータに共振スイッチを適用すると，矩形波コンバータを共振形コンバータにすることができます。降圧形コンバータに適用すると，4 種類の共振形降圧コンバータを得ることができます。

③ 電圧共振形降圧コンバータでは，スイッチのオフ期間を一定にしてオン期間を変え，周波数制御により出力電圧を制御します。このときの出力電圧と昇降圧比 G は，周波数が上がると低下します。図 2.4 と図 2.5 を参照してください。なお，それらの関係は以下の式で与えられます。

- 半波電圧共振形コンバータの f / f_0 と昇降圧比 G の関係：式 (2.9)
- 全波電圧共振形コンバータの f / f_0 と昇降圧比 G の関係：式 (2.14)

28

④ 電流共振形降圧コンバータでは，スイッチのオン期間を一定にしてオフ期間を変え，周波数制御により出力電圧を制御します。このときの出力電圧と昇降圧比 G は，周波数が上がると上昇します。図 2.6 と図 2.7 を参照してください。なお，それらの関係は以下の式で与えられます。

- 半波電流共振形コンバータの f/f_0 と昇降圧比 G の関係：式 (2.23)
- 全波電流共振形コンバータの f/f_0 と昇降圧比 G の関係：式 (2.28)

⑤ 半波電圧共振形降圧コンバータと半波電流共振形降圧コンバータでは，出力抵抗と共振回路のインピーダンスの比 R_o/Z_r によって，出力電圧と昇降圧比 G が変化します。全波電圧共振形降圧コンバータと全波電流共振形降圧コンバータでは，R_o/Z_r を変えても出力電圧と昇降圧比 G は変化しません。

⑥ 上記以外に，共振形降圧コンバータは表 2.2 に示すような特性を持っています。

⑦ 降圧形コンバータでは，オン期間に発生するスイッチ損失の占める割合が大きく，スイッチング損失の占める割合が小さくなります。このため，ZVS や ZCS しても，それほど効率が上がりません。この理由により，共振形降圧コンバータはあまり使われていません。

第**3**章
絶縁形共振コンバータ

　非絶縁の共振形コンバータをトランスで絶縁すると，または，絶縁形矩形波コンバータに共振コイルと共振コンデンサを追加すると，絶縁形共振コンバータを得ることができます。この章では，絶縁形共振コンバータのいろいろな回路方式と，その出力特性および電気・電子機器に最も広く使われている電流共振形コンバータの特徴について説明します。また，共振形に用いられる分割巻きトランスと，その特徴および等価回路について述べます。

3.1　絶縁形共振コンバータの回路方式

[1]　いろいろな回路方式

　非絶縁のチョッパ方式[*1]矩形波コンバータのコイルをトランスに変更し，絶縁すると，絶縁形の矩形波コンバータを作ることができます。さらに，この回路に共振コイルと共振コンデンサを追加すると，絶縁形共振コンバータにすることができます。例えば，非絶縁チョッパ方式の昇降圧形コンバータのコイルをトランスに変更し，次にトランスの極性を反転させ，この回路に共振コイル L_r と共振コンデンサ C_r を追加すると，電圧共振フライバック形コンバータができます。図 3.1 を参照してください。

　絶縁形共振コンバータには，電圧共振フライバック形コンバータのほかにも，電圧共振フォワード形コンバータ（図 3.2）や電流共振ハーフブリッジ形コンバータ（図 3.3），および電圧共振と電流共振を利用した電流共振形コンバータ（図 3.4）などがあります。図 3.4 に示す電流共振形コンバータは，電圧共振を利用して，スイッチ Q_1 と Q_2 を ZVS させています。スイッチがオンしている期間は，トランスの自己インダクタンス L_1 と電流共振コンデンサ C_i が共振し，励磁電流が正弦

[*1] チョッパ方式：短い周期でオン・オフを繰り返すので，こう呼ばれています。

3.1 絶縁形共振コンバータの回路方式

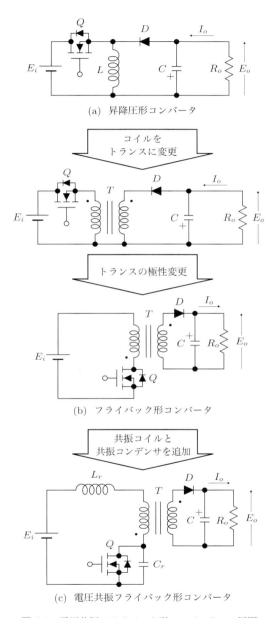

図 3.1 電圧共振フライバック形コンバータへの展開

第 3 章　絶縁形共振コンバータ

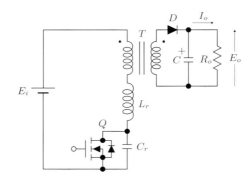

図 3.2　電圧共振フォワード形コンバータ

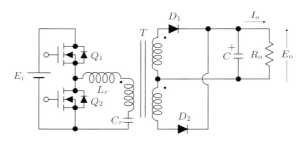

図 3.3　電流共振ハーフブリッジ形コンバータ

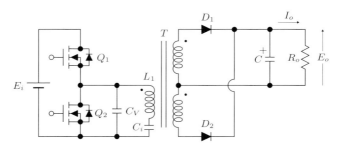

C_i：電流共振コンデンサ，C_V：電圧共振コンデンサ，
L_1：トランスの自己インダクタンス

図 3.4　電流共振形コンバータ（SMZ コンバータ）

波になります。このことより，SMZ (soft-switched multi-resonant zero-cross) コンバータとも呼ばれています。なお，電圧共振フライバック形コンバータと電圧共振フォワード形コンバータは半波電圧共振形に，電流共振ハーフブリッジ形コンバータと電流共振形コンバータ (SMZ コンバータ) は全波電流共振形に分類されます。

[2] 出力特性

　絶縁形共振コンバータも，非絶縁の共振形コンバータと同様に，周波数制御により出力電圧を一定にします。電圧共振フライバック形コンバータの出力特性を図 3.5 に示します。動作周波数が低下すると，出力電圧 E_o と昇降圧比 G が上昇します。図 3.6 は，電圧共振フライバック形コンバータの入力電圧 E_i とスイッチ電圧（共振電圧）V_Q の関係を示しています。図 3.6 において，スイッチがオフしている期間に発生するスイッチ電圧の電圧時間積 S_2 は，入力電圧の電圧時間積 S_1 $(= E_i \times T)$ に等しく，$S_2 = S_1$ になります。ここで，動作周波数が低くなり 1 周期間が T から T' に長くなると，入力電圧の電圧時間積が大きくなり，スイッチのオフ期間は一定のため，スイッチ電圧は V_{Q_P} から V'_{Q_P} に高くなります。したがって，動作周波数が低下すると，トランス二次電圧とそれを整流して得られる出力電圧 E_o および昇降圧比 G が，動作周波数に反比例して上昇します。

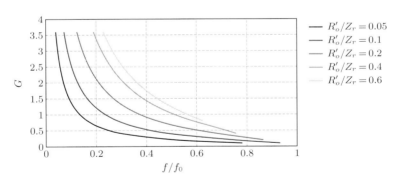

G：昇降圧比，f：動作周波数，f_0：共振周波数，$f_0 = \dfrac{1}{2\pi\sqrt{L_r C_r}}$，$R'_o$：一次換算の出力抵抗，$R'_o = n^2 R_o$ ($n = N_1/N_2$，ただし N_1：一次巻線巻数，N_2：二次巻線巻数)，Z_r：共振回路のインピーダンス，$Z_r = \sqrt{L_r/C_r}$

図 3.5　電圧共振フライバック形コンバータの出力特性

第 3 章 絶縁形共振コンバータ

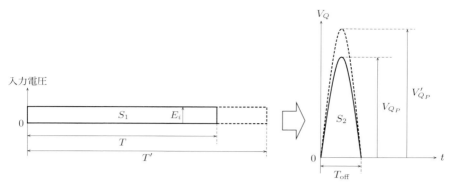

図 3.6 電圧共振フライバック形コンバータの入力電圧とスイッチ電圧の関係

図 1.10（p.9）の動作波形から，動作周波数（f/f_0）に対する昇降圧比を求めることができます。

t_1〜t_2 期間における共振コンデンサ電圧 V_{C_r} は

$$V_{C_r} = (E_i + E'_o) + I_P Z_r \sin \omega t \tag{3.1}$$

となります。ここで，$(t_2 - t'_2) \cong (t_1 - t_0)$ であり，これらから，入力電圧 E_i を求めることができます。

$$E_i = \frac{1}{T}\left(\int_{t_0}^{t_1} V_{C_r} dt + \int_{t_1}^{t'_2} V_{C_r} dt + \int_{t'_2}^{t_2} V_{C_r} dt\right)$$

$$\cong \frac{1}{T}\left(2\int_{t_0}^{t_1} V_{C_r} dt + \int_{t_1}^{t'_2} V_{C_r} dt\right)$$

$$\frac{I_P}{C_r}(t_1 - t_0) = E_i + E'_o \text{ より}$$

$$(t_1 - t_0) = \frac{E_i + E'_o}{I_P} C_r = \frac{E_i + E'_o}{I_P} \cdot \frac{1}{\omega Z_r}$$

$$2\int_{t_0}^{t_1} V_{C_r} dt = 2 \times \frac{(E_i + E'_o)(t_1 - t_0)}{2} = \frac{(E_i + E'_o)^2}{I_P} \cdot \frac{1}{\omega Z_r}$$

$$= \frac{(E_i + E'_o)^2}{I_P} \cdot \frac{1}{2\pi f_0 Z_r}$$

$$\int_{t_1}^{t'_2} V_{C_r} dt = (E_i + E'_o)(t'_2 - t_1) + I_P Z_r \left[-\frac{1}{\omega}\right]_{t_1}^{t'_2} = \frac{(E_i + E'_o)}{2f_0} + \frac{2I_P Z_r}{\omega}$$

$$= \frac{(E_i + E'_o)}{2f_0} + \frac{I_P Z_r}{\pi f_0}$$

$$E_i = \frac{f}{2\pi f_0} \left\{ \frac{(E_i + E'_o)^2}{I_P Z_r} + (E_i + E'_o)\pi + 2I_P Z_r \right\}$$

ここに $I_P = I_i + I'_o = (1+G)\,I'_o$ を代入し，昇降圧比 G と f/f_0 との関係式を求めます。ただし，I_P は図 1.10 に示している定電流，I_i は入力電流，I'_o は一次換算の出力電流，E'_o は一次換算の出力電圧を意味しています。

$$
\begin{aligned}
G = \frac{E'_o}{E_i} &= \frac{E'_o}{\dfrac{f}{2\pi f_0} \left\{ \dfrac{(E_i + E'_o)^2}{(1+G)\,I'_o Z_r} + (E_i + E'_o)\pi + 2\,(1+G)\,I'_o Z_r \right\}} \\[2mm]
&= \frac{E'_o}{\dfrac{f}{2\pi f_0} E_i \left\{ \dfrac{(1+G)\,(E_i + E'_o)}{(1+G)\,I'_o Z_r} + (1+G)\pi + \dfrac{2\,(1+G)\,I'_o Z_r}{E_i} \right\}} \\[2mm]
&= \frac{G}{\dfrac{f\,(1+G)}{2\pi f_0} \left\{ \dfrac{(E_i + E'_o)}{(1+G)\,I'_o Z_r} + \pi + \dfrac{2I'_o Z_r}{E_i} \right\}}
\end{aligned}
\tag{3.2}
$$

式 (3.2) が昇降圧比 G を表していますが，右辺には左辺と同じ未知数が含まれており，これを整理すると，f/f_0 と昇降圧比の関係式が得られます。

$$
\begin{aligned}
&\frac{f\,(1+G)}{2\pi f_0} \left\{ \frac{E_i(1+G)}{(1+G)\,I'_o Z_r} + \pi + \frac{2I'_o Z_r}{E_i} \right\} = 1 \\[2mm]
&\frac{f\,(1+G)}{2\pi f_0} \left(\frac{E_i}{I'_o Z_r} + \pi + \frac{2I'_o Z_r}{E_i} \right) = \frac{f\,(1+G)}{2\pi f_0} \left(\frac{E'_o}{G I'_o Z_r} + \pi + \frac{2G I'_o Z_r}{E'_o} \right) \\[2mm]
&\qquad = \frac{f\,(1+G)}{2\pi f_0} \left(\frac{R'_o}{G Z_r} + \pi + \frac{2G Z_r}{R'_o} \right) = 1 \\[2mm]
&\frac{f}{f_0} = \frac{2\pi}{(1+G) \left(\dfrac{R'_o}{G Z_r} + \pi + \dfrac{2G Z_r}{R'_o} \right)}
\end{aligned}
\tag{3.3}
$$

式 (3.3) より，出力特性（f/f_0 に対する昇降圧比）は図 3.5 のようになります。

また，電流共振ハーフブリッジ形コンバータの出力特性を図 3.7 に示します。動作周波数が高くなると，これに比例して出力電圧 E_o と昇降圧比 G が上昇します。電流共振ハーフブリッジ形コンバータでは，オン期間を一定にしてオフ期間を変え，周波数制御で出力電圧を一定にします。図 3.8 はそのときの動作波形であり，

第 3 章　絶縁形共振コンバータ

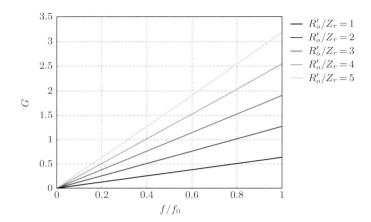

G：昇降圧比，f：動作周波数，f_0：共振周波数，$f_0 = \dfrac{1}{2\pi\sqrt{L_r C_r}}$，$R'_o$：一次換算の出力抵抗，$R'_o = n^2 R_o$ ($n = N_1/N_2$)，Z_r：共振回路のインピーダンス，$Z_r = \sqrt{L_r/C_r}$

図 3.7　電流共振ハーフブリッジ形コンバータの出力特性

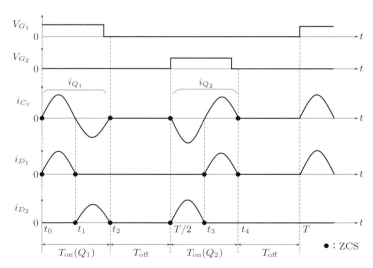

V_{G_1}：スイッチ Q_1 のゲート電圧，V_{G_2}：スイッチ Q_2 のゲート電圧，i_{C_r}：共振コンデンサ電流，i_{D_1}：出力ダイオード D_1 の電流，i_{D_2}：出力ダイオード D_2 の電流，i_{Q_1}：スイッチ Q_1 の電流，i_{Q_2}：スイッチ Q_2 の電流，T_{off}：Q_1 と Q_2 ともにオフしている期間

図 3.8　電流共振ハーフブリッジ形コンバータの動作波形

共振コンデンサ電流 i_{C_r}，出力ダイオード電流 i_{D_1} と i_{D_2} の波形を示したものです。Q_1 がオンしている期間の共振コンデンサ電流 i_{C_r} は i_{Q_1} に，Q_2 がオンしている期間の共振コンデンサ電流 i_{C_r} は i_{Q_2} に等しくなります。また，スイッチ Q_1 と Q_2 および出力ダイオード D_1 と D_2 はターンオン，ターンオフする際に ZCS します。ここで，オフ期間が短くなり，周波数が高くなると，出力ダイオード電流 i_{D_1} と i_{D_2} を加えた電流の平均値，つまり，出力コンデンサの充電電流（平均値）が大きくなり，出力電圧が高くなります。この動作により，電流共振ハーフブリッジ形コンバータの出力特性は図 3.7 のようになります。

図 3.3 と図 3.8 から，動作周波数（f/f_0）に対する昇降圧比を求めることができます。図 3.3 において，共振コイル L_r と共振コンデンサ C_r の直列回路に対しては，$t_0 \sim t_1$ 期間には $E_i/2 + E'_o$ なる電圧が，$t_1 \sim t_2$ 期間には $E_i/2 - E'_o$ なる電圧が加わります。このときの共振電流より，一次換算の出力電流 I'_o が求められます。

$$
\begin{aligned}
I'_o &= \frac{2}{T} \int_{t_0}^{t_1} \frac{E_i/2 + E'_o}{Z_r} \sin \omega t dt + \frac{2}{T} \int_{t_1}^{t_2} \frac{E_i/2 - E'_o}{Z_r} \sin \omega t dt \\
&= \frac{2f}{Z_r} \left\{ \left(\frac{E_i}{2} + E'_o \right) + \left(\frac{E_i}{2} - E'_o \right) \right\} \left[-\frac{1}{\omega} \cos \omega t \right]_{t_0}^{t_1} \\
&= \frac{2fE_i}{Z_r} \cdot \frac{2}{\omega} = \frac{2fE_i}{Z_r} \cdot \frac{2}{2\pi f_0} = \frac{2E_i}{\pi Z_r} \cdot \frac{f}{f_0} = \frac{E'_o}{R'_o}
\end{aligned}
$$

これより，一次換算の出力電圧 E'_o と昇降圧比 G を求めることができます。

$$
E'_o = \frac{2E_i R'_o}{\pi Z_r} \cdot \frac{f}{f_0} \tag{3.4}
$$

$$
G = \frac{E'_o}{E_i} = \frac{2R'_o}{\pi Z_r} \cdot \frac{f}{f_0} \tag{3.5}
$$

式 (3.5) より，出力特性（f/f_0 に対する昇降圧比）は図 3.7 のようになります。

[3]　電流共振形コンバータ（SMZ コンバータ）の特徴

絶縁形共振コンバータの中で，現在，最も広く使われているのが，電流共振形コンバータ（SMZ コンバータ）です。以下のような特徴があり，いろいろな電気・電子機器に広く使われています。第 II 部で詳細を解説します。

① 1 周期間に 2 回エネルギーの伝達が行われるため，トランスの利用率が上がり，小型化できます。フライバック形コンバータなどの矩形波コンバータに比べて，コアサイズで 2 ランク程度小さくすることができます。

第 3 章　絶縁形共振コンバータ

② ハーフブリッジ形であるため，一つのスイッチに加わる電圧は入力電圧以上にはならず，したがって，フライバック形コンバータなどの矩形波コンバータより耐圧が低くて済み，オン抵抗により発生する損失を少なくすることができます。

③ Q_1 と Q_2 が ZVS しているため，スイッチング損失が少なく，効率が比較的良好です。動作周波数を上げることができ，コンバータを小型化できます。ただし，負荷に関係なく大きな励磁電流が流れるため，軽負荷のときの効率はあまり良くありません。

④ D_1 と D_2 が ZCS しているため，スイッチング損失が少なく，リカバリーノイズが低減します。

⑤ トランスや Q_1, Q_2 の放熱板を小さくすることができ，基板面積が小さくなります。

反面，以下に述べる欠点があります。

⑥ 二次側が全波整流になっているため，トランスから供給できる電源の数が限定され，多くの出力を供給することができません。

⑦ 共振はずれ現象（励磁電流の共振周波数 f_1 より Q_1 と Q_2 の動作周波数が下がってしまい，同期が外れる現象）を起こすと出力段に貫通電流が流れ，Q_1 と Q_2 が破壊します。現在では，パルス・バイ・パルス方式で共振はずれを検出して，動作周波数が共振周波数より低くならないようになっています。

⑧ スイッチが二つあり，やや高コストです。

⑨ トランスの励磁電流は共振電流ですが，この電流に対して Q_1 と Q_2 は ZCS しておらず，また，MOSFET（metal-oxide-semiconductor field effect transistor）を使っているため切れが速く，輻射ノイズがある程度発生します。

3.2　絶縁形共振コンバータとスイッチングトランス

　絶縁形にするためには，スイッチングトランスを使い，一次側と二次側を絶縁します。トランスには，同心巻き（層巻き）トランスと分割巻きトランスがあります。それらに使用するボビンの片側断面図を図 3.9 に，特徴を表 3.1 に示します。静特性を比較すると，リーケージインダクタンスは分割巻きトランスでは大きく，同心巻き（層巻き）トランスでは小さくなっています。一次－二次間の分布容量はその逆になっています。

3.2 絶縁形共振コンバータとスイッチングトランス

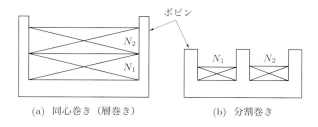

(a) 同心巻き（層巻き）　　(b) 分割巻き

N_1：一次巻線，N_2：二次巻線

図 3.9　同心巻き（層巻き）と分割巻きボビンの片側断面図（ボビンと一次・二次巻線）

表 3.1　トランスの特徴

	同心巻き（層巻き）トランス	分割巻きトランス
用途	一般的で，矩形波コンバータなどに広く使われている	主に共振用として使われている
結合度	○　一次巻線の上に二次巻線を巻くので，結合面積が大きく，良い	×　結合面積が小さく，良くない
リーケージインダクタンス	○　通常 2～3% 程度と小さく，大きくても 5% 以下	×　10% 以上あり，大きい
一次-二次間分布容量	△　巻線の結合面積が大きいので，やや多い	○　結合面積が小さく，少ない
形状	○　小さい	△　中程度（多重ボビンを使用したトランスよりは小さい）

　トランスの等価回路は，図 3.10 のようになります。図の中で L_P は励磁インダクタンス，L_{S_1} は一次リーケージインダクタンス，L'_{S_2} は一次換算の二次リーケージインダクタンスを意味します。L_P と L_{S_1} を合算した（一次）自己インダクタンス L_1 に占める L_{S_1} の比率は，同心巻き（層巻き）では 2～3% 程度で非常に小さく，通常は図 3.11 に示す簡易等価回路を使用します。

　しかし，電流共振形コンバータなどに使用する分割巻きのトランスでは，リーケージインダクタンスが大きいため，図 3.11 の簡易等価回路は使えず，その等価回路は図 3.10 になります。本書では図 3.10 の等価回路を用いて，議論を進めます。ただし，巻線抵抗と鉄心の鉄損に相当する等価抵抗は省略する場合があります。

　絶縁形コンバータでは，等価回路にトランスの励磁インダクタンスが入ってきます。また，トランスの二次側に接続された出力ダイオードが導通すると，励磁イン

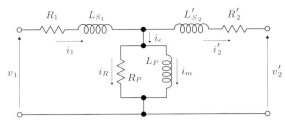

R_1：一次巻線抵抗，R_2'：一次換算の二次巻線抵抗，L_{S_1}：一次リーケージインダクタンス，L_{S_2}'：一次換算の二次リーケージインダクタンス，L_P：励磁インダクタンス，R_P：鉄心の鉄損に相当する等価抵抗，v_1：一次電圧，v_2'：一次換算の二次電圧，i_1：一次電流，i_2'：一次換算の二次電流，i_e：励磁電流，i_R：鉄損電流，i_m：磁化電流，L_1：一次自己インダクタンス（$L_1 = L_P + L_{S_1}$），L_2'：一次換算の二次自己インダクタンス（$L_2' = L_P + L_{S_2}'$）

図 3.10　スイッチングトランスの等価回路

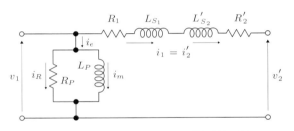

図 3.11　スイッチングトランスの簡易等価回路

ダクタンスと並列に，二次リーケージインダクタンスが接続されることになります。この動作が，共振電圧・電流，静特性，動特性を求めるための回路方程式を複雑にしています。

3.3　第 3 章のまとめ

第 3 章の要点をまとめると，以下のようになります。

① 非絶縁の共振形コンバータをトランスで絶縁すると，または，絶縁形矩形波コンバータに共振コイルと共振コンデンサを追加すると，絶縁形共振コンバータを得ることができます。

② 絶縁形共振コンバータには，電圧共振フライバック形コンバータ，電圧共振フォワード形コンバータ，電流共振ハーフブリッジ形コンバータ，電流共振

形コンバータ（SMZ コンバータ）などがあります。

③ 絶縁形共振コンバータは，周波数制御により出力電圧を一定にします。

④ 電圧共振フライバック形コンバータの出力特性を図 3.5 に，電流共振ハーフブリッジ形コンバータの出力特性を図 3.7 に示しています。なお，f/f_0 と昇降圧比 G の関係は以下の式で与えられます。

- 電圧共振フライバック形コンバータの f/f_0 と昇降圧比 G の関係：式 (3.3)
- 電流共振ハーフブリッジ形コンバータの f/f_0 と昇降圧比 G の関係：式 (3.5)

⑤ 電流共振形コンバータ（SMZ コンバータ）は電気・電子機器に最も広く使われており，3.1 節 [3] に示す特徴を持っています。

⑥ 絶縁形共振コンバータには分割巻きのトランスが一般的に使われます。分割巻きのトランスはリーケージインダクタンスが大きく，一次巻線と二次巻線間の容量が少ないという特徴があります。その等価回路を図 3.10 に示しています。

第II部

電流共振形コンバータの基礎

第4章
動作原理

　この章では，共振形コンバータの中で最も広く使われている電流共振形コンバータ（SMZ コンバータ）の構成と動作原理，1 周期間の動作および特徴について説明します。

4.1　構成と動作原理

　電流共振形コンバータの構成を図 4.1 に示します。一次回路はハーフブリッジ構成になっており，二つのスイッチ Q_1 と Q_2 の接続点とアース間に，トランスの一次巻線と電流共振コンデンサ C_i が直列に接続されています。また，電圧共振コンデンサ C_V が，トランスの一次巻線と電流共振コンデンサの直列回路に並列に配置されています。二次回路は全波整流回路になっています。スイッチ Q_1 と Q_2 を交互に 0.5 の時比率（時比率 = オン期間/1 周期間 = T_{on}/T）でオン・オフさせて，二次側に電力を供給します。その際，電圧共振を利用して，スイッチ Q_1 と Q_2 を ZVS させています。スイッチがオンしている期間は，トランスの自己インダクタ

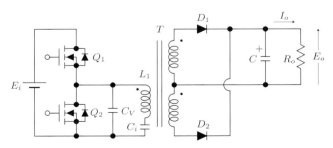

C_i：電流共振コンデンサ，C_V：電圧共振コンデンサ，
L_1：トランスの自己インダクタンス

図 4.1　電流共振形コンバータ（SMZ コンバータ）の構成

ンス L_1 と電流共振コンデンサ C_i が共振し，励磁電流が正弦波になります．出力電圧は，スイッチ Q_1 と Q_2 の時比率を一定にしたまま動作周波数を変えることにより，一定に制御されます．発振器を備えており，他励式です．

図 4.1 において，電流共振コンデンサ C_i の容量が動作周波数に対して十分に大きく交流に対して短絡状態にあるとすると，スイッチ Q_1 と Q_2 の時比率が 0.5 で等しいために，ここには入力電圧の 1/2 の直流電圧 $E_i/2$ が生じます．電流共振コンデンサ C_i の容量をある程度小さくすると，トランスの自己インダクタンス L_1 と電流共振コンデンサ C_i が共振し，共振電圧 ΔV_{C_i} が C_i に発生します．

$$V_{C_i} = \frac{E_i}{2} + \Delta V_{C_i} \tag{4.1}$$

自己インダクタンス L_1 は励磁インダクタンス L_P とリーケージインダクタンス L_{S_1} の和（$L_1 = L_P + L_{S_1}$）であり，励磁インダクタンス L_P には，電圧 $(E_i/2 + \Delta V_{C_i} \varepsilon^{j\pi})$ を励磁インダクタンス L_P とリーケージインダクタンス L_{S_1} とでインピーダンス分割した電圧 V_{L_P} が発生します．V_{L_P} は次式で求められます．

$$\begin{aligned} V_{L_P} &= \frac{L_P}{L_P + L_{S_1}} \left\{ E_i - \left(\frac{E_i}{2} + \Delta V_{C_i} \right) \right\} \\ &= \frac{L_P}{L_P + L_{S_1}} \left(\frac{E_i}{2} + \Delta V_{C_i} \varepsilon^{j\pi} \right) \end{aligned} \tag{4.2}$$

式 (4.2) において，動作周波数が自己インダクタンス L_1 と電流共振コンデンサ C_i の共振周波数 f_1 付近になると，共振電圧 $\Delta V_{C_i} \varepsilon^{j\pi}$ が最大になるため，V_{L_P} も最大

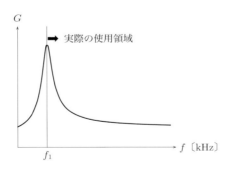

G は昇降圧比（$G = E'_o/E_i = nE_o$）を，f は動作周波数を，f_1 は自己インダクタンス L_1（$= L_P + L_{S_1}$）と電流共振コンデンサ C_i の共振周波数を意味します（式 (4.7) を参照）．負荷がない場合は，動作周波数が f_1 のときに G が最大になります．

図 4.2　電流共振形コンバータの出力特性

第 4 章　動作原理

になります。また，動作周波数が非常に高くなると，電流共振コンデンサ C_i が短絡状態になるため，共振電圧 $\Delta V_{C_i} \varepsilon^{j\pi}$ がゼロになり，V_{L_P} は最低値になります。このときの昇降圧比 G（$= E_o'/E_i$）（詳細は図 4.2 下部を参照）は V_{L_P} に比例して変化するため，動作周波数に対して図 4.2 のように変化します。電流共振形コンバータは，この特性を利用して出力電圧を周波数制御します。

4.2　1 周期間の動作と特徴

1 周期間の動作は表 4.1 に示すように六つの動作状態に分けることができます。そのときの各動作状態における等価回路を図 4.3 に，また，動作波形を図 4.4 に示します。これらをもとに 1 周期間の動作について説明します。

表 4.1　電流共振形コンバータの動作状態

	動作状態 1	動作状態 2	動作状態 3	動作状態 4	動作状態 5	動作状態 6
Q_1/D_{Q_1}	オン	オン	オフ	オフ	オフ	オフ
Q_2/D_{Q_2}	オフ	オフ	オフ	オン	オン	オフ
D_1	オン	オフ	オフ	オフ	オフ	オフ
D_2	オフ	オフ	オフ	オン	オフ	オフ

　時刻 t_0 でゲート電圧が加えられると，スイッチ Q_1 がオンし，トランスが励磁され，図 4.3 (a) の方向に励磁電流 i_e が流れます。同時に，ダイオード D_1 が導通し電流 i_{D_1}/n が流れ，出力コンデンサ C' を充電します。ただし，期間の初めは励磁電流が負であるため，図 4.3 (a) とは逆方向に電流が流れ，正になると図の向きに変わります。動作周波数が励磁電流の共振周波数 f_1 より高いため，図 4.4 に示すように，電流は必ずスイッチの寄生ダイオードが導通する負の電流から始まります。このときのダイオード電流は，励磁インダクタンス L_P，リーケージインダクタンス L_{S_1}，一次換算の二次リーケージインダクタンス L_{S_2}'，さらに電流共振コンデンサ C_i で決まる角速度 ω_0 の共振電流になります。その後，時刻 t_1 でダイオード D_1 がオフし，回路には励磁電流だけが流れます（図 4.3 (b)）。この期間の励磁電流は，励磁インダクタンス L_P およびリーケージインダクタンス L_{S_1} と電流共振コンデンサ C_i で決まる角速度 ω_1 の共振電流になります。時刻 t_2 になると，ゲート電圧がなくなり，スイッチ Q_1 はオフします。その後，回路は励磁インダクタンス L_P，リーケージインダクタンス L_{S_1}，電流共振コンデンサ C_i，電圧共振コンデンサ C_V で決まる角速度 ω_2 で共振し，電圧共振コンデンサ C_V の両端電圧（スイッチ Q_2 の両端電圧）が徐々に低下して，時刻 t_3 でゼロになります（図 4.3 (c)）。

4.2 1周期間の動作と特徴

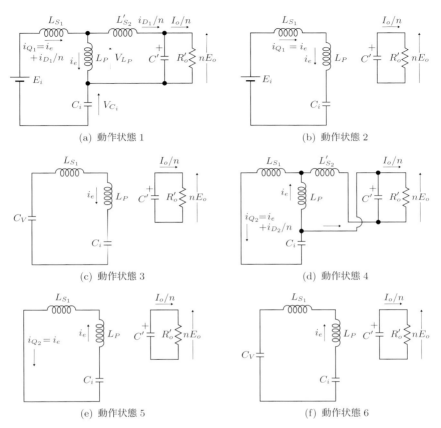

L_{S_1}：一次リーケージインダクタンス，L'_{S_2}：一次換算の二次リーケージインダクタンス，L_P：励磁インダクタンス，C_i：電流共振コンデンサ，C_V：電圧共振コンデンサ，i_e：励磁電流，i_D/n：一次換算の出力ダイオード電流，C'：一次換算の出力コンデンサ，R'_o：一次換算の出力抵抗，n：巻線比 $(n = N_1/N_2)$，nE_o：一次換算の出力電圧，E_i：入力電圧

電流の向きは実際に流れる方向に書いてありますが，動作状態1と動作状態4の期間において，電流 $i_e + i_D/n$ が図の方向と逆に流れる期間があるので，注意してください。

図 4.3 電流共振形コンバータの各動作状態における等価回路

そのため，時刻 t_3 でゲート電圧が加えられてオンする際に，スイッチ Q_2 は ZVS することになります。スイッチ Q_2 がオンすると，期間1とは逆方向にトランスが励磁され，図 4.3 (d) の方向に励磁電流 i_e が流れます。同時に，ダイオード D_2 が導通して電流 i_{D_2}/n が流れ，出力コンデンサ C' を充電します。このとき，期間の

第 4 章　動作原理

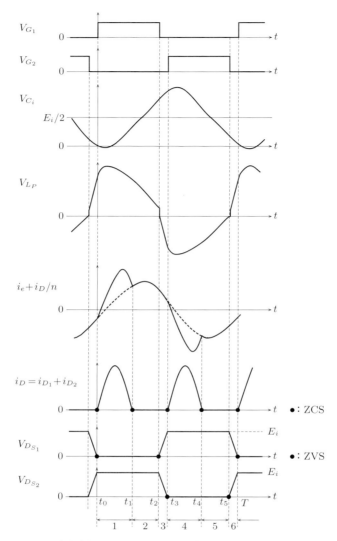

$i_e + i_D/n$ は励磁電流 i_e と一次換算の出力ダイオード電流 i_D/n を加算した電流であり，破線は励磁電流だけのとき，実線は出力電流が流れたときの波形を表します。また，V_{G_1} と V_{G_2} は Q_1 と Q_2 のゲート電圧，$V_{D_{S_1}}$ と $V_{D_{S_2}}$ はドレイン-ソース間電圧です。V_{L_P} は励磁電圧（励磁インダクタンスの電圧），V_{C_i} は電流共振コンデンサ電圧であり，その向きについては図 4.3 を参照してください。i_D は出力ダイオード電流，E_i は入力電圧です。

図 4.4　電流共振形コンバータの動作波形

48

初めにおいて励磁電流は正であるため、図 4.3 (d) とは逆方向に電流が流れ、負になると図の向きに流れます。このときのダイオード電流は、角速度 ω_0 の共振電流になります。その後、時刻 t_4 でダイオード D_2 がオフし、回路には励磁電流だけが流れます（図 4.3 (e)）。この期間の励磁電流は、角速度 ω_1 の共振電流になります。時刻 t_5 になるとゲート電圧がなくなり、スイッチ Q_2 はオフします。このとき、回路は角速度 ω_2 で共振し、電圧共振コンデンサ C_V の両端電圧が徐々に上昇して、時刻 T で入力電圧 E_i に達します（図 4.3 (f)）。そのため、時刻 T で再びゲート電圧が加えられてオンする際に、スイッチ Q_1 は ZVS することになります。また、図 4.4 に示すように、出力ダイオード D_1 と D_2 はオンする際とオフする際に ZCS します。以上の動作を繰り返すことにより、負荷に電力を供給します。出力電圧は周波数制御により一定に保たれます。

電流共振形コンバータの特徴は、三つの共振を利用しているところにあります。それぞれの動作状態における共振角速度、共振回路のインピーダンスおよび励磁インダクタンスの電圧は、次のようになります。

◆ 動作状態 1, 4

スイッチがオン状態にあります。励磁インダクタンス L_P およびリーケージインダクタンス L_{S_1}, L'_{S_2} と電流共振コンデンサ C_i が共振しており、ダイオードを通して負荷に電力を供給しています。このとき、出力ダイオード電流 i_{D_1}/n のピーク値はリーケージインダクタンス $L_{S_1} + L'_{S_2}$ によって制限されます。励磁電圧（励磁インダクタンスの電圧）V_{L_P} は直流電圧に共振電圧が加算されるため、出力電圧は共振電圧により昇圧されることになります。この期間の共振角速度 ω_0 と共振周波数 f_0 は、次式により求められます。

$$\omega_0 = \frac{1}{\sqrt{\left(L_{S_1} + \dfrac{L_P L'_{S_2}}{L_P + L'_{S_2}}\right) C_i}} = \frac{1}{\sqrt{\left(L_{S_1} + \dfrac{L_P L_{S_1}}{L_P + L_{S_1}}\right) C_i}}$$

$$= \frac{1}{\sqrt{L_S C_i}}, \quad f_0 = \frac{1}{2\pi\sqrt{L_S C_i}} \tag{4.3}$$

また、共振回路のインピーダンス Z_0、励磁電圧 V_{L_P} は、以下のようになります。なお、式中の ΔV_{C_i} は共振電圧を意味します。

$$Z_0 = \sqrt{\frac{L_S}{C_i}} \tag{4.4}$$

$$V_{L_P}(t_0 \sim t_1) = \frac{L_P}{L_P + L_{S_1}}(E_i - V_{C_i}) - L_{S_1}\frac{d(i_{D_1}/n)}{dt}$$

第 4 章　動作原理

$$
= \frac{L_P}{L_P + L_{S_1}} \left(\frac{E_i}{2} - \Delta V_{C_i} \right) - L_{S_1} \frac{d(i_{D_1}/n)}{dt}
$$

$$
= \frac{L_P}{L_P + L_{S_1}} \left(\frac{E_i}{2} + \Delta V_{C_i} \varepsilon^{j\pi} \right) - L_{S_1} \frac{d(i_{D_1}/n)}{dt} \tag{4.5}
$$

$$
V_{L_P}(t_3 \sim t_4) = \frac{L_P}{L_P + L_{S_1}} \left\{ 0 - \left(\frac{E_i}{2} + \Delta V_{C_i} \right) \right\} + L_{S_1} \frac{d(i_{D_2}/n)}{dt}
$$

$$
= - \left\{ \frac{L_P}{L_P + L_{S_1}} \left(\frac{E_i}{2} + \Delta V_{C_i} \right) - L_{S_1} \frac{d(i_{D_2}/n)}{dt} \right\} \tag{4.6}
$$

◆ 動作状態 2, 5

　励磁インダクタンス L_P およびリーケージインダクタンス L_{S_1} と電流共振コンデンサ C_i が共振しており，出力電圧が共振電圧 ΔV_{C_i} の分，昇圧されます。この期間の共振角速度 ω_1 と共振周波数 f_1 は次式により求められます。

$$
\omega_1 = \frac{1}{\sqrt{(L_P + L_{S_1})\, C_i}}, \quad f_1 = \frac{1}{2\pi \sqrt{(L_P + L_{S_1})\, C_i}} \tag{4.7}
$$

また，共振回路のインピーダンス Z_1，励磁電圧 V_{L_P} は，以下のようになります。

$$
Z_1 = \sqrt{\frac{L_P + L_{S_1}}{C_i}} \tag{4.8}
$$

$$
V_{L_P}(t_1 \sim t_2) = \frac{L_P}{L_P + L_{S_1}} (E_i - V_{C_i}) = \frac{L_P}{L_P + L_{S_1}} \left(\frac{E_i}{2} - \Delta V_{C_i} \right)
$$

$$
= \frac{L_P}{L_P + L_{S_1}} \left(\frac{E_i}{2} + \Delta V_{C_i} \varepsilon^{j\pi} \right) \tag{4.9}
$$

$$
V_{L_P}(t_4 \sim t_5) = \frac{L_P}{L_P + L_{S_1}} \left\{ 0 - \left(\frac{E_i}{2} + \Delta V_{C_i} \right) \right\}
$$

$$
= - \frac{L_P}{L_P + L_{S_1}} \left(\frac{E_i}{2} + \Delta V_{C_i} \right) \tag{4.10}
$$

◆ 動作状態 3, 6

　スイッチ Q_1, Q_2 はオフ状態にあります。励磁インダクタンス L_P，リーケージインダクタンス L_{S_1}，電流共振コンデンサ C_i，電圧共振コンデンサ C_V が共振しており，これを利用してスイッチ Q_1, Q_2 を ZVS させることができます。この期間の共振角速度 ω_d，共振周波数 f_d，共振回路のインピーダンス Z_d は以下のようになります。ただし，$C_V \ll C_i$ です。

$$\omega_d = \cfrac{1}{\sqrt{\left(L_P + L_{S_1}\right)\left(\cfrac{C_i C_V}{C_i + C_V}\right)}}$$

$$\cong \frac{1}{\sqrt{\left(L_P + L_{S_1}\right)C_V}}, \quad f_d \cong \frac{1}{2\pi\sqrt{\left(L_P + L_{S_1}\right)C_V}} \tag{4.11}$$

$$Z_d \cong \sqrt{\frac{L_P + L_{S_1}}{C_V}} \tag{4.12}$$

4.3　第 4 章のまとめ

第 4 章の要点をまとめると，以下のようになります。

① 電流共振形コンバータの構成を図 4.1 に示しています。一次回路はハーフブリッジ構成になっており，電流共振コンデンサ C_i と電圧共振コンデンサ C_V が配置されています。また，共振コイルとしてトランスのリーケージインダクタンスが使われます。なお，二次回路は全波整流回路になっています。

② スイッチ Q_1 と Q_2 を交互に時比率 0.5 でオン・オフさせて，二次側に電力を供給します。出力電圧は周波数制御により一定にします。トランスの励磁インダクタンスには，直流電圧 $E_i/2$ に共振電圧を加算した電圧が加えられています。動作周波数を変えると，この共振電圧が変化し，図 4.2 のように昇降圧比 G が変化します。

③ 1 周期間の動作は，表 4.1 に示すように，六つの動作状態に分けることができます。動作状態 3 と動作状態 6 が電圧共振をしている期間で，これを利用して，ターンオン・ターンオフする際にスイッチ Q_1 と Q_2 を ZVS させています。

④ 電流共振形コンバータの特徴は，三つの共振を利用しているところにあります。動作状態 1 と動作状態 4 の期間は，周波数 f_0 で電流共振します。動作状態 2 と動作状態 5 の期間は，周波数 f_1 で電流共振します。動作状態 3 と動作状態 6 の期間は，周波数 f_d で電圧共振します。動作状態 1 と動作状態 4 の期間，動作状態 2 と動作状態 5 の期間は，直流電圧 $E_i/2$ に共振電圧が加算された電圧がトランスの励磁インダクタンスに加わるため，出力電圧が共振電圧の分，昇圧されることになります。この共振電圧を，動作周波数を変えることにより変化させ，出力電圧を一定にします。

第5章
無負荷状態の動作

この章では,無負荷状態の励磁電流 i_e と励磁電圧 V_{L_P},電流共振コンデンサ電圧 V_{C_i},出力電圧 E_o,昇降圧比 G および出力特性を求めます.また,本書で提示する方法で求めた出力電圧と,交流近似解析法(5.2 節参照)で求めた出力電圧を比較します.

5.1 無負荷状態の電圧・電流

出力ダイオードがオフしている無負荷状態のときに回路に流れる励磁電流 i_e,電流共振コンデンサ電圧 V_{C_i},励磁電圧 V_{L_P} を,図 5.1 の等価回路をもとに求めます.図 5.1 において,次式が成り立ちます.

$$E_i = (L_P + L_{S_1}) \frac{di_e}{dt} + \frac{1}{C_i} \int i_e dt \tag{5.1}$$

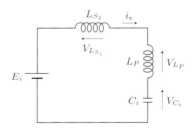

L_{S_1}:一次リーケージインダクタンス,L_P:励磁インダクタンス,C_i:電流共振コンデンサ,i_e:励磁電流,E_i:入力電圧

図 5.1 無負荷状態の Q_1 オン期間における等価回路[*1]

[*1] 第 5 章以降は,電流共振形コンバータの図であることの記述を,省略している場合があります.

ラプラス変換をして，i_e, V_{C_i}, V_{L_P} を順に求めます。

$$\frac{E_i}{s} = (L_P + L_{S_1})\,(sI_e\,(s) - i_e\,(0)) + \frac{I_e\,(s) + i_e^{-1}\,(0)}{C_i s}$$

ここで，$\dfrac{i_e^{-1}\,(0)}{C_i s} = \dfrac{V_{C_i}\,(0)}{s} = \dfrac{E_i}{2s}$ より，以下のようになります。

$$\frac{E_i}{2s} + (L_P + L_{S_1})\,i_e\,(0) = (L_P + L_{S_1})\,sI_e\,(s) + \frac{I_e\,(s)}{C_i s}$$

$$= I_e\,(s)\left\{(L_P + L_{S_1})\,s + \frac{1}{C_i s}\right\}$$

$$= I_e\,(s)\left\{\frac{(L_P + L_{S_1})\,C_i s^2 + 1}{C_i s}\right\}$$

$$I_e\,(s) = \frac{C_i s}{(L_P + L_{S_1})\,C_i s^2 + 1}\left\{\frac{E_i}{2s} + (L_P + L_{S_1})\,i_e\,(0)\right\}$$

$$= \frac{C_i}{(L_P + L_{S_1})\,C_i} \cdot \frac{1}{s^2 + \dfrac{1}{(L_P + L_{S_1})\,C_i}} \cdot \frac{E_i}{2}$$

$$+ \frac{(L_P + L_{S_1})\,C_i}{(L_P + L_{S_1})\,C_i} \cdot \frac{s}{s^2 + \dfrac{1}{(L_P + L_{S_1})\,C_i}}\,i_e\,(0)$$

$$= \frac{1}{(L_P + L_{S_1})} \cdot \frac{1}{s^2 + \omega_1^2} \cdot \frac{E_i}{2} + \frac{s}{s^2 + \omega_1^2}\,i_e\,(0)$$

以上より，トランスの励磁電流 i_e は

$$i_e = \frac{1}{\omega_1\,(L_P + L_{S_1})} \cdot \frac{E_i}{2}\sin\omega_1 t + i_e\,(0)\cos\omega_1 t \tag{5.2}$$

となります。また，

$$i_e\left(\frac{T}{2}\right) = \frac{1}{\omega_1\,(L_P + L_{S_1})} \cdot \frac{E_i}{2}\sin\left(\frac{\omega_1 T}{2}\right) + i_e\,(0)\cos\left(\frac{\omega_1 T}{2}\right) = -i_e(0)$$

より

$$i_e(0) = -\frac{1}{\omega_1\,(L_P + L_{S_1})} \cdot \frac{E_i}{2} \cdot \frac{\sin\,(\omega_1 T/2)}{1 + \cos\,(\omega_1 T/2)}$$

$$= -\frac{1}{\omega_1\,(L_P + L_{S_1})} \cdot \frac{E_i}{2} \cdot \frac{\sin\,\{(f_1/f)\,\pi\}}{1 + \cos\,\{(f_1/f)\,\pi\}} \tag{5.3}$$

第 5 章　無負荷状態の動作

が得られ，この $i_e(0)$ と

$$\frac{\omega_1 T}{2} = \frac{2\pi f_1}{2f} = \frac{f_1}{f}\pi$$

を式 (5.2) に代入すると，i_e は次のようになります。

$$
\begin{aligned}
i_e &= \frac{1}{\omega_1\left(L_P + L_{S_1}\right)} \cdot \frac{E_i}{2} \sin\omega_1 t + i_e\left(0\right)\cos\omega_1 t \\
&= \frac{1}{\omega_1\left(L_P + L_{S_1}\right)} \cdot \frac{E_i}{2} \sin\omega_1 t \\
&\quad - \frac{1}{\omega_1\left(L_P + L_{S_1}\right)} \cdot \frac{E_i}{2} \cdot \frac{\sin\left(\omega_1 T/2\right)}{1 + \cos\left(\omega_1 T/2\right)}\cos\omega_1 t \\
&= \frac{1}{\omega_1\left(L_P + L_{S_1}\right)} \cdot \frac{E_i}{2}\left[\sin\omega_1 t - \frac{\sin\left\{\left(f_1/f\right)\pi\right\}}{1 + \cos\left\{\left(f_1/f\right)\pi\right\}}\cos\omega_1 t\right] \quad (5.4)
\end{aligned}
$$

ここで，

$$
\begin{aligned}
\sqrt{1 + \left[\frac{\sin\left\{\left(f_1/f\right)\pi\right\}}{1 + \cos\left\{\left(f_1/f\right)\pi\right\}}\right]^2} &= \sqrt{\frac{2\left[1 + \cos\left\{\left(f_1/f\right)\pi\right\}\right]}{\left[1 + \cos\left\{\left(f_1/f\right)\pi\right\}\right]^2}} \\
&= \sqrt{\frac{2}{1 + \cos\left\{\left(f_1/f\right)\pi\right\}}}
\end{aligned}
$$

となり，これを式 (5.4) に代入します。

$$
\begin{aligned}
i_e &= -\frac{1}{\omega_1\left(L_P + L_{S_1}\right)} \cdot \frac{E_i}{2} \\
&\quad \cdot \sqrt{\frac{2}{1 + \cos\left\{\left(f_1/f\right)\pi\right\}}}\left(\cos\omega_1 t\cos\varphi - \sin\omega_1 t\sin\varphi\right) \\
&= -\frac{1}{\omega_1\left(L_P + L_{S_1}\right)} \cdot \frac{E_i}{2} \cdot \sqrt{\frac{2}{1 + \cos\left\{\left(f_1/f\right)\pi\right\}}}\cos\left(\omega_1 t + \varphi\right) \quad (5.5)
\end{aligned}
$$

ただし，$\varphi = \tan^{-1}\left[\dfrac{1 + \cos\left\{\left(f_1/f\right)\pi\right\}}{\sin\left\{\left(f_1/f\right)\pi\right\}}\right]$ です。

次に V_{C_i}，V_{L_P} を求めます。

$$
\begin{aligned}
V_{C_i} &= \frac{1}{C_i}\int i_e dt \\
&= \frac{1}{\omega_1\left(L_P + L_{S_1}\right)C_i} \cdot \frac{E_i}{2}\left[-\frac{\cos\omega_1 t}{\omega_1} - \frac{\sin\left\{\left(f_1/f\right)\pi\right\}}{1 + \cos\left\{\left(f_1/f\right)\pi\right\}}\frac{\sin\omega_1 t}{\omega_1}\right] + K
\end{aligned}
$$

54

5.1 無負荷状態の電圧・電流

$t = 0$ においては,

$$V_{C_i}(0) = -\frac{1}{\omega_1^2 (L_P + L_{S_1}) C_i} \frac{E_i}{2} + K = -\frac{E_i}{2} + K = \frac{E_i}{2}$$

より, $K = E_i$ となります.

$$\begin{aligned}
V_{C_i} &= E_i - \frac{E_i}{2} \left[\cos \omega_1 t + \frac{\sin \{(f_1/f) \pi\}}{1 + \cos \{(f_1/f) \pi\}} \sin \omega_1 t \right] \\
&= E_i - \frac{E_i}{2} \sqrt{\frac{2}{1 + \cos \{(f_1/f) \pi\}}} \sin (\omega_1 t + \varphi) \quad (5.6)
\end{aligned}$$

また, V_{L_P} は以下のように求められます.

$$\begin{aligned}
V_{L_P} + V_{L_{S_1}} &= E_i - V_{C_i} \\
&= \frac{E_i}{2} \left[\cos \omega_1 t + \frac{\sin \{(f_1/f) \pi\}}{1 + \cos \{(f_1/f) \pi\}} \sin \omega_1 t \right] \quad (5.7)
\end{aligned}$$

$$\begin{aligned}
V_{L_P} &= \frac{L_P}{L_P + L_{S_1}} \left(V_{L_P} + V_{L_{S_1}} \right) \\
&= \frac{L_P}{L_P + L_{S_1}} \cdot \frac{E_i}{2} \left[\cos \omega_1 t + \frac{\sin \{(f_1/f) \pi\}}{1 + \cos \{(f_1/f) \pi\}} \sin \omega_1 t \right] \\
&= \frac{L_P}{L_P + L_{S_1}} \cdot \frac{E_i}{2} \sqrt{\frac{2}{1 + \cos \{(f_1/f) \pi\}}} \cdot \sin (\omega_1 t + \varphi) \quad (5.8)
\end{aligned}$$

以上で求めた励磁電流と励磁電圧および電流共振コンデンサ電圧は, Q_1 のオン期間における電圧・電流です. スイッチ Q_2 のオン期間は図 5.2 に示す等価回路になります. Q_2 がオンすると, 電流共振コンデンサ両端の直流電圧 $E_i/2$ と共振電圧が励磁インダクタンスに加えられることになり, 励磁電圧は Q_1 のオン期間とは

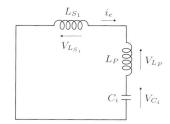

図 5.2 無負荷状態の Q_2 オン期間における等価回路

逆極性になります。また，励磁電流も逆方向に流れることになります。したがって，1 周期間の電流共振コンデンサ電圧，励磁電圧，励磁電流は図 5.3 のようになります。

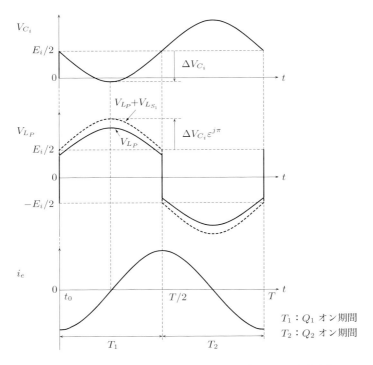

V_{C_i}：電流共振コンデンサ電圧，V_{L_P}：励磁電圧，i_e：励磁電流

図 5.3　無負荷状態の電流共振コンデンサ電圧と励磁電圧および励磁電流

　励磁電圧を表す式 (5.8) は，動作周波数 f が $f = f_1$ のときに最大になり，$f = \infty$ で最小になります。このために，昇降圧比 G は図 4.2 (p.45) のように変化します。出力電流（負荷電流）があるときは出力ダイオードが導通し，二次リーケージインダクタンス L'_{S_2} が励磁インダクタンスに並列に入るため，共振周波数は高くなります。図 5.4 を参照してください。このときの共振周波数 f_0 は式 (4.3) となります。出力ダイオードが導通するのは 1 周期間の一部であり，したがって，出力電流があるときは，一次巻線に発生する励磁電圧 V_{L_P} は，f_1 より高い動作周波数で最大になります。詳細については 7.1 節で説明します。

5.1 無負荷状態の電圧・電流

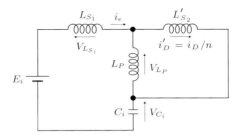

L_{S_1}：一次リーケージインダクタンス，L'_{S_2}：一次換算の二次リーケージインダクタンス，L_P：励磁インダクタンス，C_i：電流共振コンデンサ，i_e：励磁電流，i'_D：一次換算の出力ダイオード電流 ($i'_D = i_D/n$)，E_i：入力電圧

図 5.4 出力ダイオードが導通状態のときの Q_1 オン期間における交流に対する等価回路

◆ 動作波形の計算

以上で求めた等式をもとにして，励磁電流 i_e と励磁電圧 V_{L_P} および電流共振コンデンサ電圧 V_{C_i} を実際に計算してみましょう。$E_i = 100\mathrm{V}$，$L_P = 210\mu\mathrm{H}$，$L_{S_1} = 50\mu\mathrm{H}$，$C_i = 0.027\mu\mathrm{F}$，$f = 81.6\mathrm{kHz}$ とします。まず，励磁電流 i_e を求めます。

$$f_1 = \frac{1}{2\pi\sqrt{(L_P + L_{S_1})C_i}} = \frac{10^6}{2\pi\sqrt{260 \times 0.027}} = \frac{10^6}{2\pi \times 2.6495}$$

$$= 60.07 \times 10^3 \cong 60\mathrm{kHz}$$

$$\omega_1 = 377.0 \times 10^3 \mathrm{rad/s}$$

$$\frac{f_1}{f} = \frac{60}{81.6} = 0.735$$

$$i_e = \frac{1}{\omega_1(L_P + L_{S_1})} \cdot \frac{E_i}{2}\left[\sin\omega_1 t - \frac{\sin\{(f_1/f)\pi\}}{1 + \cos\{(f_1/f)\pi\}}\cos\omega_1 t\right]$$

$$= \frac{50}{377.0 \times 10^3 \times 260 \times 10^{-6}}\left\{\sin\omega_1 t - \frac{\sin(0.735\pi)}{1 + \cos(0.735\pi)}\cos\omega_1 t\right\}$$

$$= 0.51 \times \left(\sin\omega_1 t - \frac{0.74}{1 - 0.672}\cos\omega_1 t\right)$$

$$= 0.51 \times (\sin\omega_1 t - 2.256 \times \cos\omega_1 t)$$

$$|i_e(0)| = 1.1455 \cong 1.15\mathrm{A}$$

第 5 章　無負荷状態の動作

計算結果を図 5.5 に示します。図 5.5 は，スイッチングコンバータのシミュレーションソフトウェアを使ってシミュレーションした結果と一致します。

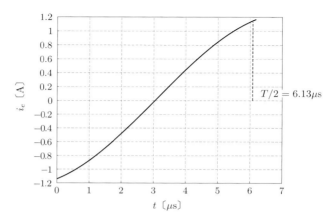

図 5.5　励磁電流の計算結果

次に，電流共振コンデンサ電圧 V_{C_i} および励磁電圧 V_{L_P} を求めると，以下のようになります。これらの計算結果を図 5.6 に示します。図 5.6 もシミュレーション結果と一致します。

$$V_{C_i} = E_i - \frac{E_i}{2}\left[\cos\omega_1 t + \frac{\sin\{(f_1/f)\pi\}}{1+\cos\{(f_1/f)\pi\}}\sin\omega_1 t\right]$$

$$= 100 - 50 \times \left\{\cos\omega_1 t + \frac{\sin(0.735\pi)}{1+\cos(0.735\pi)}\sin\omega_1 t\right\}$$

$$= 100 - 50 \times \left(\cos\omega_1 t + \frac{0.74}{1-0.672}\sin\omega_1 t\right)$$

$$= 100 - 50 \times (\cos\omega_1 t + 2.256 \times \sin\omega_1 t)$$

$$V_{L_P} = \frac{E_i}{2}\cdot\frac{L_P}{L_P+L_{S_1}}\left[\cos\omega_1 t + \frac{\sin\{(f_1/f)\pi\}}{1+\cos\{(f_1/f)\pi\}}\sin\omega_1 t\right]$$

$$= \frac{100}{2}\cdot\frac{210}{210+50}\cdot(\cos\omega_1 t + 2.256\sin\omega_1 t)$$

$$= 40.39 \times (\cos\omega_1 t + 2.256\sin\omega_1 t)$$

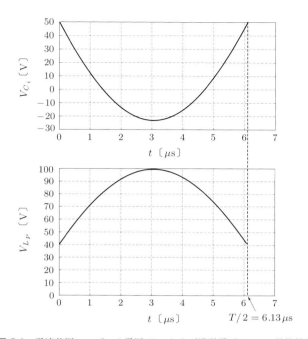

図 5.6 電流共振コンデンサ電圧 V_{C_i} および励磁電圧 V_{L_P} の計算結果

5.2　昇降圧比および出力特性

励磁電流の最大値は，式 (5.4) に $t=0$ を代入することにより求められます．

$$i_{e_{\max}} = |i_e(0)| = \frac{1}{\omega_1 (L_P + L_{S_1})} \cdot \frac{E_i}{2} \cdot \frac{\sin\{(f_1/f)\pi\}}{1+\cos\{(f_1/f)\pi\}} \tag{5.9}$$

また，励磁電圧の最大値は，式 (5.8) に

$$t = \frac{T}{4}$$
$$\frac{f_1}{f}\pi = \frac{2\pi f_1}{2f} = \frac{\omega_1 T}{2}$$

を代入することにより求められ，

$$V_{L_{P\max}} = V_{L_P}\left(\frac{T}{4}\right)$$

第 5 章　無負荷状態の動作

$$= \frac{E_i}{2} \cdot \frac{L_P}{L_P + L_{S_1}} \left\{ \cos\left(\omega_1 T/4\right) + \frac{\sin\left(\omega_1 T/2\right)}{1 + \cos\left(\omega_1 T/2\right)} \sin\left(\omega_1 T/4\right) \right\}$$

となります。次に

$$\sin\left(\omega_1 T/2\right) = 2\sin\left(\omega_1 T/4\right)\cos\left(\omega_1 T/4\right)$$

$$\cos\left(\omega_1 T/2\right) = 1 - \sin^2\left(\omega_1 T/4\right)$$

を代入します。

$$
\begin{aligned}
V_{L_{P_{\max}}} &= \frac{E_i}{2} \cdot \frac{L_P}{L_P + L_{S_1}} \bigg\{ \cos\left(\omega_1 T/4\right) \\
&\qquad + \frac{2\sin\left(\omega_1 T/4\right)\cos\left(\omega_1 T/4\right)}{1 + 1 - 2\sin^2\left(\omega_1 T/4\right)} \sin\left(\omega_1 T/4\right) \bigg\} \\
&= \frac{E_i}{2} \cdot \frac{L_P}{L_P + L_{S_1}} \bigg[\frac{1}{2 - 2\sin^2\left(\omega_1 T/4\right)} \cdot \Big\{ 2\cos\left(\omega_1 T/4\right) \\
&\qquad - 2\sin^2\left(\omega_1 T/4\right)\cos\left(\omega_1 T/4\right) + 2\sin^2\left(\omega_1 T/4\right)\cos\left(\omega_1 T/4\right) \Big\} \bigg] \\
&= \frac{E_i}{2} \cdot \frac{L_P}{L_P + L_{S_1}} \cdot \frac{2\cos\left(\omega_1 T/4\right)}{2 - 2\sin^2\left(\omega_1 T/4\right)} \\
&= \frac{E_i}{2} \cdot \frac{L_P}{L_P + L_{S_1}} \cdot \frac{\cos\left(\omega_1 T/4\right)}{1 - \sin^2\left(\omega_1 T/4\right)} \\
&= \frac{E_i}{2} \cdot \frac{L_P}{L_P + L_{S_1}} \cdot \frac{\cos\left(\dfrac{f_1}{f} \cdot \dfrac{\pi}{2}\right)}{1 - \sin^2\left(\dfrac{f_1}{f} \cdot \dfrac{\pi}{2}\right)} \\
&= \frac{E_i}{2} \cdot \frac{L_P}{L_P + L_{S_1}} \cdot \frac{\cos\left(\dfrac{f_1}{f} \cdot \dfrac{\pi}{2}\right)}{1 - \dfrac{\left(1 - \cos\left(\dfrac{f_1}{f} \cdot \pi\right)\right)}{2}} \\
&= E_i \cdot \frac{L_P}{L_P + L_{S_1}} \cdot \frac{\cos\left(\dfrac{f_1}{f} \cdot \dfrac{\pi}{2}\right)}{1 + \cos\left(\dfrac{f_1}{f} \cdot \pi\right)}
\end{aligned}
\tag{5.10}
$$

　出力電流が流れていない無負荷状態では，出力コンデンサの電圧は，1 周期間の中で最も高いトランスの二次電圧にクランプされます。したがって，励磁電圧の最

5.2 昇降圧比および出力特性

大値 $V_{L_{P\max}}$ を二次側に変換した電圧が，無負荷状態の出力電圧 $E_{o\text{-}0}$ になります。トランスの一次巻線の巻数を N_1，二次巻線の巻数を N_2，巻数比を $n\,(=N_1/N_2)$ とすると，無負荷状態の出力電圧 $E_{o\text{-}0}$ は次のようになります。

$$E_{o\text{-}0} = \frac{N_2}{N_1} \cdot V_{L_{P\max}} = \frac{E_i}{n} \cdot \frac{L_P}{L_P + L_{S_1}} \cdot \frac{\cos\left(\dfrac{f_1}{f} \cdot \dfrac{\pi}{2}\right)}{1 + \cos\left(\dfrac{f_1}{f} \cdot \pi\right)} \tag{5.11}$$

また，このときの昇降圧比 G_0 は，入力電圧を E_i とすると，以下となります。

$$\begin{aligned}G_0 &= \frac{\text{一次換算出力電圧}\ E'_{o\text{-}0}}{\text{入力電圧}} = \frac{nE_{o\text{-}0}}{E_i} \\ &= \frac{L_P}{L_P + L_{S_1}} \cdot \frac{\cos\left(\dfrac{f_1}{f} \cdot \dfrac{\pi}{2}\right)}{1 + \cos\left(\dfrac{f_1}{f} \cdot \pi\right)}\end{aligned} \tag{5.12}$$

(注) 式 (5.11) の $E_{o\text{-}0}$ と式 (5.12) の G_0 は，動作周波数 f が f_1 より低い領域においては負になります。そのときは絶対値に置き換えてください。式 (6.49) の E_o，式 (6.50) の G，式 (7.1)，(7.2) の E_o，式 (8.1)，(8.2) の G_{vv}，式 (9.8) の $\bar{V}_L$ も同様です。

従来の交流近似解析法（後述）で求めた出力電圧と，式 (5.11) を用いて計算した出力電圧を図 5.7 に示します。これらを比較すると，交流近似解析法で求めた出力電圧（式 (5.14) の出力電圧）は，式 (5.11) を用いて計算した出力電圧より低く出てしまいます。

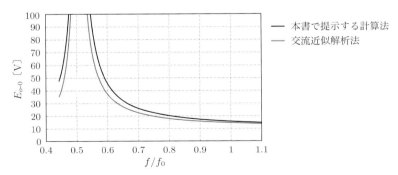

条件：$E_i = 100\text{V}$，$n = 32/8 = 4$，$L_P = 220\mu\text{H}$，$L_{S_1} = 35.2\mu\text{H}$，$C_i = 0.039\mu\text{F}$，$f_0 = 99.6\text{kHz}$，$f_1 = 50.5\text{kHz}$

図 5.7　無負荷状態の出力電圧

第 5 章　無負荷状態の動作

♦ 交流近似解析法

電流共振形コンバータの交流に対する等価回路を図 6.11（p.105）に示しています。図において，交流入力電圧 V_i と交流出力電圧 V_o は次のように求められます。トランスの一次巻線には，Q_1 がオンしている期間は直流電圧 $E_i/2$ が，Q_2 がオンしている期間には $-E_i/2$ が加わります。この矩形波電圧をフーリエ展開し，基本波だけを取り出すと，図 5.8 に示す交流入力電圧 V_i が得られます。また，一次換算された直流の出力電圧 E'_o をフーリエ展開し，基本波だけを取り出すと，図 6.12 (a)（p.106）の交流出力電圧 V_o が得られます。この交流入力電圧 V_i と交流出力電圧 V_o より，昇降圧比を求めることができます。これが，交流近似解析法での昇降圧比の求め方です。

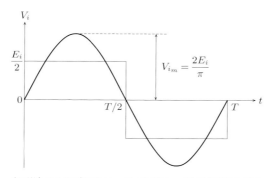

矩形波の入力電圧をフーリエ展開し，基本波だけを取り出すと，V_{i_m} を振幅とする交流電圧に変換できます。

図 5.8　交流近似解析法での入力電圧

交流近似解析法により，無負荷のときの昇降圧比 G_0 と出力電圧 $E_{o\text{-}0}$ を求めると，以下となります。

$$G_0 = \frac{V_o}{V_i} = \frac{V_{o_m}}{V_{i_m}} = \frac{4nE_o/\pi}{2E_i/\pi} = \frac{2nE_o}{E_i} = \frac{\omega^2 L_P C_i}{\omega^2/\omega_1^2 - 1} \tag{5.13}$$

$$E_o = E_{o\text{-}0} = \frac{E_i}{2n} \cdot \frac{\omega^2 L_P C_i}{\omega^2/\omega_1^2 - 1} \tag{5.14}$$

式 (5.12) を用いて無負荷状態の昇降圧比 G_0 を計算した結果を，出力特性の一例として図 5.9 に示します。

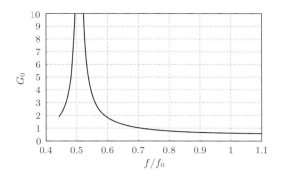

条件：$E_i = 100\text{V}$, $L_P = 220\mu\text{H}$, $L_{S_1} = 35.2\mu\text{H}$,
$C_i = 0.039\mu\text{F}$, $f_0 = 99.6\text{kHz}$, $f_1 = 50.5\text{kHz}$

図 5.9　無負荷状態の出力特性

5.3　第 5 章のまとめ

第 5 章の要点をまとめると，以下のようになります．

① 無負荷状態の電圧・電流は以下の式で求められます．
- 励磁電流 i_e：式 (5.4) および式 (5.5)
- 励磁電圧 V_{L_P}：式 (5.8)
- 電流共振コンデンサの電圧 V_{C_i}：式 (5.6)

② 励磁電流は $t = t_0$ で，励磁電圧は $t = T/4$ で最大になります．その最大値は次の式で与えられます．
- 励磁電流の最大値 $i_{e_{\max}}$：式 (5.9)
- 励磁電圧の最大値 $V_{L_{P\max}}$：式 (5.10)

③ 出力電流が流れていない無負荷状態では，出力コンデンサの電圧は，1 周期間の中で最も高いトランスの二次電圧にクランプされます．したがって，励磁電圧の最大値 $V_{L_{P\max}}$ を二次側に変換した電圧が，無負荷状態の出力電圧 $E_{o\text{-}0}$ になります．
- 出力電圧 $E_{o\text{-}0}$：式 (5.11)
- 昇降圧比 G_0：式 (5.12)

④ 従来の交流近似解析法で求めた出力電圧は，本書で提示する方法で計算した（式 (5.11) を用いて計算した）出力電圧より低く出てしまいます．図 5.7 を見てください．

⑤ 式 (5.12) を用いて計算した出力特性の例を，図 5.9 に示しています．

第6章
負荷を引いた状態の動作

　出力電流があると，$t_0 \sim t_1$ 期間は出力ダイオードが導通し，負荷に電力を供給しながら回路は周波数 f_0 で共振します。ダイオードがオフした後の $t_1 \sim t_2$ 期間は，回路は周波数 f_1 で共振します。それぞれの期間における励磁電流 i_e と励磁電圧 V_{LP}，電流共振コンデンサ電圧 V_{C_i} を，6.1 節と 6.4 節で求めます。また，6.1 節では，$t_0 \sim t_1$ 期間における一次換算の出力ダイオード電流 i_D/n も求めます。6.5 節では出力電圧 E_o を求めます。これらを計算するためには，時刻 t_0 における励磁電流の初期値 $i_e(0)$ と電流共振コンデンサ電圧の初期値 $V_{C_i}(0)$，出力ダイオードの導通時間 t_1 および 1 周期間 T が必要になります。これらについて，6.2 節と 6.3 節および 6.6 節 [4] で求めます。さらに，出力特性を求めるためには，f/f_0 と昇降圧比 G の関係を導くことが必要です。これを 6.6 節で行います。

6.1　$t_0 \sim t_1$ 期間の電圧・電流

[1]　励磁電流と一次換算出力ダイオード電流

　出力電流が流れたときの $t_0 \sim t_1$ 期間における等価回路を図 6.1 に示します。これをもとに電圧・電流を求めます。

　図 6.1 において次式が成り立ちます。

$$E_i = L_{S_1} \frac{d\,(i_e + i_D/n)}{dt} + L_P \frac{di_e}{dt} + \frac{1}{C_i} \int (i_e + i_D/n)\, dt \tag{6.1}$$

$$L_P \frac{di_e}{dt} = L_{S_1} \frac{di_D/n}{dt} + nE_o \tag{6.2}$$

$$E'_o = nE_o = nI_oR_o = n\bar{i}_DR_o \tag{6.3}$$

　式 (6.1) と式 (6.2) をラプラス変換し，電圧・電流を求めます。

6.1 $t_0 \sim t_1$ 期間の電圧・電流

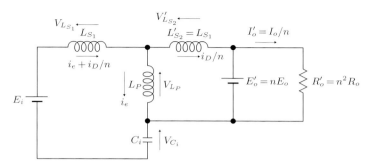

L_{S_1}：一次リーケージインダクタンス，L'_{S_2}：一次換算の二次リーケージインダクタンス，L_P：励磁インダクタンス，C_i：電流共振コンデンサ，R'_o：一次換算の出力抵抗（負荷抵抗），i_e：励磁電流，I'_o：一次換算の出力電流（負荷電流），i_D/n：一次換算の出力ダイオード電流，E_i：入力電圧，E'_o：一次換算の出力電圧

図 6.1 $t_0 \sim t_1$ 期間における一次換算等価回路（Q_1 オン期間）

$$\frac{E_i}{s} = L_{S_1}\left(sI_e(s) + \frac{sI_D(s)}{n} - i_e(0) - \frac{i_D(0)}{n}\right) + L_P(sI_e(s) - i_e(0))$$
$$+ \frac{I_e(s) + I_D(s)/n + i_e^{-1}(0) + i_D^{-1}(0)/n}{C_i s} \tag{6.4}$$

$$L_P(sI_e(s) - i_e(0)) = L_{S_1}\left(\frac{sI_D(s) - i_D(0)}{n}\right) + \frac{nE_o}{s} \tag{6.5}$$

ここで，

$$\frac{i_e^{-1}(0) + i_D^{-1}(0)/n}{C_i s} = \frac{V_{C_i}(0)}{s}, \quad \frac{i_D(0)}{n} = 0$$

であり，これを式 (6.4) に代入します。

$$\frac{E_i}{s} = L_{S_1}\left(sI_e(s) + \frac{sI_D(s)}{n} - i_e(0)\right) + L_P(sI_e(s) - i_e(0))$$
$$+ \frac{I_e(s) + I_D(s)/n}{C_i s} + \frac{V_{C_i}(0)}{s}$$
$$= I_e(s)\left(sL_{S_1} + sL_P + \frac{1}{C_i s}\right) - i_e(0)(L_{S_1} + L_P)$$
$$+ \frac{I_D(s)}{n}\left(sL_{S_1} + \frac{1}{C_i s}\right) + \frac{V_{C_i}(0)}{s} \tag{6.6}$$

第 6 章 　負荷を引いた状態の動作

また，式 (6.5) において $i_D(0)/n = 0$ とおくと，

$$L_P(sI_e(s) - i_e(0)) = L_{S_1}\frac{sI_D(s)}{n} + \frac{nE_o}{s}$$

$$\frac{I_D(s)}{n} = \frac{1}{sL_{S_1}}\left[L_P\{sI_e(s) - i_e(0)\} - \frac{nE_o}{s}\right] \tag{6.7}$$

が得られ，これを式 (6.6) に代入します。

$$
\begin{aligned}
\frac{E_i}{s} &= I_e(s)\left\{\frac{(L_P + L_{S_1})C_is^2 + 1}{C_is}\right\} - i_e(0)(L_{S_1} + L_P) \\
&\quad + \frac{I_D(s)}{n}\left(sL_{S_1} + \frac{1}{C_is}\right) + \frac{V_{C_i}(0)}{s} \\
&= I_e(s)\left\{\frac{(L_P + L_{S_1})C_is^2 + 1}{C_is}\right\} - i_e(0)(L_{S_1} + L_P) \\
&\quad + \frac{1}{sL_{S_1}}\left[L_P\{sI_e(s) - i_e(0)\} - \frac{nE_o}{s}\right]\left(sL_{S_1} + \frac{1}{C_is}\right) + \frac{V_{C_i}(0)}{s} \\
&= I_e(s)\left\{\frac{(L_P + L_{S_1})C_is^2 + 1}{C_is}\right\} - i_e(0)(L_P + L_{S_1}) \\
&\quad + L_PsI_e(s)\left(\frac{L_{S_1}C_is^2 + 1}{L_{S_1}C_is^2}\right) - L_Pi_e(0)\left(\frac{L_{S_1}C_is^2 + 1}{L_{S_1}C_is^2}\right) \\
&\quad - \frac{nE_o}{s}\left(\frac{L_{S_1}C_is^2 + 1}{L_{S_1}C_is^2}\right) + \frac{V_{C_i}(0)}{s} \\
&= I_e(s)\left\{\frac{(L_P + L_{S_1})C_is^2 + 1}{C_is} + \frac{L_{S_1}L_PC_is^2 + L_P}{L_{S_1}C_is}\right\} \\
&\quad - i_e(0)\left(L_P + L_{S_1} + \frac{L_{S_1}L_PC_is^2 + L_P}{L_{S_1}C_is^2}\right) - \frac{nE_o}{s}\left(\frac{L_{S_1}C_is^2 + 1}{L_{S_1}C_is^2}\right) \\
&\quad + \frac{V_{C_i}(0)}{s} \\
&= I_e(s)\left\{\frac{(L_P + L_{S_1})L_{S_1}C_is^2 + L_{S_1} + L_{S_1}L_PC_is^2 + L_P}{L_{S_1}C_is}\right\} \\
&\quad - i_e(0)\left\{\frac{(L_P + L_{S_1})L_{S_1}C_is^2 + L_{S_1}L_PC_is^2 + L_P}{L_{S_1}C_is^2}\right\} \\
&\quad - \frac{nE_o}{s}\left(\frac{L_{S_1}C_is^2 + 1}{L_{S_1}C_is^2}\right) + \frac{V_{C_i}(0)}{s} \tag{6.8}
\end{aligned}
$$

式 (6.8) より，$I_e(s)$ が求められます。

66

$$\begin{aligned}
I_e\left(s\right) &= \frac{L_{S_1}C_i s}{\left(L_P + L_{S_1}\right)L_{S_1}C_i s^2 + L_{S_1}L_P C_i s^2 + L_{S_1} + L_P} \\
&\quad \cdot \left\{\frac{E_i}{s} - \frac{V_{C_i}\left(0\right)}{s} + \frac{nE_o}{s}\left(\frac{L_{S_1}C_i s^2 + 1}{L_{S_1}C_i s^2}\right)\right\} \\
&\quad + \frac{L_{S_1}C_i s}{\left(L_P + L_{S_1}\right)L_{S_1}C_i s^2 + L_{S_1}L_P C_i s^2 + L_{S_1} + L_P}i_e\left(0\right) \\
&\quad \cdot \left\{\frac{\left(L_P + L_{S_1}\right)L_{S_1}C_i s^2 + L_{S_1}L_P C_i s^2 + L_P}{L_{S_1}C_i s^2}\right\} \\
&= \frac{L_{S_1}C_i\left(E_i - V_{C_i}(0)\right)}{\left(L_P + L_{S_1}\right)L_{S_1}C_i s^2 + L_{S_1}L_P C_i s^2 + L_{S_1} + L_P} \\
&\quad + \frac{nE_o}{\left(L_P + L_{S_1}\right)L_{S_1}s^2 + L_{S_1}L_P C_i s^2 + L_{S_1} + L_P}\left(\frac{L_{S_1}C_i s^2 + 1}{s^2}\right) \\
&\quad + \frac{\left(L_P + L_{S_1}\right)L_{S_1}C_i s^2 + L_{S_1}L_P C_i s^2 + L_P}{\left(L_P + L_{S_1}\right)L_{S_1}C_i s^2 + L_{S_1}L_P C_i s^2 + L_{S_1} + L_P}\cdot\frac{i_e\left(0\right)}{s} \\
&= \frac{1}{\left(L_P + L_{S_1}\right)L_{S_1}C_i s^2 + L_{S_1}L_P C_i s^2 + L_{S_1} + L_P} \\
&\quad \cdot \left[L_{S_1}C_i\left(E_i - V_{C_i}(0)\right) + nE_o\left(L_{S_1}C_i + \frac{1}{s^2}\right)\right. \\
&\qquad \left. + \left\{\left(L_P + L_{S_1}\right)L_{S_1}C_i s^2 + L_{S_1}L_P C_i s^2 + L_P\right\}\cdot\frac{i_e\left(0\right)}{s}\right] \\
&= \frac{L_{S_1}C_i\left(E_i - V_{C_i}(0)\right) + nE_o\left(L_{S_1}C_i + \dfrac{1}{s^2}\right) - L_{S_1}\dfrac{i_e\left(0\right)}{s}}{\left(L_P + L_{S_1}\right)L_{S_1}C_i s^2 + L_{S_1}L_P C_i s^2 + L_{S_1} + L_P} \\
&\quad + \frac{i_e\left(0\right)}{s} \tag{6.9}
\end{aligned}$$

ここで，式を整理します。

$$\begin{aligned}
&\frac{1}{s^2}\cdot\frac{1}{\left(L_P + L_{S_1}\right)L_{S_1}C_i s^2 + L_{S_1}L_P C_i s^2 + L_{S_1} + L_P} \\
&\quad = \frac{1}{L_P + L_{S_1}}\left\{\frac{1}{s^2} - \frac{\left(L_P + L_{S_1}\right)L_{S_1}C_i + L_{S_1}L_P C_i}{\left(L_P + L_{S_1}\right)L_{S_1}C_i s^2 + L_{S_1}L_P C_i s^2 + L_{S_1} + L_P}\right\} \\
&\frac{1}{s}\cdot\frac{1}{\left(L_P + L_{S_1}\right)L_{S_1}s^2 + L_{S_1}L_P C_i s^2 + L_{S_1} + L_P} \\
&\quad = \frac{1}{L_P + L_{S_1}}\left\{\frac{1}{s} - \frac{\left(L_P + L_{S_1}\right)L_{S_1}C_i + L_{S_1}L_P C_i}{\left(L_P + L_{S_1}\right)L_{S_1}C_i s^2 + L_{S_1}L_P C_i s^2 + L_{S_1} + L_P}\cdot s\right\}
\end{aligned}$$

第 6 章　負荷を引いた状態の動作

$$\frac{L_P + L_{S_1}}{\{(L_P + L_{S_1})\,L_{S_1} + L_{S_1}L_P\}\,C_i} = \frac{1}{\left(L_{S_1} + \dfrac{L_{S_1}L_P}{L_P + L_{S_1}}\right)C_i} = \omega_0^2$$

$$\frac{1}{\{(L_P + L_{S_1})\,L_{S_1} + L_{S_1}L_P\}\,C_i} = \frac{\omega_0^2}{L_P + L_{S_1}}$$

これらを代入すると，$I_e(s)$ は次のようになります。

$$
\begin{aligned}
I_e(s) =\ & \frac{L_{S_1}C_i\,(E_i - V_{C_i}(0))}{(L_P + L_{S_1})\,L_{S_1}C_i s^2 + L_{S_1}L_P C_i s^2 + L_{S_1} + L_P} \\[4pt]
& + \frac{nE_o\,(L_{S_1}C_i)}{(L_P + L_{S_1})\,L_{S_1}C_i s^2 + L_{S_1}L_P C_i s^2 + L_{S_1} + L_P} \\[4pt]
& + \frac{nE_o}{L_P + L_{S_1}}\left\{\frac{1}{s^2} - \frac{(L_P + L_{S_1})\,L_{S_1}C_i + L_{S_1}L_P C_i}{(L_P + L_{S_1})\,L_{S_1}C_i s^2 + L_{S_1}L_P C_i s^2 + L_{S_1} + L_P}\right\} \\[4pt]
& - \frac{L_{S_1}i_e(0)}{L_P + L_{S_1}}\left\{\frac{1}{s} - \frac{(L_P + L_{S_1})\,L_{S_1}C_i + L_{S_1}L_P C_i}{(L_P + L_{S_1})\,L_{S_1}C_i s^2 + L_{S_1}L_P C_i s^2 + L_{S_1} + L_P}\cdot s\right\} \\[4pt]
& + \frac{i_e(0)}{s} \\[10pt]
=\ & \frac{1}{\{(L_P + L_{S_1})\,L_{S_1} + L_{S_1}L_P\}\,C_i} \\[4pt]
& \cdot \frac{L_{S_1}C_i\,(E_i - V_{C_i}(0))}{s^2 + \dfrac{L_{S_1} + L_P}{\{(L_P + L_{S_1})\,L_{S_1} + L_{S_1}L_P\}\,C_i}} \\[4pt]
& + \frac{1}{\{(L_P + L_{S_1})\,L_{S_1} + L_{S_1}L_P\}\,C_i} \\[4pt]
& \cdot \frac{nE_o\,(L_{S_1}C_i)}{s^2 + \dfrac{L_P + L_{S_1}}{\{(L_P + L_{S_1})\,L_{S_1} + L_{S_1}L_P\}\,C_i}} \\[4pt]
& + \frac{nE_o}{L_P + L_{S_1}}\left[\frac{1}{s^2} - \frac{(L_P + L_{S_1})\,L_{S_1}C_i + L_{S_1}L_P C_i}{\{(L_P + L_{S_1})\,L_{S_1} + L_{S_1}L_P\}\,C_i}\right. \\[4pt]
& \left.\qquad\qquad \cdot \frac{1}{s^2 + \dfrac{L_P + L_{S_1}}{\{(L_P + L_{S_1})\,L_{S_1} + L_{S_1}L_P\}\,C_i}}\right]
\end{aligned}
$$

$$
- \frac{L_{S_1} i_e\left(0\right)}{L_P + L_{S_1}} \left[\frac{1}{s} - \frac{\left(L_P + L_{S_1}\right) L_{S_1} C_i + L_{S_1} L_P C_i}{\left\{\left(L_P + L_{S_1}\right) L_{S_1} + L_{S_1} L_P\right\} C_i} \right.
$$

$$
\left. \cdot \frac{s}{s^2 + \dfrac{L_{S_1} + L_P}{\left\{\left(L_P + L_{S_1}\right) L_{S_1} + L_{S_1} L_P\right\} C_i}} \right] + \frac{i_e\left(0\right)}{s}
$$

$$
= \frac{\omega_0^2}{L_P - L_{S_1}} \cdot \frac{L_{S_1} C_i \left(E_i - V_{C_i}(0) + nE_o\right)}{s^2 + \omega_0^2}
$$

$$
+ \frac{nE_o}{L_P + L_{S_1}} \left(\frac{1}{s^2} - \frac{1}{s^2 + \omega_0^2}\right) - \frac{L_{S_1} i_e\left(0\right)}{L_P + L_{S_1}} \left(\frac{1}{s} - \frac{s}{s^2 + \omega_0^2}\right)
$$

$$
+ \frac{i_e\left(0\right)}{s} \tag{6.10}
$$

ここで，式 (6.10) を逆ラプラス変換すると，励磁電流 i_e が求められます。

$$
i_e = \frac{L_{S_1}}{L_P + L_{S_1}} \cdot \omega_0 C_i \left(E_i - V_{C_i}(0) + nE_o\right) \sin \omega_0 t
$$

$$
+ \frac{nE_o}{L_P + L_{S_1}} \left(t - \frac{1}{\omega_0} \sin \omega_0 t\right)
$$

$$
- \frac{L_{S_1}}{L_P + L_{S_1}} i_e\left(0\right) \left(1 - \cos \omega_0 t\right) + i_e\left(0\right) \tag{6.11}
$$

次に，式 (6.7) より，一次換算の出力ダイオード電流 i_D/n を求めます。

$$
\frac{I_D\left(s\right)}{n} = \frac{1}{s L_{S_1}} \left\{ L_P \left(s I_e\left(s\right) - i_e\left(0\right)\right) - \frac{nE_o}{s} \right\}
$$

$$
= \frac{L_P}{L_{S_1}} \left\{ I_e\left(s\right) - \frac{i_e\left(0\right)}{s} \right\} - \frac{nE_o}{s^2 L_{S_1}}
$$

ここに，式 (6.10) を代入します。

$$
\frac{I_D\left(s\right)}{n} = \frac{L_P}{L_{S_1}} \left\{ \frac{\omega_0^2}{L_P + L_{S_1}} \cdot \frac{L_{S_1} C_i \left(E_i - V_{C_i}(0) + nE_o\right)}{s^2 + \omega_0^2} \right.
$$

$$
\left. + \frac{nE_o}{L_P + L_{S_1}} \left(\frac{1}{s^2} - \frac{1}{s^2 + \omega_0^2}\right) \right\}
$$

$$
+ \frac{L_P}{L_{S_1}} \left\{ -\frac{L_{S_1} i_e\left(0\right)}{L_P + L_{S_1}} \left(\frac{1}{s} - \frac{s}{s^2 + \omega_0^2}\right) + \frac{i_e\left(0\right)}{s} \right\}
$$

第 6 章　負荷を引いた状態の動作

$$
-\frac{L_P}{L_{S_1}} \cdot \frac{i_e(0)}{s} - \frac{1}{L_{S_1}} \cdot \frac{nE_o}{s^2}
$$

$$
= \frac{L_P}{L_{S_1}} \left\{ \frac{\omega_0^2}{L_P + L_{S_1}} \cdot \frac{L_{S_1} C_i (E_i - V_{C_i}(0) + nE_o)}{s^2 + \omega_0^2} \right.
$$

$$
\left. + \frac{nE_o}{L_P + L_{S_1}} \left(\frac{1}{s^2} - \frac{1}{s^2 + \omega_0^2} \right) \right\}
$$

$$
- \frac{L_P}{L_{S_1}} \cdot \frac{L_{S_1} i_e(0)}{L_P + L_{S_1}} \left(\frac{1}{s} - \frac{s}{s^2 + \omega_0^2} \right) - \frac{1}{L_{S_1}} \cdot \frac{nE_o}{s^2} \tag{6.12}
$$

式 (6.12) を逆ラプラス変換すると，一次換算の出力ダイオード電流 i_D/n を得ることができます。

$$
\frac{i_D}{n} = \frac{L_P}{L_P + L_{S_1}} \cdot \omega_0 C_i (E_i - V_{C_i}(0) + nE_o) \sin \omega_0 t
$$

$$
+ \frac{nE_o}{L_P + L_{S_1}} \cdot \frac{L_P}{L_{S_1}} \left(t - \frac{1}{\omega_0} \sin \omega_0 t \right)
$$

$$
- \frac{L_P}{L_P + L_{S_1}} i_e(0) (1 - \cos \omega_1 t) - \frac{nE_o}{L_{S_1}} t
$$

$$
= \frac{L_P}{L_P + L_{S_1}} \cdot \omega_0 C_i (E_i - V_{C_i}(0) + nE_o) \sin \omega_0 t
$$

$$
- \frac{nE_o}{L_P + L_{S_1}} \cdot \frac{L_P}{L_{S_1}} \frac{1}{\omega_0} \sin \omega_0 t + \frac{nE_o}{L_{S_1}} t \left(\frac{L_P}{L_P + L_{S_1}} - 1 \right)
$$

$$
- \frac{L_P}{L_P + L_{S_1}} i_e(0) (1 - \cos \omega_0 t)
$$

$$
= \frac{L_P}{L_P + L_{S_1}} \left\{ \omega_0 C_i (E_i - V_{C_i}(0)) + nE_o \left(\omega_0 C_i - \frac{1}{\omega_0 L_{S_1}} \right) \right\} \sin \omega_0 t
$$

$$
- \frac{nE_o}{L_P + L_{S_1}} t - \frac{L_P}{L_P + L_{S_1}} i_e(0) (1 - \cos \omega_0 t) \tag{6.13}
$$

式 (6.13) 中の $\left(\omega_0 C_i - \dfrac{1}{\omega_0 L_{S_1}} \right)$ は

$$
\left(\omega_0 C_i - \frac{1}{\omega_0 L_{S_1}} \right) = \omega_0 C_i \left(1 - \frac{1}{\omega_0^2 L_{S_1} C_i} \right)
$$

$$
= \omega_0 C_i \left\{ 1 - \frac{1}{L_{S_1} C_i} \left(L_{S_1} + \frac{L_{S_1} L_P}{L_P + L_{S_1}} \right) C_i \right\}
$$

$$
= \omega_0 C_i \left(1 - 1 - \frac{L_P}{L_P + L_{S_1}} \right) = -\omega_0 C_i \frac{L_P}{L_P + L_{S_1}}
$$

となり，i_D/n は次のようになります。

$$\frac{i_D}{n} = \frac{L_P}{L_P + L_{S_1}} \omega_0 C_i \left\{ (E_i - V_{C_i}(0)) - \frac{L_P}{L_{S_1} + L_P} nE_o \right\} \sin \omega_0 t$$
$$- \frac{nE_o}{L_P + L_{S_1}} t - \frac{L_P}{L_P + L_{S_1}} i_e(0)(1 - \cos \omega_0 t) \tag{6.14}$$

以上より，合算した電流 $i_e + i_D/n$ を求めると，以下のようになります。

$$i_e + \frac{i_D}{n} = \frac{L_{S_1}}{L_P + L_{S_1}} \cdot \omega_0 C_i (E_i - V_{C_i}(0) + nE_o) \sin \omega_0 t$$
$$+ \frac{nE_o}{L_P + L_{S_1}} \left(t - \frac{1}{\omega_0} \sin \omega_0 t \right)$$
$$- \frac{L_{S_1}}{L_P + L_{S_1}} i_e(0)(1 - \cos \omega_0 t) + i_e(0)$$
$$+ \frac{L_P}{L_P + L_{S_1}} \omega_0 C_i \left\{ (E_i - V_{C_i}(0)) - \frac{L_P}{L_P + L_{S_1}} nE_o \right\} \sin \omega_0 t$$
$$- \frac{nE_o}{L_P + L_{S_1}} t - \frac{L_P}{L_P + L_{S_1}} i_e(0)(1 - \cos \omega_0 t)$$

ここで，式を整理します。

$$\frac{L_{S_1}}{L_P + L_{S_1}} \cdot \omega_0 C_i (E_i - V_{C_i}(0) + nE_o)$$
$$+ \frac{L_P}{L_P + L_{S_1}} \omega_0 C_i \left\{ (E_i - V_{C_i}(0)) - \frac{L_P}{L_P + L_{S_1}} nE_o \right\}$$
$$= \omega_0 C_i (E_i - V_{C_i}(0)) + \frac{\omega_0 C_i}{L_P + L_{S_1}} \left\{ L_{S_1} - \frac{L_P^2}{L_P + L_{S_1}} \right\} nE_o$$
$$- \frac{L_{S_1}}{L_P + L_{S_1}} i_e(0)(1 - \cos \omega_0 t) + i_e(0) - \frac{L_P}{L_P + L_{S_1}} i_e(0)(1 - \cos \omega_0 t)$$
$$= i_e(0) - i_e(0)(1 - \cos \omega_0 t) = i_e(0) \cos \omega_0 t$$
$$\frac{nE_o}{L_P + L_{S_1}} t - \frac{nE_o}{L_P + L_{S_1}} t = 0$$
$$i_e + \frac{i_D}{n} = \omega_0 C_i (E_i - V_{C_i}(0)) \sin \omega_0 t$$
$$+ \frac{\omega_0 C_i nE_o}{L_P + L_{S_1}} \left\{ L_{S_1} - \frac{L_P^2}{L_P + L_{S_1}} \right\} \sin \omega_0 t$$
$$- \frac{nE_o}{L_P + L_{S_1}} \cdot \frac{1}{\omega_0} \sin \omega_0 t + i_e(0) \cos \omega_0 t$$

第 6 章　負荷を引いた状態の動作

$$\frac{\omega_0 C_i n E_o}{L_P + L_{S_1}} \left(L_{S_1} - \frac{L_P^2}{L_P + L_{S_1}} \right) - \frac{n E_o}{L_P + L_{S_1}} \cdot \frac{1}{\omega_0}$$

$$= \frac{\omega_0 C_i n E_o}{L_P + L_{S_1}} \left(L_{S_1} - \frac{L_P^2}{L_P + L_{S_1}} - \frac{1}{\omega_0^2 C_i} \right)$$

$$= \frac{\omega_0 C_i n E_o}{L_P + L_{S_1}} \left(L_{S_1} - \frac{L_P^2}{L_P + L_{S_1}} - L_{S_1} - \frac{L_{S_1} L_P}{L_P + L_{S_1}} \right)$$

$$= -\frac{\omega_0 C_i n E_o}{L_P + L_{S_1}} \left(\frac{L_{S_1} L_P + L_P^2}{L_P + L_{S_1}} \right)$$

$$= -\frac{L_P \omega_0 C_i n E_o}{L_P + L_{S_1}} \left(\frac{L_P + L_{S_1}}{L_P + L_{S_1}} \right) = -\frac{L_P}{L_P + L_{S_1}} \omega_0 C_i n E_o$$

これらより，$i_e + i_D/n$ は次のようになります。

$$i_e + \frac{i_D}{n} = \omega_0 C_i \left(E_i - V_{C_i}(0) \right) \sin \omega_0 t - \frac{L_P \omega_0 C_i n E_o}{L_P + L_{S_1}} \cdot \sin \omega_0 t$$

$$+ i_e(0) \cos \omega_0 t$$

$$= \omega_0 C_i \left\{ \left(E_i - V_{C_i}(0) \right) - \frac{L_P}{L_P + L_{S_1}} n E_o \right\} \sin \omega_0 t$$

$$+ i_e(0) \cos \omega_0 t \tag{6.15}$$

[2]　励磁電圧と電流共振コンデンサ電圧およびその他の電圧

次に，一次リーケージインダクタンスの電圧 $V_{L_{S_1}}$ と励磁電圧 V_{L_P} を求めます。

$$V_{L_{S_1}} = L_{S_1} \frac{d \left(i_e + i_D/n \right)}{dt}$$

$$= L_{S_1} \left\{ \omega_0^2 C_i \left(E_i - V_{C_i}(0) - \frac{L_P}{L_P + L_{S_1}} n E_o \right) \cos \omega_0 t \right.$$

$$\left. - \omega_0 i_e(0) \sin \omega_0 t \right\}$$

$$= \omega_0^2 L_{S_1} C_i \left(E_i - V_{C_i}(0) - \frac{L_P}{L_P + L_{S_1}} n E_o \right) \cos \omega_0 t$$

$$- \omega_0 L_{S_1} i_e(0) \sin \omega_0 t$$

$\omega_0^2 L_{S_1} C_i = L_{S_1}/L_S$ なので，

$$V_{L_{S_1}} = \frac{L_{S_1}}{L_S} \left(E_i - V_{C_i}(0) - \frac{L_P}{L_P + L_{S_1}} n E_o \right) \cos \omega_0 t$$

72

$$- \omega_0 L_{S_1} i_e(0) \sin \omega_0 t \tag{6.16}$$

となります。また，V_{L_P} は

$$
\begin{aligned}
V_{L_P} &= L_P \frac{di_e}{dt} \\
&= \frac{L_P}{L_P + L_{S_1}} \big\{ \omega_0^2 L_{S_1} C_i \left(E_i - V_{C_i}(0) + nE_o \right) \cos \omega_0 t \\
&\qquad\qquad + nE_o \left(1 - \cos \omega_0 t \right) - \omega_0 L_{S_1} i_e(0) \sin \omega_0 t \big\} \\
&= \frac{L_P}{L_P + L_{S_1}} \bigg\{ \frac{L_{S_1}}{L_S} \left(E_i - V_{C_i}(0) + nE_o \right) \cos \omega_0 t + nE_o \left(1 - \cos \omega_0 t \right) \\
&\qquad\qquad - \omega_0 L_{S_1} i_e(0) \sin \omega_0 t \bigg\} \tag{6.17}
\end{aligned}
$$

となります。ただし，$L_S = L_{S_1} + \dfrac{L_P L_{S_1}}{L_P + L_{S_1}}$ です。

さらに，電流共振コンデンサ電圧 V_{C_i} と一次換算の二次リーケージインダクタンスに発生する電圧 $V'_{L_{S_2}}$ を求めます。まず，$V_{L_{S_1}}$ と V_{L_P} を合算した電圧 $V_{L_{S_1}} + V_{L_P}$ を求めておきます。

$$
\begin{aligned}
V_{L_{S_1}} + V_{L_P} &= \frac{L_{S_1}}{L_S} \left(1 + \frac{L_P}{L_P + L_{S_1}} \right) \left(E_i - V_{C_i}(0) \right) \cos \omega_0 t \\
&\quad + \frac{L_P}{L_P + L_{S_1}} nE_o \left(1 - \cos \omega_0 t \right) \\
&\quad - \left(1 + \frac{L_P}{L_P + L_{S_1}} \right) \omega_0 L_{S_1} i_e(0) \sin \omega_0 t
\end{aligned}
$$

式を整理します。

$$
\begin{aligned}
&\frac{L_{S_1}}{L_S} \left(E_i - V_{C_i}(0) \right) \cos \omega_0 t + \frac{L_P}{L_P + L_{S_1}} \cdot \frac{L_{S_1}}{L_S} \left(E_i - V_{C_i}(0) \right) \cos \omega_0 t \\
&\quad = \frac{L_{S_1}}{L_S} \left(1 + \frac{L_P}{L_P + L_{S_1}} \right) \left(E_i - V_{C_i}(0) \right) \cos \omega_0 t \\
&- \frac{L_{S_1}}{L_S} \cdot \frac{L_P}{L_P + L_{S_1}} nE_o \cos \omega_0 t + \frac{L_P}{L_P + L_{S_1}} \cdot \frac{L_{S_1}}{L_S} nE_o \cos \omega_0 t \\
&\quad + \frac{L_P}{L_P + L_{S_1}} nE_o \left(1 - \cos \omega_0 t \right) \\
&\quad = \frac{L_P}{L_P + L_{S_1}} nE_o \left(1 - \cos \omega_0 t \right)
\end{aligned}
$$

第 6 章　負荷を引いた状態の動作

$$- \omega_0 L_{S_1} i_e(0) \sin \omega_0 t - \frac{L_P}{L_P + L_{S_1}} \omega_0 L_{S_1} i_e(0) \sin \omega_0 t$$

$$= \left(-1 - \frac{L_P}{L_P + L_{S_1}} \right) \omega_0 L_{S_1} i_e(0) \sin \omega_0 t$$

$$= - \left(1 + \frac{L_P}{L_P + L_{S_1}} \right) \omega_0 L_{S_1} i_e(0) \sin \omega_0 t$$

$$\left(1 + \frac{L_P}{L_{S_1} + L_P} \right) \frac{L_{S_1}}{L_S} = \frac{L_{S_1} \left(1 + \dfrac{L_P}{L_P + L_{S_1}} \right)}{\left(L_{S_1} + \dfrac{L_{S_1} L_P}{L_P + L_{S_1}} \right)} = 1$$

$V_{L_{S_1}} + V_{L_P}$ は次のようになります。

$$V_{L_{S_1}} + V_{L_P} = (E_i - V_{C_i}(0)) \cos \omega_0 t + \frac{L_P}{L_P + L_{S_1}} n E_o (1 - \cos \omega_0 t)$$

$$- \left(1 + \frac{L_P}{L_P + L_{S_1}} \right) \omega_0 L_{S_1} i_e(0) \sin \omega_0 t \tag{6.18}$$

V_{C_i} は，$V_{L_{S_1}} + V_{L_P} + V_{C_i} = E_i$ より

$$V_{C_i} = E_i - \left(V_{L_{S_1}} + V_{L_P} \right)$$

となります。ここに式 (6.18) を代入すると，電流共振コンデンサ電圧 V_{C_i} が求められます。

$$V_{C_i} = E_i - (E_i - V_{C_i}(0)) \cos \omega_0 t - \frac{L_P}{L_P + L_{S_1}} n E_o (1 - \cos \omega_0 t)$$

$$+ \left(1 + \frac{L_P}{L_P + L_{S_1}} \right) \omega_0 L_{S_1} i_e(0) \sin \omega_0 t$$

$$= E_i (1 - \cos \omega_0 t) + V_{C_i}(0) \cos \omega_0 t - \frac{L_P}{L_P + L_{S_1}} n E_o (1 - \cos \omega_0 t)$$

$$+ \left(1 + \frac{L_P}{L_P + L_{S_1}} \right) \omega_0 L_{S_1} i_e(0) \sin \omega_0 t$$

$$= \left(E_i - \frac{L_P}{L_P + L_{S_1}} n E_o \right) (1 - \cos \omega_0 t) + V_{C_i}(0) \cos \omega_0 t$$

$$+ \left(1 + \frac{L_P}{L_P + L_{S_1}} \right) \omega_0 L_{S_1} i_e(0) \sin \omega_0 t \tag{6.19}$$

また，一次換算の二次リーケージインダクタンスに発生する電圧 $V'_{L_{S_2}}$ は，以下となります。

74

$$
\begin{aligned}
V'_{L_{S_2}} &= L_{S_1} \frac{d(i_D/n)}{dt} \\
&= \frac{L_P L_{S_1}}{L_P + L_{S_1}} \cdot \omega_0^2 C_i \left(E_i - V_{C_i}(0) + nE_o\right) \cos\omega_0 t \\
&\quad + \frac{L_{S_1} \cdot nE_o}{L_P + L_{S_1}} \cdot \frac{L_P}{L_{S_1}} \left(1 - \cos\omega_0 t\right) \\
&\quad - \frac{L_P L_{S_1}}{L_P + L_{S_1}} \omega_0 i_e(0) \sin\omega_0 t - \frac{L_{S_1} nE_o}{L_{S_1}} \\
&= \frac{L_P}{L_P + L_{S_1}} \frac{L_{S_1}}{L_S} \left(E_i - V_{C_i}(0) + nE_o\right) \cos\omega_0 t \\
&\quad + \frac{L_P}{L_P + L_{S_1}} \cdot nE_o \left(1 - \cos\omega_0 t\right) \\
&\quad - \frac{L_P L_{S_1}}{L_P + L_{S_1}} \omega_0 i_e(0) \sin\omega_0 t - nE_o \\
&= \frac{L_P}{L_P + L_{S_1}} \left\{ \frac{L_{S_1}}{L_S} \left(E_i - V_{C_i}(0) + nE_o\right) \cos\omega_0 t \right.\\
&\qquad\qquad \left. + nE_o \left(1 - \cos\omega_0 t\right) - \omega_0 L_{S_1} i_e(0) \sin\omega_0 t \right\} - nE_o
\end{aligned}
\tag{6.20}
$$

トランスの一次巻線に発生する電圧 V_{N_1} は

$$
V_{N_1} = V_{L_P} - V'_{L_{S_2}}
$$

となり，ここに式 (6.17) と式 (6.20) を代入すると，次式が得られます．

$$
\begin{aligned}
V_{N_1} &= \frac{L_P}{L_P + L_{S_1}} \left\{ \frac{L_{S_1}}{L_S} \left(E_i - V_{C_i}(0) + nE_o\right) \cos\omega_0 t \right.\\
&\qquad\qquad \left. + nE_o \left(1 - \cos\omega_0 t\right) - \omega_0 L_{S_1} i_e(0) \sin\omega_0 t \right\} \\
&\quad - \frac{L_P}{L_P + L_{S_1}} \left\{ \frac{L_{S_1}}{L_S} \left(E_i - V_{C_i}(0) + nE_o\right) \cos\omega_0 t \right.\\
&\qquad\qquad \left. + nE_o \left(1 - \cos\omega_0 t\right) - \omega_0 L_{S_1} i_e(0) \sin\omega_0 t \right\} + nE_o \\
&= nE_o
\end{aligned}
\tag{6.21}
$$

第 6 章　負荷を引いた状態の動作

6.2　電圧・電流の初期値

6.1 節で求めた式は，電流共振コンデンサ電圧の初期値 $V_{C_i}(0)$ と励磁電流の初期値 $i_e(0)$ がわからないと，実際に使用することはできません。したがって，これらの初期値を求める必要があり，本節ではそれらを求めます。

[1]　電流共振コンデンサ電圧の初期値 $V_{C_i}(0)$

一次換算の出力ダイオード電流 i_D/n は前節の式 (6.14) で与えられ，$t = t_1$ で 0 になります。これより，$i_e(0)$ を求めることができます。

$$
\begin{aligned}
\frac{i_D}{n} &= \frac{L_P}{L_P + L_{S_1}} \omega_0 C_i \left\{ (E_i - V_{C_i}(0)) - \frac{L_P}{L_P + L_{S_1}} n E_o \right\} \sin \omega_0 t_1 \\
&\quad - \frac{n E_o}{L_P + L_{S_1}} t_1 - \frac{L_P}{L_P + L_{S_1}} i_e(0) (1 - \cos \omega_0 t_1) \\
&= 0
\end{aligned}
$$

$$
\begin{aligned}
\frac{L_P}{L_P + L_{S_1}} &i_e(0)(1 - \cos \omega_0 t_1) \\
&= \frac{L_P}{L_P + L_{S_1}} \omega_0 C_i \left\{ (E_i - V_{C_i}(0)) - \frac{L_P}{L_P + L_{S_1}} n E_o \right\} \sin \omega_0 t_1 \\
&\quad - \frac{n E_o}{L_P + L_{S_1}} t_1
\end{aligned}
$$

$$
\begin{aligned}
i_e(0) &= \frac{1}{1 - \cos \omega_0 t_1} \cdot \frac{L_P + L_{S_1}}{L_P} \\
&\quad \cdot \frac{L_P}{L_P + L_{S_1}} \omega_0 C_i \left\{ (E_i - V_{C_i}(0)) - \frac{L_P}{L_P + L_{S_1}} n E_o \right\} \sin \omega_0 t_1 \\
&\quad - \frac{1}{1 - \cos \omega_0 t_1} \cdot \frac{L_P + L_{S_1}}{L_P} \cdot \frac{n E_o}{L_P + L_{S_1}} t_1 \\
&= \frac{\omega_0 C_i}{1 - \cos \omega_0 t_1} \left\{ (E_i - V_{C_i}(0)) - \frac{L_P}{L_P + L_{S_1}} n E_o \right\} \sin \omega_0 t_1 \\
&\quad - \frac{1}{1 - \cos \omega_0 t_1} \cdot \frac{n E_o}{L_P} t_1
\end{aligned}
\tag{6.22}
$$

次に，$\dfrac{2}{T} \displaystyle\int_0^{t_1} \dfrac{i_D}{n} dt = \dfrac{I_o}{n}$ より，以下が求められます。

$$
\int_0^{t_1} \frac{i_D}{n} dt = \frac{L_P}{L_P + L_{S_1}} \omega_0 C_i \left\{ (E_i - V_{C_i}(0)) - \frac{L_P}{L_P + L_{S_1}} n E_o \right\}
$$

$$
\cdot \left[-\frac{\cos \omega_0 t}{\omega_0} \right]_0^{t_1} - \frac{nE_o}{L_P + L_{S_1}} \left[\frac{t^2}{2} \right]_0^{t_1}
$$

$$
- \frac{L_P}{L_P + L_{S_1}} i_e(0) \left[t - \frac{\sin \omega_0 t}{\omega_0} \right]_0^{t_1}
$$

$$
= \frac{L_P}{L_P + L_{S_1}} \omega_0 C_i \left\{ (E_i - V_{C_i}(0)) - \frac{L_P}{L_P + L_{S_1}} nE_o \right\}
$$

$$
\cdot \left(\frac{1 - \cos \omega_0 t_1}{\omega_0} \right) - \frac{nE_o}{L_P + L_{S_1}} \left(\frac{t_1^2}{2} \right)
$$

$$
- \frac{L_P}{L_P + L_{S_1}} i_e(0) \left(t_1 - \frac{\sin \omega_0 t_1}{\omega_0} \right) \tag{6.23}
$$

ここで, $\dfrac{2}{T} \displaystyle\int_0^{t_1} \dfrac{i_D}{n} dt = \dfrac{I_o}{n}$ より, $\dfrac{I_o T}{2n} = \displaystyle\int_0^{t_1} \dfrac{i_D}{n} dt$ となります。ここに式 (6.23) を代入します。

$$
\frac{I_o T}{2n} = \frac{L_P}{L_P + L_{S_1}} \omega_0 C_i \left\{ (E_i - V_{C_i}(0)) - \frac{L_P}{L_P + L_{S_1}} nE_o \right\} \left(\frac{1 - \cos \omega_0 t_1}{\omega_0} \right)
$$

$$
- \frac{nE_o}{L_P + L_{S_1}} \left(\frac{t_1^2}{2} \right) - \frac{L_P}{L_P + L_{S_1}} i_e(0) \left(t_1 - \frac{\sin \omega_0 t_1}{\omega_0} \right) \tag{6.24}
$$

式 (6.24) に式 (6.22) を代入し, $i_e(0)$ を消去します。

$$
\frac{I_o T}{2n} = \frac{L_P}{L_P + L_{S_1}} \omega_0 C_i \left\{ (E_i - V_{C_i}(0)) - \frac{L_P}{L_P + L_{S_1}} nE_o \right\}
$$

$$
\cdot \left(\frac{1 - \cos \omega_0 t_1}{\omega_0} \right) - \frac{nE_o}{L_{S_1} + L_P} \left(\frac{t_1^2}{2} \right)
$$

$$
- \frac{L_P}{L_{S_1} + L_P} \left(\frac{\omega_0 t_1 - \sin \omega_0 t_1}{\omega_0} \right) \frac{1}{1 - \cos \omega_0 t_1}
$$

$$
\cdot \left[\omega_0 C_i \left\{ (E_i - V_{C_i}(0)) - \frac{L_P}{L_P + L_{S_1}} nE_o \right\} \sin \omega_0 t_1 - \frac{nE_o}{L_P} t_1 \right]
$$

ここで, 式を整理します。

$$
\left\{ \left(\frac{1 - \cos \omega_0 t_1}{\omega_0} \right) - \left(\frac{\omega_0 t_1 - \sin \omega_0 t_1}{\omega_0} \right) \frac{\sin \omega_0 t_1}{1 - \cos \omega_0 t_1} \right\}
$$

$$
= \left\{ \frac{(1 - \cos \omega_0 t_1)^2 - \omega_0 t_1 \sin \omega_0 t_1 + \sin^2 \omega_0 t_1}{\omega_0 (1 - \cos \omega_0 t_1)} \right\}
$$

第 6 章　負荷を引いた状態の動作

$$= \left\{ \frac{1 - 2\cos\omega_0 t_1 + \cos^2\omega_0 t_1 - \omega_0 t_1 \sin\omega_0 t_1 + \sin^2\omega_0 t_1}{\omega_0\left(1 - \cos\omega_0 t_1\right)} \right\}$$

$$= \left\{ \frac{2 - 2\cos\omega_0 t_1 - \omega_0 t_1 \sin\omega_0 t_1}{\omega_0\left(1 - \cos\omega_0 t_1\right)} \right\}$$

$$= \left\{ \frac{2\left(1 - \cos\omega_0 t_1\right) - \omega_0 t_1 \sin\omega_0 t_1}{\omega_0\left(1 - \cos\omega_0 t_1\right)} \right\}$$

$$\frac{L_P}{L_P + L_{S_1}}\omega_0 C_i \left\{ \left(E_i - V_{C_i}(0)\right) - \frac{L_P}{L_P + L_{S_1}}nE_o \right\}$$

$$\cdot \left\{ \left(\frac{1 - \cos\omega_0 t_1}{\omega_0}\right) - \left(\frac{\omega_0 t_1 \sin\omega_0 t_1}{\omega_0}\right)\frac{\sin\omega_0 t_1}{1 - \cos\omega_0 t_1} \right\}$$

$$= \frac{L_P}{L_P + L_{S_1}}\omega_0 C_i \left\{ \left(E_i - V_{C_i}(0)\right) - \frac{L_P}{L_P + L_{S_1}}nE_o \right\}$$

$$\cdot \left\{ \frac{2\left(1 - \cos\omega_0 t_1\right) - \omega_0 t_1 \sin\omega_0 t_1}{\omega_0\left(1 - \cos\omega_0 t_1\right)} \right\}$$

$$- \frac{nE_o}{L_P + L_{S_1}}\left(\frac{t_1^2}{2}\right) + \frac{L_P}{L_P + L_{S_1}}\left(\frac{\omega_0 t_1 - \sin\omega_0 t_1}{\omega_0}\right)$$

$$\cdot \frac{1}{1 - \cos\omega_0 t_1}\frac{nE_o}{L_P}t_1$$

$$= -\frac{nE_o}{L_P + L_{S_1}}\left(\frac{t_1^2}{2}\right) + \frac{nE_o t_1}{L_P + L_{S_1}}\frac{\omega_0 t_1 - \sin\omega_0 t_1}{\omega_0\left(1 - \cos\omega_0 t_1\right)}$$

$$= \frac{nE_o}{L_P + L_{S_1}}\left\{ \frac{\omega_0 t_1^2 - t_1\sin\omega_0 t_1}{\omega_0\left(1 - \cos\omega_0 t\right)} - \frac{t_1^2}{2} \right\}$$

$$= \frac{nE_o}{L_P + L_{S_1}}\left\{ \frac{2\omega_0 t_1^2 - 2t_1\sin\omega_0 t_1 - \omega_0 t_1^2\left(1 - \cos\omega_0 t_1\right)}{2\omega_0\left(1 - \cos\omega_0 t_1\right)} \right\}$$

$$= \frac{nE_o}{L_P + L_{S_1}}\left\{ \frac{2\omega_0 t_1^2 - 2t_1\sin\omega_0 t_1 - \omega_0 t_1^2 + \omega_0 t_1^2\cos\omega_0 t_1}{2\omega_0\left(1 - \cos\omega_0 t_1\right)} \right\}$$

$$= \frac{nE_o}{L_P + L_{S_1}}\left\{ \frac{\omega_0 t_1^2 + \omega_0 t_1^2\cos\omega_0 t_1 - 2t_1\sin\omega_0 t_1}{2\omega_0\left(1 - \cos\omega_0 t_1\right)} \right\}$$

$$= \frac{nE_o}{L_P + L_{S_1}}\left\{ \frac{\omega_0 t_1^2\left(1 + \cos\omega_0 t_1\right) - 2t_1\sin\omega_0 t_1}{2\omega_0\left(1 - \cos\omega_0 t_1\right)} \right\}$$

$$\frac{I_o T}{2n} = \frac{L_P}{L_P + L_{S_1}}\omega_0 C_i \left\{ \left(E_i - V_{C_i}(0)\right) - \frac{L_P}{L_{S_1} + L_P}nE_o \right\}$$

$$\cdot \left\{ \frac{2\left(1 - \cos\omega_0 t_1\right) - \omega_0 t_1\sin\omega_0 t_1}{\omega_0\left(1 - \cos\omega_0 t_1\right)} \right\}$$

$$+ \frac{nE_o}{L_P + L_{S_1}} \left\{ \frac{\omega_0 t_1^2 \left(1 + \cos \omega_0 t_1\right) - 2t_1 \sin \omega_0 t_1}{2\omega_0 \left(1 - \cos \omega_0 t_1\right)} \right\} \tag{6.25}$$

式 (6.25) より $V_{C_i}(0)$ を求めることができます。

$$\omega_0 C_i \left\{ (E_i - V_{C_i}(0)) - \frac{L_P}{L_P + L_{S_1}} nE_o \right\}$$

$$= \frac{L_P + L_{S_1}}{L_P} \cdot \frac{\omega_0 \left(1 - \cos \omega_0 t_1\right)}{2\left(1 - \cos \omega_0 t_1\right) - \omega_0 t_1 \sin \omega_0 t_1}$$

$$\cdot \left\{ \frac{I_o T}{2n} - \frac{nE_o}{L_P + L_{S_1}} \cdot \frac{\omega_0 t_1^2 \left(1 + \cos \omega_0 t_1\right) - 2t_1 \sin \omega_0 t_1}{2\omega_0 \left(1 - \cos \omega_0 t_1\right)} \right\}$$

$$V_{C_i}(0) = E_i - nE_o \frac{L_P}{L_P + L_{S_1}} - \frac{L_P + L_{S_1}}{\omega_0 C_i L_P} \cdot \frac{\omega_0 \left(1 - \cos \omega_0 t_1\right)}{2\left(1 - \cos \omega_0 t_1\right) - \omega_0 t_1 \sin \omega_0 t_1}$$

$$\cdot \left\{ \frac{I_o T}{2n} - \frac{nE_o}{L_P + L_{S_1}} \cdot \frac{\omega_0 t_1^2 \left(1 + \cos \omega_0 t_1\right) - 2t_1 \sin \omega_0 t_1}{2\omega_0 \left(1 - \cos \omega_0 t_1\right)} \right\}$$

$$= E_i - \frac{L_P}{L_P + L_{S_1}} nE_o - \frac{1}{L_P C_i} \cdot \frac{\left(1 - \cos \omega_0 t_1\right)}{2\left(1 - \cos \omega_0 t_1\right) - \omega_0 t_1 \sin \omega_0 t_1}$$

$$\cdot \left\{ \frac{I_o T}{2n} \left(L_P + L_{S_1}\right) - \frac{\omega_0 t_1^2 \left(1 + \cos \omega_0 t_1\right) - 2t_1 \sin \omega_0 t_1}{2\omega_0 \left(1 - \cos \omega_0 t_1\right)} \cdot nE_o \right\}$$

$$\tag{6.26}$$

式 (6.26) が，電流共振コンデンサ電圧の初期値 $V_{C_i}(0)$ になります。

1 周期間 T と出力ダイオードの導通時間 t_1 を与えると，式 (6.26) より $V_{C_i}(0)$ が求められます。$T = 14.68\mu$s，$t_1 = 4.9\mu$s として計算すると，$V_{C_i}(0) = -46.6$V になり，シミュレーションして得た値（図 6.2 参照）とほぼ一致します。なお，1 周期間 T と出力ダイオードの導通時間 t_1 の求め方については，それぞれ 6.6 節 [4] と 6.3 節で説明します。

$E_i = 100$V，$n = 32/8 = 4$，$nE_o = 4 \times (24 + 0.55) = 98.2$V（出力ダイオードの電圧降下も考慮して計算しています），$I_o = 2.08$A，$R_o = 11.52\Omega$，$P_o = 50$W，$L_{S_1} = 35.2\mu$H，$L_P = 220\mu$H，$C_i = 0.039\mu$F，$T = 14.68\mu$s，$f = 68.1$kHz，$t_1 = 4.9\mu$s。

$$L_S = L_{S_1} + \frac{L_P L_{S_1}}{L_P + L_{S_1}} = 35.2 + \frac{220 \times 35.2}{220 + 35.2} = 35.2 + 30.3 = 65.5\mu\text{H}$$

$$\omega_0 = \frac{10^6}{\sqrt{0.039 \times 65.5}} = \frac{10^6}{1.59828} = 0.62567 \times 10^6 \text{rad/s}$$

第 6 章　負荷を引いた状態の動作

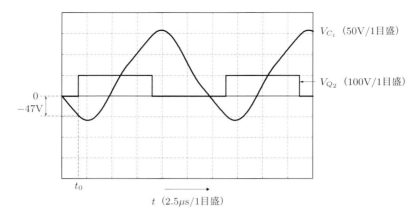

$V_{C_i}(0) = -47\text{V}$

条件：$E_i = 100\text{V}$, $E_o = 24.0\text{V}$, $f = 68.1\text{kHz}$, $T = 14.68\mu\text{s}$, $R_o = 11.52\Omega$, $I_o = 2.08\text{A}$, $P_o = 50\text{W}$, $n = 4$, $L_P = 220\mu\text{H}$, $L_{S_1} = 35.2\mu\text{H}$, $C_i = 0.039\mu\text{F}$, $f_0 = 99.6\text{kHz}$, $f_1 = 50.5\text{kHz}$

図 6.2　電流共振コンデンサ電圧の初期値 $V_{C_i}(0)$ のシミュレーション結果

$$\omega_0 t_1 = 0.62567 \times 4.9 = 3.0658$$

$$\omega_0 t_1^2 = 0.62567 \times 10^6 \times 24.01 \times 10^{-12} = 15.0 \times 10^{-6}$$

$$\frac{L_P}{L_P + L_{S_1}} nE_o = \frac{220}{255.2} \times 98.2 = 84.66\text{V}$$

$$\frac{1}{L_P C_i} = \frac{10^{12}}{220 \times 0.039} = 0.11655 \times 10^{12}$$

$$1 - \cos \omega_0 t_1 = 1 - \cos 3.0658 = 1 + 0.997 = 1.997$$

$$1 + \cos \omega_0 t_1 = 0.00287$$

$$2(1 - \cos \omega_0 t_1) = 3.994$$

$$\omega_0 t_1 \sin \omega_0 t_1 = 3.0658 \times 0.0757 = 0.232$$

$$\omega_0 t_1^2 (1 + \cos \omega_0 t_1) = 15.0 \times 10^{-6} \times 0.00287 = 0.04305 \times 10^{-6}$$

$$2 t_1 \sin \omega_0 t_1 = 2 \times 4.9 \times 10^{-6} \times 0.0757 = 0.74186 \times 10^{-6}$$

$$2\omega_0 (1 - \cos \omega_0 t_1) = 2 \times 6.2567 \times 10^5 \times 1.997 = 2.5 \times 10^6$$

$$\frac{I_o T}{2n}(L_P + L_{S_1}) = \frac{2.08 \times 14.68 \times 10^{-6} \times 255.2 \times 10^{-6}}{8} = 974.0 \times 10^{-12}$$

$$V_{C_i}(0) = 100 - 84.66 - 0.11655 \times 10^{12} \times \frac{1.997}{3.994 - 0.232}$$

$$\cdot \left(974.0 \times 10^{-12} - 98.2 \times \frac{0.04305 \times 10^{-6} - 0.74186 \times 10^{-6}}{2.5 \times 10^6} \right)$$

$$= 15.34 - \frac{0.11655 \times 1.997}{3.762}(974.0 + 27.45) = 15.34 - 61.96$$

$$= -46.62\mathrm{V}$$

[2]　励磁電流の初期値 $i_e\,(0)$

一次換算の出力ダイオード電流 i_D/n は前節の式 (6.14) で与えられ，$t = t_1$ で 0 になります。これより，まず $V_{C_i}(0)$ を求めます。

$$\frac{i_D}{n} = \frac{L_P}{L_P + L_{S_1}}\omega_0 C_i \left\{ (E_i - V_{C_i}(0)) - \frac{L_P}{L_P + L_{S_1}}nE_o \right\} \sin \omega_0 t_1$$

$$- \frac{nE_o}{L_P + L_{S_1}}t_1 - \frac{L_P}{L_P + L_{S_1}}i_e\,(0)\,(1 - \cos \omega_0 t_1) = 0$$

$$\omega_0 C_i \left\{ (E_i - V_{C_i}(0)) - \frac{L_P}{L_P + L_{S_1}}nE_o \right\} - \frac{nE_o t_1}{L_P \sin \omega_0 t_1}$$

$$- \frac{(1 - \cos \omega_0 t_1)}{\sin \omega_0 t_1}i_e\,(0) = 0$$

$$\left\{ (E_i - V_{C_i}(0)) - \frac{L_P}{L_P + L_{S_1}}nE_o \right\} - \frac{1}{\omega_0 C_i \sin \omega_0 t_1}$$

$$\cdot \left\{ \frac{nE_o t_1}{L_P} + (1 - \cos \omega_0 t_1)\,i_e\,(0) \right\} = 0$$

$$V_{C_i}(0) = E_i - \frac{L_P}{L_P + L_{S_1}}nE_o$$

$$- \frac{1}{\omega_0 C_i \sin \omega_0 t_1} \cdot \left\{ \frac{nE_o t_1}{L_P} + (1 - \cos \omega_0 t_1)\,i_e\,(0) \right\} \tag{6.27}$$

式 (6.24) に式 (6.27) を代入し，$V_{C_i}(0)$ を消去します。

$$\frac{I_o T}{2n} = \frac{L_P}{L_P + L_{S_1}}\frac{1}{\sin \omega_0 t_1} \cdot \left\{ \frac{nE_o t_1}{L_P} + (1 - \cos \omega_0 t_1)\,i_e\,(0) \right\}$$

$$\cdot \left(\frac{1 - \cos \omega_0 t_1}{\omega_0} \right) - \frac{nE_o}{L_P + L_{S_1}}\left(\frac{t_1^2}{2} \right)$$

$$- \frac{L_P}{L_P + L_{S_1}}i_e\,(0)\left(t_1 - \frac{\sin \omega_0 t_1}{\omega_0} \right)$$

第 6 章　負荷を引いた状態の動作

$$\frac{L_P + L_{S_1}}{L_P} \cdot \frac{I_o T}{2n} = \frac{1}{\sin \omega_0 t_1} \cdot \left\{ \frac{n E_o t_1}{L_P} + (1 - \cos \omega_0 t_1)\, i_e(0) \right\}$$

$$\cdot \left(\frac{1 - \cos \omega_0 t_1}{\omega_0} \right) - \frac{n E_o}{L_P} \left(\frac{t_1^2}{2} \right)$$

$$- i_e(0) \left(t_1 - \frac{\sin \omega_0 t_1}{\omega_0} \right)$$

次に，式を整理し $i_e(0)$ を求めます。

$$\frac{1 - \cos \omega_0 t_1}{\sin \omega_0 t_1} \cdot \frac{1 - \cos \omega_0 t_1}{\omega_0} - \left(\frac{\omega_0 t_1 - \sin \omega_0 t_1}{\omega_0} \right)$$

$$= \frac{(1 - \cos \omega_0 t_1)^2 - \omega_0 t_1 \sin \omega_0 t_1 + \sin^2 \omega_0 t_1}{\omega_0 \sin \omega_0 t_1}$$

$$= \frac{1 - 2 \cos \omega_0 t_1 + \cos^2 \omega_0 t_1 - \omega_0 t_1 \sin \omega_0 t_1 + \sin^2 \omega_0 t_1}{\omega_0 \sin \omega_0 t_1}$$

$$= \frac{2 (1 - \cos \omega_0 t_1) - \omega_0 t_1 \sin \omega_0 t_1}{\omega_0 \sin \omega_0 t_1}$$

$$\frac{2 (1 - \cos \omega_0 t_1) - \omega_0 t_1 \sin \omega_0 t_1}{\omega_0 \sin \omega_0 t_1} i_e(0)$$

$$= \frac{L_P + L_{S_1}}{L_P} \cdot \frac{I_o T}{2n} - \frac{1}{\sin \omega_0 t_1} \left(\frac{1 - \cos \omega_0 t_1}{\omega_0} \right) \frac{n E_o t_1}{L_P} + \frac{n E_o}{L_P} \left(\frac{t_1^2}{2} \right)$$

$$i_e(0) = \frac{\omega_0 \sin \omega_0 t_1}{2 (1 - \cos \omega_0 t_1) - \omega_0 t_1 \sin \omega_0 t_1} \left\{ \frac{L_P + L_{S_1}}{L_P} \cdot \frac{I_o T}{2n} + \frac{n E_o}{L_P} \left(\frac{t_1^2}{2} \right) \right\}$$

$$- \frac{1 - \cos \omega_0 t_1}{2 (1 - \cos \omega_0 t_1) - \omega_0 t_1 \sin \omega_0 t_1} \cdot \frac{n E_o t_1}{L_P}$$

$$= \frac{1}{2 (1 - \cos \omega_0 t_1) - \omega_0 t_1 \sin \omega_0 t_1}$$

$$\left\{ \left(\frac{L_P + L_{S_1}}{L_P} \cdot \frac{I_o T}{2n} + \frac{n E_o}{L_P} \cdot \frac{t_1^2}{2} \right) \omega_0 \sin \omega_0 t_1 \right.$$

$$\left. - \frac{n E_o t_1}{L_P} (1 - \cos \omega_0 t_1) \right\} \tag{6.28}$$

式 (6.28) が励磁電流の初期値 $i_e(0)$ になります。

　1 周期間 T と出力ダイオードの導通時間 t_1 を与えると，式 (6.28) より $i_e(0)$ が求められます。$T = 14.68 \mu s$，$t_1 = 4.9 \mu s$ として計算すると $i_e(0) = -1.0 \mathrm{A}$ になり，シミュレーションして得た値（図 6.3 参照）と一致します。なお，1 周期間 T

82

6.2 電圧・電流の初期値

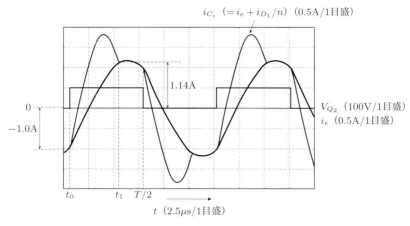

$i_e(0) = -1.0\text{A}, \ i_e(t_1) = 1.14\text{A}$

条件：$E_i = 100\text{V}, \ E_o = 24.0\text{V}, \ f = 68.1\text{kHz}, \ T = 14.68\mu\text{s},$
$R_o = 11.52\Omega, \ I_o = 2.08\text{A}, \ P_o = 50\text{W}, \ n = 4, \ L_P = 220\mu\text{H},$
$L_{S_1} = 35.2\mu\text{H}, \ C_i = 0.039\mu\text{F}, \ f_0 = 99.6\text{kHz}, \ f_1 = 50.5\text{kHz}$

図 6.3 励磁電流の初期値 $i_e(0)$ と時刻 t_1 における励磁電流 $i_e(t_1)$ のシミュレーション結果

と出力ダイオードの導通時間 t_1 の求め方については，それぞれ 6.6 節 [4] と 6.3 節で説明します．

$E_i = 100\text{V}, \ n = 32/8 = 4, \ nE_o = 98.2\text{V}, \ I_o = 2.08\text{A}, \ R_o = 11.52\Omega,$
$P_o = 50\text{W}, \ L_{S_1} = 35.2\mu\text{H}, \ L_P = 220\mu\text{H}, \ C_i = 0.039\mu\text{F}, \ T = 14.68\mu\text{s},$
$f = 68.1\text{kHz}, \ t_1 = 4.9\mu\text{s}.$

$$L_S = L_{S_1} + \frac{L_P L_{S_1}}{L_P + L_{S_1}} = 35.2 + \frac{35.2 \times 220}{35.2 + 220} = 35.2 + 30.3 = 65.5\mu\text{H}$$

$$\omega_0 = \frac{10^6}{\sqrt{0.039 \times 65.5}} = \frac{10^6}{1.59828} = 0.62567 \times 10^6 \text{rad/s}$$

$\omega_0 C_i = 0.0244$

$\omega_0 t_1 = 0.62567 \times 4.9 = 3.0658$

$\sin \omega_0 t_1 = \sin 3.0658 = 0.0757$

$\cos \omega_0 t_1 = -0.997$

$\omega_0 \sin \omega_0 t_1 = 0.62567 \times 10^6 \times 0.0757 = 0.04736 \times 10^6$

$\omega_0 t_1 \sin \omega_0 t_1 = 3.0658 \times 0.0757 = 0.232$

第 6 章　負荷を引いた状態の動作

$$1 - \cos \omega_0 t_1 = 1 + 0.997 = 1.997$$

$$2\left(1 - \cos \omega_0 t_1\right) = 3.994$$

$$\frac{\omega_0 \sin \omega_0 t_1}{2\left(1 - \cos \omega_0 t_1\right) - \omega_0 t_1 \sin \omega_0 t_1} = \frac{0.04736 \times 10^6}{3.994 - 0.232} = \frac{0.04736 \times 10^6}{3.762}$$

$$= 0.01259 \times 10^6$$

$$\frac{1 - \cos \omega_0 t_1}{2\left(1 - \cos \omega_0 t_1\right) - \omega_0 t_1 \sin \omega_0 t_1} = \frac{1.997}{3.762} = 0.531$$

$$\frac{L_{S_1} + L_P}{L_P} \cdot \frac{I_o T}{2n} = \frac{35.2 + 220}{220} \times \frac{2.08 \times 14.68}{2 \times 4} \times 10^{-6} = 4.427 \times 10^{-6}$$

$$\frac{n E_o}{L_P}\left(\frac{t_1^2}{2}\right) = \frac{98.2}{220 \times 10^{-6}} \times \frac{4.9^2 \times 10^{-12}}{2} = 5.359 \times 10^{-6}$$

$$\frac{n E_o}{L_P} t_1 = \frac{98.2 \times 4.9}{220} = 2.1872$$

$$i_e\left(0\right) = 0.012589 \times 10^6 \times \left(4.427 \times 10^{-6} + 5.359 \times 10^{-6}\right)$$

$$- 0.531 \times 2.1872 = 0.1232 - 1.1614 = -1.038 \mathrm{A}$$

6.3　出力ダイオードの導通時間 t_1

電流共振コンデンサ電圧と励磁電流の初期値 $V_{C_i}(0)$, $i_e(0)$ を計算するためには，出力ダイオードの導通時間 t_1 が必要です。ここでは，出力ダイオードの導通時間 t_1 を求めます。

[1]　導通時間 t_1 の求め方

導通時間 t_1 は簡単には求められません。以下のように求めます。

① 導通時間 t_1 を仮定して，電流共振コンデンサ電圧と励磁電流の初期値 $V_{C_i}(0)$ および $i_e(0)$ を求めます。$V_{C_i}(0)$ には式 (6.26) を，$i_e(0)$ には式 (6.28) を使います。

② 次に，時間に対する一次換算の出力ダイオード電流 i_{D_1}/n を計算し，グラフを描きます。i_{D_1}/n には式 (6.14) を使います。

③ 仮定した導通時間 t_1 とグラフから求められる導通時間 t_1 が一致したとき，それが求める導通時間 t_1 の値になります。

[2]　電流共振コンデンサ電圧と励磁電流の初期値の計算

$t_1 = 4\mu s,\ 4.5\mu s,\ 4.9\mu s$ と仮定したときの，$V_{C_i}(0)$ と $i_e(0)$ の計算結果を以下に示します。

① $t_1 = 4.0\mu s$ のときの $V_{C_i}(0)$

$E_i = 100\mathrm{V},\ n = 32/8 = 4,\ nE_o = 98.2\mathrm{V},\ I_o = 2.08\mathrm{A},\ L_{S_1} = 35.2\mu\mathrm{H}$,
$L_P = 220\mu\mathrm{H},\ C_i = 0.039\mu\mathrm{F},\ T = 14.68\mu s,\ f = 68.1\mathrm{kHz}$。

$$L_S = L_{S_1} + \frac{L_P L_{S_1}}{L_P + L_{S_1}} = 35.2 + \frac{35.2 \times 220}{35.2 + 220} = 35.2 + 30.3 = 65.5\mu\mathrm{H}$$

$$\frac{L_P}{L_P + L_{S_1}} nE_o = \frac{220}{255.2} \times 98.2 = 84.66\mathrm{V}$$

$$\frac{1}{L_P C_i} = \frac{10^{12}}{220 \times 0.039} = 0.11655 \times 10^{12}$$

$$\omega_0 = \frac{10^6}{\sqrt{0.039 \times 65.5}} = \frac{10^6}{1.59828} = 0.62567 \times 10^6 \mathrm{rad/s}$$

$$\omega_0 t_1 = 0.62567 \times 4 = 2.5$$

$$\omega_0 t_1^2 = 0.62567 \times 10^6 \times 16 \times 10^{-12} = 10.0 \times 10^{-6}$$

$$1 - \cos \omega_0 t_1 = 1 - \cos 2.5 = 1 + 0.80 = 1.8$$

$$1 + \cos \omega_0 t_1 = 1 - 0.8 = 0.2$$

$$2(1 - \cos \omega_0 t_1) = 3.6$$

$$\omega_0 t_1 \sin \omega_0 t_1 = 2.5 \times 0.5985 = 1.496$$

$$\omega_0 t_1^2 (1 + \cos \omega_0 t_1) = 10 \times 10^{-6} \times 0.2 = 2 \times 10^{-6}$$

$$2 t_1 \sin \omega_0 t_1 = 2 \times 4 \times 10^{-6} \times 0.5985 = 4.788 \times 10^{-6}$$

$$2\omega_0 (1 - \cos \omega_0 t_1) = 2 \times 0.62567 \times 10^6 \times 1.8 = 2.252 \times 10^6$$

$$\frac{I_o T}{2n}(L_P + L_{S_1}) = \frac{2.08 \times 14.68 \times 10^{-6} \times 255.2 \times 10^{-6}}{8} = 974.04 \times 10^{-12}$$

$$V_{C_i}(0) = 100 - 84.66 - 0.11655 \times 10^{12} \times \frac{1.8}{3.6 - 1.496} \Big\{ 974.04 \times 10^{-12}$$

$$- 98.2 \times \frac{(2 - 4.788) \times 10^{-6}}{2.252 \times 10^6} \Big\}$$

$$= 15.34 - \frac{0.11655 \times 1.8}{2.104}(974.04 + 121.57) = 15.34 - 109.24$$

第 6 章　負荷を引いた状態の動作

$$= -93.9\text{V}$$

② $t_1 = 4.5\mu\text{s}$ のときの $V_{C_i}(0)$

$\omega_0 t_1 = 0.62567 \times 4.5 = 2.816$

$\omega_0 t_1^2 = 0.62567 \times 10^6 \times 20.25 \times 10^{-12} = 12.67 \times 10^{-6}$

$1 - \cos \omega_0 t_1 = 1 - \cos 2.816 = 1 + 0.947 = 1.947$

$1 + \cos \omega_0 t_1 = 1 - 0.947 = 0.053$

$2\left(1 - \cos \omega_0 t_1\right) = 3.894$

$\omega_0 t_1 \sin \omega_0 t_1 = 2.816 \times 0.31987 = 0.90$

$\omega_0 t_1^2 \left(1 + \cos \omega_0 t_1\right) = 12.67 \times 10^{-6} \times 0.053 = 0.67151 \times 10^{-6}$

$2 t_1 \sin \omega_0 t_1 = 2 \times 4.5 \times 10^{-6} \times 0.31987 = 2.879 \times 10^{-6}$

$2\omega_0 \left(1 - \cos \omega_0 t_1\right) = 2 \times 0.62567 \times 10^6 \times 1.947 = 2.44 \times 10^6$

$\dfrac{I_o T}{2n}\left(L_{S_1} + L_P\right) = \dfrac{2.08 \times 14.68 \times 10^{-6} \times 255.2 \times 10^{-6}}{8} = 974.04 \times 10^{-12}$

$V_{C_i}(0) = 100 - 84.66 - 0.11655 \times 10^{12} \times \dfrac{1.947}{3.894 - 0.9}\Big\{974.04 \times 10^{-12}$

$$-\, 98.2 \times \dfrac{(0.67151 - 2.879) \times 10^{-6}}{2.44 \times 10^6}\Big\}$$

$$= 15.34 - \dfrac{0.11655 \times 1.947}{2.994}\left(974.04 + 88.8\right) = 15.34 - 80.56$$

$$= -65.2\text{V}$$

③ $t_1 = 4.9\mu\text{s}$ のときの $V_{C_i}(0)$

$\omega_0 t_1 = 0.62567 \times 4.9 = 3.0658$

$\omega_0 t_1^2 = 0.62567 \times 10^6 \times 24.01 \times 10^{-12} = 15.0 \times 10^{-6}$

$1 - \cos \omega_0 t_1 = 1 - \cos 3.0658 = 1 + 0.997 = 1.997$

$1 + \cos \omega_0 t_1 = 0.00287$

$2\left(1 - \cos \omega_0 t_1\right) = 3.994$

$\omega_0 t_1 \sin \omega_0 t_1 = 3.0658 \times 0.0757 = 0.232$

$\omega_0 t_1^2 \left(1 + \cos \omega_0 t_1\right) = 15.0 \times 10^{-6} \times 0.00287 = 0.04305 \times 10^{-6}$

$2 t_1 \sin \omega_0 t_1 = 2 \times 4.9 \times 10^{-6} \times 0.0757 = 0.74186 \times 10^{-6}$

$$2\omega_0 \left(1 - \cos\omega_0 t_1\right) = 2 \times 0.62567 \times 10^6 \times 1.997 = 2.5 \times 10^6$$

$$\frac{I_o T}{2n} \left(L_{S_1} + L_P\right) = \frac{2.08 \times 14.68 \times 10^{-6} \times 255.2 \times 10^{-6}}{8} = 974.05 \times 10^{-12}$$

$$V_{C_i}(0) = 100 - 84.66 - 0.11655 \times 10^{12} \times \frac{1.997}{3.994 - 0.232} \bigg\{ 974.05 \times 10^{-12}$$

$$- 98.2 \times \frac{(0.04305 - 0.74186) \times 10^{-6}}{2.5 \times 10^6} \bigg\}$$

$$= 15.34 - \frac{0.11655 \times 1.997}{3.762} \left(974.05 + 27.45\right) = 15.34 - 61.96$$

$$= -46.6 \text{V}$$

④ $t_1 = 4.0\mu\text{s}$ のときの $i_e(0)$

$E_i = 100\text{V}, \ n = 32/8 = 4, \ nE_o = 98.2\text{V}, \ I_o = 2.08\text{A}, \ L_{S_1} = 35.2\mu\text{H},$
$L_P = 220\mu\text{H}, \ C_i = 0.039\mu\text{F}, \ T = 14.68\mu\text{s}, \ f = 68.1\text{kHz}。$

$$L_S = L_{S_1} + \frac{L_P L_{S_1}}{L_P + L_{S_1}} = 35.2 + \frac{35.2 \times 220}{35.2 + 220} = 35.2 + \frac{35.2 \times 220}{255.2}$$

$$= 35.2 + 30.3 = 65.5\mu\text{H}$$

$$\omega_0 = \frac{10^6}{\sqrt{0.039 \times 65.5}} = \frac{10^6}{1.59828} = 0.62567 \times 10^6 \text{rad/s}$$

$$\omega_0 C_i = 0.0244$$

$$\omega_0 t_1 = 0.62567 \times 4 = 2.5$$

$$\sin\omega_0 t_1 = \sin 2.5 = 0.5985$$

$$\cos\omega_0 t_1 = -0.8$$

$$\omega_0 \sin\omega_0 t_1 = 0.62567 \times 10^6 \times 0.5985 = 0.3745 \times 10^6$$

$$\omega_0 t_1 \sin\omega_0 t_1 = 2.5 \times 0.5985 = 1.496$$

$$1 - \cos\omega_0 t_1 = 1 + 0.8 = 1.8$$

$$2\left(1 - \cos\omega_0 t_1\right) = 2 \times 1.8 = 3.6$$

$$\frac{\omega_0 \sin\omega_0 t_1}{2\left(1 - \cos\omega_0 t_1\right) - \omega_0 t_1 \sin\omega_0 t_1} = \frac{0.3829 \times 10^6}{3.6 - 1.496} = \frac{0.3829 \times 10^6}{2.104}$$

$$= 0.1820 \times 10^6$$

$$\frac{1 - \cos\omega_0 t_1}{2\left(1 - \cos\omega_0 t_1\right) - \omega_0 t_1 \sin\omega_0 t_1} = \frac{1.8}{3.6 - 1.496} = \frac{1.8}{2.104}$$

$$= 0.8555$$

第 6 章　負荷を引いた状態の動作

$$\frac{L_{S_1} + L_P}{L_P} \cdot \frac{I_o T}{2n} = \frac{35.2 + 220}{220} \times \frac{2.08 \times 14.68}{2 \times 4} \times 10^{-6} = 4.427 \times 10^{-6}$$

$$\frac{nE_o}{L_P}\left(\frac{t_1^2}{2}\right) = \frac{98.2}{220 \times 10^{-6}} \times \frac{4^2 \times 10^{-12}}{2} = 3.57 \times 10^{-6}$$

$$\frac{nE_o}{L_P}t_1 = \frac{98.2 \times 4}{220} = 1.785$$

$$i_e(0) = 0.1820 \times 10^6 \times \left(4.427 \times 10^{-6} + 3.57 \times 10^{-6}\right) - 0.8555 \times 1.785$$
$$= 1.4554 - 1.5271 = -0.07 \text{A}$$

⑤　$t_1 = 4.5\mu s$ のときの $i_e(0)$

$$\omega_0 t_1 = 0.62567 \times 4.5 = 2.816$$

$$\sin \omega_0 t_1 = \sin 2.816 = 0.3199$$

$$\cos \omega_0 t_1 = -0.9475$$

$$\omega_0 \sin \omega_0 t_1 = 0.62567 \times 10^6 \times 0.3199 = 0.20 \times 10^6$$

$$\omega_0 t_1 \sin \omega_0 t_1 = 2.816 \times 0.3199 = 0.90$$

$$1 - \cos \omega_0 t_1 = 1 + 0.9475 = 1.9475$$

$$2\left(1 - \cos \omega_0 t_1\right) = 2 \times 1.9475 = 3.895$$

$$\frac{\omega_0 \sin \omega_0 t_1}{2\left(1 - \cos \omega_0 t_1\right) - \omega_0 t_1 \sin \omega_0 t_1} = \frac{0.2 \times 10^6}{3.895 - 0.90} = \frac{0.2 \times 10^6}{2.995}$$
$$= 0.06678 \times 10^6$$

$$\frac{1 - \cos \omega_0 t_1}{2\left(1 - \cos \omega_0 t_1\right) - \omega_0 t_1 \sin \omega_0 t_1} = \frac{1.9475}{3.895 - 0.9} = \frac{1.9475}{2.995}$$
$$= 0.650$$

$$\frac{L_{S_1} + L_P}{L_P} \cdot \frac{I_o T}{2n} = \frac{35.2 + 220}{220} \times \frac{2.08 \times 14.68}{2 \times 4} \times 10^{-6} = 4.427 \times 10^{-6}$$

$$\frac{nE_o}{L_P}\left(\frac{t_1^2}{2}\right) = \frac{98.2}{220 \times 10^{-6}} \times \frac{4.5^2 \times 10^{-12}}{2} = 4.519 \times 10^{-6}$$

$$\frac{nE_o}{L_P}t_1 = \frac{98.2 \times 4.5}{220} = 2.00$$

$$i_e(0) = 0.06678 \times 10^6 \times \left(4.427 \times 10^{-6} + 4.519 \times 10^{-6}\right) - 0.650 \times 2$$
$$= 0.597 - 1.3 = -0.70 \text{A}$$

⑥ $t_1 = 4.9\mu s$ のときの $i_e(0)$

$$\omega_0 t_1 = 0.62567 \times 4.9 = 3.0658$$

$$\sin \omega_0 t_1 = \sin 3.0658 = 0.0757$$

$$\cos \omega_0 t_1 = -0.997$$

$$\omega_0 \sin \omega_0 t_1 = 0.62567 \times 10^6 \times 0.0757 = 0.04736 \times 10^6$$

$$\omega_0 t_1 \sin \omega_0 t_1 = 3.0658 \times 0.0757 = 0.232$$

$$1 - \cos \omega_0 t_1 = 1 + 0.997 = 1.997$$

$$2(1 - \cos \omega_0 t_1) = 3.994$$

$$\frac{\omega_0 \sin \omega_0 t_1}{2(1 - \cos \omega_0 t_1) - \omega_0 t_1 \sin \omega_0 t_1} = \frac{0.04736 \times 10^6}{3.994 - 0.232} = \frac{0.04736 \times 10^6}{3.762}$$

$$= 0.01259 \times 10^6$$

$$\frac{1 - \cos \omega_0 t_1}{2(1 - \cos \omega_0 t_1) - \omega_0 t_1 \sin \omega_0 t_1} = \frac{1.997}{3.762} = 0.531$$

$$\frac{L_{S_1} + L_P}{L_P} \cdot \frac{I_o T}{2n} = \frac{35.2 + 220}{220} \times \frac{2.08 \times 14.68}{2 \times 4} \times 10^{-6} = 4.427 \times 10^{-6}$$

$$\frac{nE_o}{L_P}\left(\frac{t_1^2}{2}\right) = \frac{98.2}{220 \times 10^{-6}} \times \frac{4.9^2 \times 10^{-12}}{2} = 5.359 \times 10^{-6}$$

$$\frac{nE_o}{L_P} t_1 = \frac{98.2 \times 4.9}{220} = 2.1872$$

$$i_e(0) = 0.012589 \times 10^6 \times \left(4.427 \times 10^{-6} + 5.359 \times 10^{-6}\right) - 0.531$$
$$\times 2.1872 = 0.123 - 1.1613 = -1.038\text{A}$$

以上の計算結果をまとめると，表 6.1 になります。

表 6.1　電流共振コンデンサ電圧と励磁電流の初期値 $V_{C_i}(0)$ と $i_e(0)$ の計算結果

t_1 〔μs〕	4.0	4.5	4.9
$V_{C_i}(0)$ 〔V〕	-93.9	-65.2	-46.6
$i_e(0)$ 〔A〕	-0.07	-0.70	-1.038

[3]　出力ダイオード電流と導通時間

式 (6.14) を使い，時間に対する一次換算の出力ダイオード電流 i_D/n を計算した結果を，図 6.4 に示します。これより，$t_1 = 4.9\mu s$ と仮定したとき，グラフから求

第 6 章　負荷を引いた状態の動作

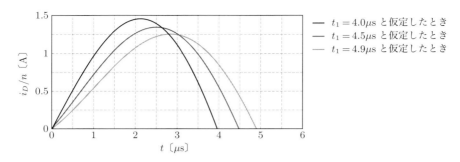

図 6.4　一次換算の出力ダイオード電流 i_D/n の計算結果

められる t_1 も 4.9μs で一致しており，$t_1 = 4.9\mu$s が求める値になります。

出力ダイオード電流 i_D のシミュレーション結果を図 6.5 に示します。導通時間 t_1 は 4.9μs になっており，図 6.4 から求めた結果と一致しています。

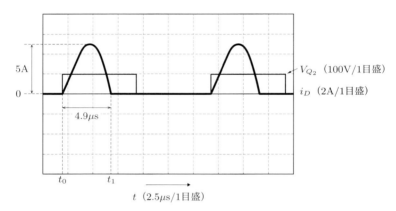

$t_1 = 4.9\mu$s
i_D のピーク値は一次換算電流のピーク値（図 6.4 参照）の n 倍になります。
$i_{D_{0\text{-}P}} = 4 \times 1.25 = 5$A
条件：$E_i = 100$V，$E_o = 24.0$V，$f = 68.1$kHz，$T = 14.68\mu$s，$R_o = 11.52\Omega$，$I_o = 2.08$A，$P_o = 50$W，$n = 4$，$L_P = 220\mu$H，$L_{S_1} = 35.2\mu$H，$C_i = 0.039\mu$F，$f_0 = 99.6$kHz，$f_1 = 50.5$kHz

図 6.5　出力ダイオード電流 i_D のシミュレーション結果

6.4　$t_1 \sim t_2$ 期間の電圧・電流

[1]　励磁電圧・電流と電流共振コンデンサ電圧

時刻 t_1 になると，出力ダイオードがオフし，回路は自己インダクタンス L_1 ($= L_P + L_{S_1}$) と電流共振コンデンサ C_i が共振します。正弦波の励磁電流 i_e がトランスに流れます。このときの等価回路は図 6.6 となります。この期間は，時刻 t_2 でゲート電圧 V_{G_1} がなくなると，スイッチ Q_1 がオフし終了します。ここでは，$t_1 \sim t_2$ 期間における電圧・電流を，t_1 を 0 時刻として求めます。

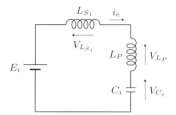

L_{S_1}：一次リーケージインダクタンス，L_P：励磁インダクタンス，C_i：電流共振コンデンサ，i_e：励磁電流，E_i：入力電圧

図 6.6　$t_1 \sim t_2$ 期間における一次換算等価回路（Q_1 オン期間）

図 6.6 において，次式が成り立ちます。

$$E_i = (L_P + L_{S_1}) \frac{di_e}{dt} + \frac{1}{C_i} \int i_e dt \tag{6.29}$$

ラプラス変換をして，$i_e, V_{C_i}, V_{L_P}, V_{L_{S_1}}$ を順番に求めます。

$$\frac{E_i}{s} = (L_P + L_{S_1})(sI_e(s) - i_e(t_1)) + \frac{I_e(s) + i_e^{-1}(t_1)}{C_i s}$$

ここで，

$$\frac{i_e^{-1}(t_1)}{C_i s} = \frac{V_{C_i}(t_1)}{s}$$

となり，これを代入し，式を整理します。

$$\frac{E_i - V_{C_i}(t_1)}{s} + (L_P + L_{S_1}) i_e(t_1) = (L_P + L_{S_1}) sI_e(s) + \frac{I_e(s)}{C_i s}$$

第 6 章　負荷を引いた状態の動作

$$\frac{E_i - V_{C_i}(t_1)}{s} + (L_P + L_{S_1})\, i_e\,(t_1) = I_e\,(s) \left\{ (L_P + L_{S_1})\, s + \frac{1}{C_i s} \right\}$$

$$= I_e\,(s) \left\{ \frac{(L_P + L_{S_1})\, C_i s^2 + 1}{C_i s} \right\}$$

$$I_e\,(s) = \frac{C_i s}{(L_P + L_{S_1})\, C_i s^2 + 1} \left\{ \frac{E_i - V_{C_i}(t_1)}{s} + (L_P + L_{S_1})\, i_e\,(t_1) \right\}$$

$$= \frac{C_i}{(L_P + L_{S_1})\, C_i} \cdot \frac{E_i - V_{C_i}(t_1)}{s^2 + \dfrac{1}{(L_P + L_{S_1})\, C_i}}$$

$$+ \frac{(L_P + L_{S_1})\, C_i}{(L_P + L_{S_1})\, C_i} \cdot \frac{s}{s^2 + \dfrac{1}{(L_P + L_{S_1})\, C_i}}\, i_e\,(t_1)$$

$$= \frac{1}{(L_P + L_{S_1})} \cdot \frac{E_i - V_{C_i}(t_1)}{s^2 + \omega_1^2} + \frac{s}{s^2 + \omega_1^2}\, i_e\,(t_1)$$

これより，励磁電流 i_e が得られます。

$$i_e = \frac{E_i - V_{C_i}(t_1)}{\omega_1\,(L_P + L_{S_1})} \cdot \sin \omega_1 t + i_e\,(t_1) \cos \omega_1 t \tag{6.30}$$

次に，V_{C_i}, V_{L_P}, $V_{L_{S_1}}$ を求めます。

$$V_{C_i} = \frac{1}{C_i} \int i_e dt$$

$$= \frac{1}{C_i} \int \frac{E_i - V_{C_i}(t_1)}{\omega_1\,(L_P + L_{S_1})} \sin \omega_1 t\, dt + \frac{1}{C_i} \int i_e\,(t_1) \cos \omega_1 t\, dt$$

$$= \frac{E_i - V_{C_i}(t_1)}{\omega_1\,(L_P + L_{S_1})\, C_i} \left(-\frac{\cos \omega_1 t}{\omega_1} \right) + i_e\,(t_1) \frac{\sin \omega_1 t}{\omega_1 C_i} + K$$

$$= -\left(E_i - V_{C_i}(t_1) \right) \cos \omega_1 t + \frac{i_e\,(t_1)}{\omega_1 C_i} \sin \omega_1 t + K$$

$t = 0$ で

$$V_{C_i}(t_1) = -\left(E_i - V_{C_i}(t_1) \right) + K$$

より，

$$K = V_{C_i}(t_1) + E_i - V_{C_i}(t_1) = E_i$$

が得られます。また，

92

$$\frac{1}{\omega_1 C_i} = \frac{\omega_1}{\omega_1^2 C_i} = \frac{\omega_1 \left(L_P + L_{S_1}\right) C_i}{C_i} = \omega_1 \left(L_P + L_{S_1}\right)$$

であり，これらを代入すると V_{C_i} を求めることができます。

$$
\begin{aligned}
V_{C_i} &= -\left(E_i - V_{C_i}(t_1)\right) \cos \omega_1 t + i_e\left(t_1\right) \frac{\sin \omega_1 t}{\omega_1 C_i} + E_i \\
&= E_i \left(1 - \cos \omega_1 t\right) + V_{C_i}(t_1) \cos \omega_1 t + \frac{i_e\left(t_1\right)}{\omega_1 C_i} \sin \omega_1 t \\
&= E_i \left(1 - \cos \omega_1 t\right) + V_{C_i}(t_1) \cos \omega_1 t + \omega_1 \left(L_P + L_{S_1}\right) i_e\left(t_1\right) \sin \omega_1 t
\end{aligned}
$$
$$(6.31)$$

さらに，V_{L_P} と $V_{L_{S_1}}$ を求めると，以下となります。

$$
\begin{aligned}
V_{L_P} + V_{L_{S_1}} &= E_i - V_{C_i} \\
&= E_i - E_i \left(1 - \cos \omega_1 t\right) - V_{C_i}(t_1) \cos \omega_1 t \\
&\quad - \omega_1 \left(L_{S_1} + L_P\right) i_e\left(t_1\right) \sin \omega_1 t \\
&= \left(E_i - V_{C_i}(t_1)\right) \cos \omega_1 t - \omega_1 \left(L_{S_1} + L_P\right) i_e\left(t_1\right) \sin \omega_1 t \\
V_{L_P} &= \frac{L_P}{L_P + L_{S_1}} \left(V_{L_P} + V_{L_{S_1}}\right) \\
&= \frac{L_P}{L_P + L_{S_1}} \left\{\left(E_i - V_{C_i}(t_1)\right) \cos \omega_1 t - \omega_1 \left(L_{S_1} + L_P\right) i_e\left(t_1\right) \sin \omega_1 t\right\}
\end{aligned}
$$
$$(6.32)$$

$$
\begin{aligned}
V_{L_{S_1}} &= \frac{L_{S_1}}{L_P + L_{S_1}} \left(V_{L_P} + V_{L_{S_1}}\right) \\
&= \frac{L_{S_1}}{L_P + L_{S_1}} \left\{\left(E_i - V_{C_i}(t_1)\right) \cos \omega_1 t - \omega_1 \left(L_{S_1} + L_P\right) i_e\left(t_1\right) \sin \omega_1 t\right\}
\end{aligned}
$$
$$(6.33)$$

[2]　時刻 t_1 における励磁電流と電流共振コンデンサ電圧

式 (6.30)〜(6.33) における $i_e\left(t_1\right)$ と $V_{C_i}\left(t_1\right)$ は，式 (6.11) と式 (6.19) に $t = t_1$ を代入することにより求めることができます。

$$
\begin{aligned}
i_e\left(t_1\right) &= \frac{L_{S_1}}{L_{S_1} + L_P} \cdot \omega_0 C_i \left(E_i - V_{C_i}(0) + n E_o\right) \sin \omega_0 t_1 \\
&\quad + \frac{n E_o}{L_{S_1} + L_P} \left(t_1 - \frac{1}{\omega_0} \sin \omega_0 t_1\right)
\end{aligned}
$$

第 6 章　負荷を引いた状態の動作

$$- \frac{L_{S_1}}{L_{S_1} + L_P} i_e(0)(1 - \cos\omega_0 t_1) + i_e(0) \tag{6.34}$$

$$V_{C_i}(t_1) = \left(E_i - \frac{L_P}{L_{S_1} + L_P} \cdot nE_o\right)(1 - \cos\omega_0 t_1) + V_{C_i}(0)\cos\omega_0 t_1$$
$$+ \left(1 + \frac{L_P}{L_{S_1} + L_P}\right)\omega_0 L_{S_1} i_e(0)\sin\omega_0 t_1 \tag{6.35}$$

得られた式 (6.34) に，式 (6.27) を代入します。

$$i_e(t_1) = \frac{L_{S_1}}{L_{S_1} + L_P} \cdot \omega_0 C_i(E_i + nE_o)\sin\omega_0 t_1$$

$$- \frac{L_{S_1}}{L_{S_1} + L_P} \cdot \omega_0 C_i\left[E_i - \frac{L_P}{L_{S_1} + L_P}nE_o - \frac{1}{\omega_0 C_i \sin\omega_0 t_1}\right.$$

$$\left. \cdot \left\{\frac{nE_o t_1}{L_P} + (1 - \cos\omega_0 t_1)i_e(0)\right\}\right]\sin\omega_0 t_1$$

$$+ \frac{nE_o}{L_{S_1} + L_P}\left(t_1 - \frac{1}{\omega_0}\sin\omega_0 t_1\right)$$

$$- \frac{L_{S_1}}{L_{S_1} + L_P}i_e(0)(1 - \cos\omega_0 t_1) + i_e(0)$$

$$= \frac{L_{S_1}}{L_{S_1} + L_P} \cdot \omega_0 C_i(E_i + nE_o)\sin\omega_0 t_1 - \frac{L_{S_1}}{L_{S_1} + L_P} \cdot \omega_0 C_i E_i \sin\omega_0 t_1$$

$$+ \frac{L_{S_1}}{L_{S_1} + L_P} \cdot \omega_0 C_i \frac{L_P}{L_{S_1} + L_P}nE_o \sin\omega_0 t_1$$

$$+ \frac{L_{S_1}}{L_{S_1} + L_P}\left\{\frac{nE_o t_1}{L_P} + (1 - \cos\omega_0 t_1)i_e(0)\right\}$$

$$+ \frac{nE_o}{L_{S_1} + L_P}\left(t_1 - \frac{1}{\omega_0}\sin\omega_0 t_1\right) - \frac{L_{S_1}}{L_{S_1} + L_P}i_e(0)(1 - \cos\omega_0 t_1)$$

$$+ i_e(0)$$

$$= \frac{L_{S_1}}{L_{S_1} + L_P} \cdot \omega_0 C_i nE_o \sin\omega_0 t_1 + \frac{\omega_0 C_i L_{S_1} L_P}{(L_{S_1} + L_P)^2} \cdot nE_o \sin\omega_0 t_1$$

$$+ \frac{nE_o t_1}{L_{S_1} + L_P} \cdot \frac{L_{S_1} + L_P}{L_P}$$

$$- \frac{nE_o}{L_{S_1} + L_P}\frac{1}{\omega_0}\sin\omega_0 t_1 + i_e(0)$$

$$= nE_o\left\{\frac{L_{S_1}}{L_{S_1} + L_P} \cdot \omega_0 C_i \sin\omega_0 t_1 + \frac{\omega_0 C_i L_{S_1} L_P}{(L_{S_1} + L_P)^2}\sin\omega_0 t_1 + \frac{t_1}{L_P}\right.$$

94

$$- \frac{1}{\omega_0 \left(L_{S_1} + L_P \right)} \sin \omega_0 t_1 \Bigg\} + i_e \left(0 \right)$$

$$= n E_o \Bigg\{ \frac{L_{S_1}}{L_{S_1} + L_P} \omega_0 C_i \left(1 + \frac{L_P}{L_{S_1} + L_P} \right) \sin \omega_0 t_1 + \frac{t_1}{L_P}$$

$$- \frac{1}{\omega_0 \left(L_{S_1} + L_P \right)} \sin \omega_0 t_1 \Bigg\} + i_e \left(0 \right)$$

ここで，

$$\frac{L_{S_1}}{L_{S_1} + L_P} \omega_0 C_i \left(1 + \frac{L_P}{L_{S_1} + L_P} \right) - \frac{1}{\omega_0 \left(L_{S_1} + L_P \right)}$$

$$= \frac{1}{\omega_0 \left(L_{S_1} + L_P \right)} \left\{ \omega_0^2 L_{S_1} C_i \left(1 + \frac{L_P}{L_{S_1} + L_P} \right) - 1 \right\}$$

$$= \frac{1}{\omega_0 \left(L_{S_1} + L_P \right)} \left\{ \frac{L_{S_1} C_i \left(1 + \dfrac{L_P}{L_{S_1} + L_P} \right)}{C_i \left(L_{S_1} + \dfrac{L_{S_1} L_P}{L_{S_1} + L_P} \right)} - 1 \right\} = 0$$

となります．これより，

$$i_e \left(t_1 \right) = \frac{n E_o}{L_P} t_1 + i_e \left(0 \right) \tag{6.36}$$

が求められます．

式 (6.36) を使って $i_e(t_1)$ を求めた結果は以下のようであり，シミュレーション結果（図 6.3 参照）にほぼ一致します．

$n E_o = 4 \times (24 + 0.55) = 98.2$V（出力ダイオードの電圧降下も考慮して計算しています），$t_1 = 4.9 \mu s$, $i_e \left(0 \right) = -1.038$A。

$$i_e \left(t_1 \right) = \frac{n E_o}{L_P} t_1 + i_e \left(0 \right) = \frac{98.2 \times 4.9}{220} - 1.038 = 2.187 - 1.038 = 1.149\text{A}$$

次に，式 (6.35) に式 (6.22) の $i_e \left(0 \right)$ を代入し，$V_{C_i} \left(t_1 \right)$ を求めます．まず，式 (6.35) の第 3 項を整理しておきます．

$$\left(1 + \frac{L_P}{L_{S_1} + L_P} \right) \omega_0 L_{S_1} i_e \left(0 \right) \sin \omega_0 t_1$$

$$= \left(1 + \frac{L_P}{L_{S_1} + L_P} \right) \omega_0 L_{S_1} \sin \omega_0 t_1 \left[\frac{\omega_0 C_i}{1 - \cos \omega_0 t_1} \left\{ \left(E_i - V_{C_i}(0) \right) \right. \right.$$

$$
\left. - \frac{L_P}{L_{S_1} + L_P} nE_o \right\} \sin \omega_0 t_1 - \frac{1}{1 - \cos \omega_0 t_1} \cdot \frac{nE_o}{L_P} t_1 \biggr]
$$

$$
= \left(1 + \frac{L_P}{L_{S_1} + L_P} \right) \omega_0 L_{S_1} \sin \omega_0 t_1 \cdot \frac{\omega_0 C_i}{1 - \cos \omega_0 t_1} \Biggl\{ (E_i - V_{C_i}(0))
$$

$$
\left. - \frac{L_P}{L_{S_1} + L_P} nE_o \right\} \sin \omega_0 t_1 - \left(1 + \frac{L_P}{L_{S_1} + L_P} \right) \omega_0 L_{S_1} \sin \omega_0 t_1
$$

$$
\cdot \frac{1}{1 - \cos \omega_0 t_1} \cdot \frac{nE_o}{L_P} t_1
$$

$$
= \frac{\omega_0^2 L_{S_1} C_i \sin^2 \omega_0 t_1}{1 - \cos \omega_0 t_1} \left(1 + \frac{L_P}{L_{S_1} + L_P} \right) \Biggl\{ (E_i - V_{C_i}(0))
$$

$$
\left. - \frac{L_P}{L_{S_1} + L_P} nE_o \right\} - \left(1 + \frac{L_P}{L_{S_1} + L_P} \right) \frac{\omega_0 L_{S_1} \sin \omega_0 t_1}{1 - \cos \omega_0 t_1} \cdot \frac{nE_o}{L_P} t_1
$$

$$
= \frac{\sin^2 \omega_0 t_1}{1 - \cos \omega_0 t_1} \cdot \frac{L_{S_1} C_i}{\left(L_{S_1} + \dfrac{L_{S_1} L_P}{L_{S_1} + L_P} \right) C_i} \left(1 + \frac{L_P}{L_{S_1} + L_P} \right)
$$

$$
\cdot \left\{ (E_i - V_{C_i}(0)) - \frac{L_P}{L_{S_1} + L_P} nE_o \right\}
$$

$$
- \left(1 + \frac{L_P}{L_{S_1} + L_P} \right) \frac{\omega_0 L_{S_1} \sin \omega_0 t_1}{1 - \cos \omega_0 t_1} \cdot \frac{nE_o}{L_P} t_1
$$

$$
= \frac{\sin^2 \omega_0 t_1}{1 - \cos \omega_0 t_1} \left\{ (E_i - V_{C_i}(0)) - \frac{L_P}{L_{S_1} + L_P} nE_o \right\}
$$

$$
- \left(1 + \frac{L_P}{L_{S_1} + L_P} \right) \frac{\omega_0 L_{S_1} \sin \omega_0 t_1}{1 - \cos \omega_0 t_1} \cdot \frac{nE_o}{L_P} t_1
$$

ここで，

$$
\frac{\sin^2 \omega_0 t_1}{1 - \cos \omega_0 t_1} = \frac{1 - \cos^2 \omega_0 t_1}{1 - \cos \omega_0 t_1} = \frac{(1 - \cos \omega_0 t_1)(1 + \cos \omega_0 t_1)}{1 - \cos \omega_0 t_1}
$$

$$
= (1 + \cos \omega_0 t_1)
$$

となり，これを代入します．

$$
\left(1 + \frac{L_P}{L_{S_1} + L_P} \right) \omega_0 L_{S_1} i_e(0) \sin \omega_0 t_1
$$

$$
= (1 + \cos \omega_0 t_1) \left\{ (E_i - V_{C_i}(0)) - \frac{L_P}{L_{S_1} + L_P} nE_o \right\}
$$

$$
- \left(1 + \frac{L_P}{L_{S_1} + L_P} \right) \frac{\omega_0 L_{S_1} \sin \omega_0 t_1}{1 - \cos \omega_0 t_1} \cdot \frac{nE_o}{L_P} t_1
$$

$$V_{C_i}(t_1) = \left(E_i - \frac{L_P}{L_{S_1} + L_P} \cdot nE_o \right)(1 - \cos\omega_0 t_1) + V_{C_i}(0)\cos\omega_0 t_1$$

$$+ (1 + \cos\omega_0 t_1)\left\{ (E_i - V_{C_i}(0)) - \frac{L_P}{L_{S_1} + L_P}nE_o \right\}$$

$$- \left(1 + \frac{L_P}{L_{S_1} + L_P} \right)\frac{\omega_0 L_{S_1}\sin\omega_0 t_1}{1 - \cos\omega_0 t_1} \cdot \frac{nE_o}{L_P}t_1$$

$$= \left(E_i - \frac{L_P}{L_{S_1} + L_P} \cdot nE_o \right)\{(1 - \cos\omega_0 t_1) + (1 + \cos\omega_0 t_1)\}$$

$$+ V_{C_i}(0)(\cos\omega_0 t_1 - 1 - \cos\omega_0 t_1)$$

$$- \left(1 + \frac{L_P}{L_{S_1} + L_P} \right)\frac{\omega_0 L_{S_1}\sin\omega_0 t_1}{1 - \cos\omega_0 t_1} \cdot \frac{nE_o}{L_P}t_1$$

$$= 2\left(E_i - \frac{L_P}{L_{S_1} + L_P} \cdot nE_o \right) - V_{C_i}(0)$$

$$- \left(1 + \frac{L_P}{L_{S_1} + L_P} \right)\frac{\omega_0 L_{S_1}\sin\omega_0 t_1}{1 - \cos\omega_0 t_1} \cdot \frac{nE_o}{L_P}t_1$$

また，

$$\left(1 + \frac{L_P}{L_{S_1} + L_P} \right)\omega_0 L_{S_1} = \frac{\omega_0^2 L_{S_1}C_i\left(1 + \dfrac{L_P}{L_{S_1} + L_P} \right)}{\omega_0 C_i} = \frac{1}{\omega_0 C_i}$$

となります。以上から，$V_{C_i}(t_1)$ を求めることができます。

$$V_{C_i}(t_1) = 2\left(E_i - \frac{L_P}{L_{S_1} + L_P} \cdot nE_o \right) - V_{C_i}(0)$$

$$- \frac{\sin\omega_0 t_1}{\omega_0 C_i\left(1 - \cos\omega_0 t_1 \right)} \cdot \frac{nE_o}{L_P}t_1 \tag{6.37}$$

式 (6.37) を使って $V_{C_i}(t_1)$ を求めた結果は以下のようであり，シミュレーション結果（図 6.7）に一致します。

$E_i = 100\mathrm{V}$, $n = 32/8 = 4$, $nE_o = 4\times(24 + 0.55) = 98.2\mathrm{V}$, $L_{S_1} = 35.2\mu\mathrm{H}$, $L_P = 220\mu\mathrm{H}$, $C_i = 0.039\mu\mathrm{F}$, $V_{C_i}(0) = -46.6\mathrm{V}$, $t_1 = 4.9\mu\mathrm{s}$, $T = 14.68\mu\mathrm{s}$, $f = 68.1\mathrm{kHz}$。

$$1 + \frac{L_P}{L_{S_1} + L_P} = 1.862$$

$$\omega_0 = \frac{10^6}{\sqrt{0.039 \times 65.5}} = \frac{10^6}{1.59828} = 0.62567 \times 10^6 \mathrm{rad/s}$$

第 6 章　負荷を引いた状態の動作

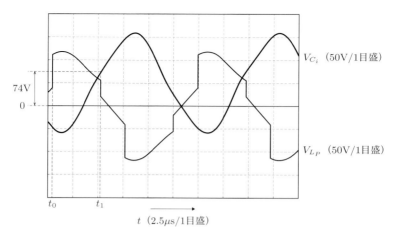

$V_{C_i}(t_1) = 74\text{V}$

条件：$E_i = 100\text{V}$, $E_o = 24.0\text{V}$, $f = 68.1\text{kHz}$, $T = 14.68\mu s$, $R_o = 11.52\Omega$, $I_o = 2.08\text{A}$, $P_o = 50\text{W}$, $n = 4$, $L_P = 220\mu H$, $L_{S_1} = 35.2\mu H$, $C_i = 0.039\mu F$, $f_0 = 99.6\text{kHz}$, $f_1 = 50.5\text{kHz}$

図 6.7　電流共振コンデンサ電圧 $V_{C_i}(t_1)$ のシミュレーション結果

$$\frac{L_P}{L_P + L_{S_1}} \cdot nE_o = \frac{220}{255.2} \times 98.2 = 84.655$$

$$\omega_0 t_1 = 0.62567 \times 4.9 = 3.0658$$

$$\sin \omega_0 t_1 = \sin 3.0658 = 0.0757$$

$$\cos \omega_0 t_1 = -0.997$$

$$1 - \cos \omega_0 t_1 = 1 + 0.997 = 1.997$$

$$\omega_0 C_i = 0.62567 \times 10^6 \times 0.039 \times 10^{-6} = 0.0244$$

$$\frac{nE_o}{L_P} t_1 = \frac{98.2 \times 4.9}{220} = 2.187$$

$$V_{C_i}(t_1) = 2 \times (100 - 84.655) + 46.6 - \frac{0.0757}{0.0244 \times 1.997} \times 2.187$$
$$= 30.69 + 46.6 - 3.3976 = 73.89 \cong 74\text{V}$$

6.5 出力電圧

[1] 励磁電圧と出力電圧の関係

$t_0 \sim t_1$ 期間において，図 6.8 の a-b 間には，$V_{L_P} - nE_o$ なる電圧が加わっています。このとき，一次換算の出力ダイオード電流 i_D/n の時間に対する傾斜 $\dfrac{d(i_D/n)}{dt}$ は，

- $(V_{L_P} - nE_o) > 0$ なら，$\dfrac{d(i_D/n)}{dt} > 0$
- $(V_{L_P} - nE_o) < 0$ なら，$\dfrac{d(i_D/n)}{dt} < 0$
- $(V_{L_P} - nE_o) = 0$ なら，$\dfrac{d(i_D/n)}{dt} = 0$

になります。

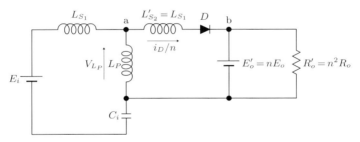

L_{S_1}：一次リーケージインダクタンス，L'_{S_2}：一次換算の二次リーケージインダクタンス，L_P：励磁インダクタンス，C_i：電流共振コンデンサ，R'_o：一次換算の出力抵抗（負荷抵抗），D：出力ダイオード，i_D/n：一次換算の出力ダイオード電流，E_i：入力電圧，E'_o：一次換算の出力電圧，V_{L_P}：励磁電圧

図 6.8 $t_0 \sim t_1$ 期間における一次換算等価回路（Q_1 オン期間）

したがって，i_D/n がピークに達し，$\dfrac{d(i_D/n)}{dt} = 0$ となる時刻を t_m，そのときの励磁電圧を $V_{L_P}(t_m)$ とすると

$$V_{L_P}(t_m) - nE_o = 0$$

となり，これから出力電圧が求められます。

$$E_o = \frac{V_{L_P}(t_m)}{n} \tag{6.38}$$

これらの関係を図 6.9 に示します。出力ダイオード電流 i_D が最大になる時刻 t_m で，励磁電圧 $V_{L_P}(t_m)$ と nE_o が等しくなります。

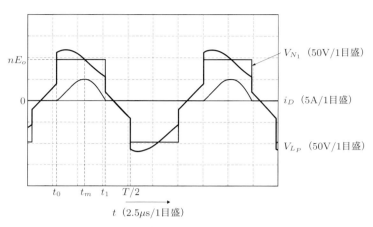

V_{N_1}：トランスの一次巻線電圧，V_{L_P}：励磁電圧，i_D：出力ダイオード電流，nE_o：一次換算の出力電圧

出力ダイオード電流 i_D が最大になる時刻 t_m で，励磁電圧 $V_{L_P}(t_m)$ と nE_o が等しくなります。

条件：$E_i = 100\text{V}$，$E_o = 24.0\text{V}$，$f = 68.1\text{kHz}$，$T = 14.68\mu\text{s}$，$R_o = 11.52\Omega$，$I_o = 2.08\text{A}$，$P_o = 50\text{W}$，$n = 4$，$L_P = 220\mu\text{H}$，$L_{S_1} = 35.2\mu\text{H}$，$C_i = 0.039\mu\text{F}$，$f_0 = 99.6\text{kHz}$，$f_1 = 50.5\text{kHz}$

図 6.9 励磁電圧と一次換算出力電圧の関係

[2]　出力ダイオード電流が最大になる時刻 t_m

一次換算の出力ダイオード電流 i_D/n は式 (6.14) で与えられます。$\dfrac{d(i_D/n)}{dt} = 0$ とおき，出力ダイオード電流が最大になる時刻を求めます。

$$\frac{d(i_D/n)}{dt} = \frac{L_P}{L_{S_1}+L_P}\omega_0 C_i \left\{(E_i - V_{C_i}(0)) - \frac{L_P}{L_{S_1}+L_P}nE_o\right\}\omega_0 \cos\omega_0 t$$
$$-\frac{nE_o}{L_{S_1}+L_P} - \frac{L_P}{L_{S_1}+L_P}i_e(0)\omega_0 \sin\omega_0 t = 0$$

6.5 出力電圧

$$\omega_0 L_P C_i \left\{ (E_i - V_{C_i}(0)) - \frac{L_P}{L_{S_1} + L_P} nE_o \right\} \omega_0 \cos \omega_0 t$$
$$- i_e(0) \omega_0 L_P \sin \omega_0 t = nE_o$$

$$\omega_0 C_i \left\{ (E_i - V_{C_i}(0)) - \frac{L_P}{L_{S_1} + L_P} nE_o \right\} \cos \omega_0 t - i_e(0) \sin \omega_0$$
$$= \frac{nE_o}{\omega_0 L_P} \tag{6.39}$$

式 (6.39) の左辺と右辺が等しくなる時刻が t_m になります。計算した結果を以下に示します。

$E_i = 100\text{V}$, $n = 32/8 = 4$, $nE_o = 98.2\text{V}$, $I_o = 2.08\text{A}$, $L_{S_1} = 35.2\mu\text{H}$, $L_P = 220\mu\text{H}$, $C_i = 0.039\mu\text{F}$, $t_1 = 4.9\mu\text{s}$, $i_e(0) = -1.0\text{A}$, $V_{C_i}(0) = -46.67\text{V}$, $R_o = 11.52\Omega$, $T = 14.68\mu\text{s}$, $f = 68.1\text{kHz}$。

$$L_S = L_{S_1} + \frac{L_P L_{S_1}}{L_P + L_{S_1}} = 35.2 + \frac{35.2 \times 220}{35.2 + 220} = 35.2 + 30.3 = 65.5\mu\text{H}$$

$$\omega_0 = \frac{10^6}{\sqrt{0.039 \times 65.5}} = \frac{10^6}{1.59828} = 0.62567 \times 10^6 \text{rad/s}$$

$$\omega_0 C_i = 0.62567 \times 10^6 \times 0.039 \times 10^{-6} = 0.0244$$

$$\frac{L_P}{L_{S_1} + L_P} nE_o = \frac{220}{255.2} \times 98.2 = 84.66\text{V}$$

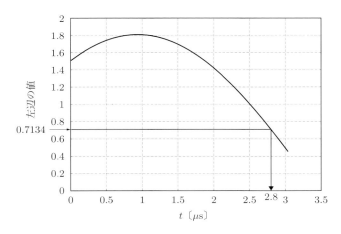

図 6.10　出力ダイオード電流が最大になる時刻 t_m

第 6 章　負荷を引いた状態の動作

$$\frac{nE_o}{\omega_0 L_P} = \frac{98.2}{0.62567 \times 10^6 \times 220 \times 10^{-6}} = 0.7134$$

$$\omega_0 C_i \left\{ (E_i - V_{C_i}(0)) - \frac{L_P}{L_{S_1} + L_P} nE_o \right\}$$

$$= 0.0244 \times (100 + 46.67 - 84.66) = 1.513$$

$$1.513 \cos \omega_0 t + \sin \omega_0 t = 0.7134$$

　式 (6.39) の左辺の値が右辺の値 (0.7134) に等しくなる時刻 t_m は，図 6.10 より $t_m = 2.8\mu$s となります。

[3]　出力電圧

　式 (6.17) に $t_0 \sim t_1$ の期間における励磁電圧 V_{L_P} を示しています。ここに，出力ダイオード電流が最大になる時刻 t_m を代入すると，$V_{L_P}(t_m)$ と nE_o を求めることができます。

$$V_{L_P}(t_m) = nE_o$$

$$= \frac{L_P}{L_P + L_{S_1}} \left\{ \frac{L_{S_1}}{L_S} (E_i - V_{C_i}(0) + nE_o) \cos \omega_0 t_m \right.$$

$$\left. + nE_o (1 - \cos \omega_0 t_m) - \omega_0 L_{S_1} i_e(0) \sin \omega_0 t_m \right\}$$

$$\frac{L_P + L_{S_1}}{L_P} nE_o = \frac{L_{S_1}}{L_S} (E_i - V_{C_i}(0) + nE_o) \cos \omega_0 t_m$$

$$+ nE_o (1 - \cos \omega_0 t_m) - \omega_0 L_{S_1} i_e(0) \sin \omega_0 t_m$$

$$nE_o \left\{ \frac{L_{S_1} + L_P}{L_P} - \frac{L_{S_1}}{L_S} \cos \omega_0 t_m - (1 - \cos \omega_0 t_m) \right\}$$

$$= \frac{L_{S_1}}{L_S} (E_i - V_{C_i}(0)) \cos \omega_0 t_m - \omega_0 L_{S_1} i_e(0) \sin \omega_0 t_m$$

式を整理すると，

$$\left\{ \frac{L_{S_1}}{L_P} + 1 - \frac{L_{S_1}}{L_S} \cos \omega_0 t_m - 1 + \cos \omega_0 t_m \right\}$$

$$= \left\{ \frac{L_{S_1}}{L_P} - \frac{L_{S_1}}{L_S} \cos \omega_0 t_m + \cos \omega_0 t_m \right\}$$

$$= \left\{ \frac{L_{S_1}}{L_P} + \left(1 - \frac{L_{S_1}}{L_S} \right) \cos \omega_0 t_m \right\}$$

となります。

$$nE_o \left\{ \frac{L_{S_1}}{L_P} + \left(1 - \frac{L_{S_1}}{L_S} \right) \cos \omega_0 t_m \right\}$$

$$= \frac{L_{S_1}}{L_S} \left(E_i - V_{C_i}(0) \right) \cos \omega_0 t_m - \omega_0 L_{S_1} i_e(0) \sin \omega_0 t_m$$

$$nE_o = \frac{\dfrac{L_{S_1}}{L_S} \left(E_i - V_{C_i}(0) \right) \cos \omega_0 t_m - \omega_0 L_{S_1} i_e(0) \sin \omega_0 t_m}{\dfrac{L_{S_1}}{L_P} + \left(1 - \dfrac{L_{S_1}}{L_S} \right) \cos \omega_0 t_m}$$

$$= \frac{\left(E_i - V_{C_i}(0) \right) \cos \omega_0 t_m - \dfrac{L_S}{L_{S_1}} \omega_0 L_{S_1} i_e(0) \sin \omega_0 t_m}{\dfrac{L_S}{L_{S_1}} \cdot \dfrac{L_{S_1}}{L_P} + \dfrac{L_S}{L_{S_1}} \left(1 - \dfrac{L_{S_1}}{L_S} \right) \cos \omega_0 t_m}$$

$$= \frac{\left(E_i - V_{C_i}(0) \right) \cos \omega_0 t_m - \omega_0 L_S i_e(0) \sin \omega_0 t_m}{\dfrac{L_S}{L_P} + \left(\dfrac{L_S}{L_{S_1}} - 1 \right) \cos \omega_0 t_m}$$

上式の $\left(\dfrac{L_S}{L_{S_1}} - 1 \right)$ は

$$\left(\frac{L_S}{L_{S_1}} - 1 \right) = \frac{L_{S_1} + \dfrac{L_{S_1} L_P}{L_{S_1} + L_P}}{L_{S_1}} - 1 = 1 + \frac{L_P}{L_{S_1} + L_P} - 1$$

$$= \frac{L_P}{L_{S_1} + L_P}$$

になります。以上より，出力電圧 E_o が得られます。

$$E_o = \frac{1}{n} \cdot \frac{\left(E_i - V_{C_i}(0) \right) \cos \omega_0 t_m - \omega_0 L_S i_e(0) \sin \omega_0 t_m}{\dfrac{L_S}{L_P} + \dfrac{L_P}{L_{S_1} + L_P} \cos \omega_0 t_m} \tag{6.40}$$

実際の値を式 (6.40) に代入して出力電圧を求めると，以下のように $E_o = 24.4$V となります。

$E_i = 100$V, $n = 32/8 = 4$, $nE_o = 98.2$V, $I_o = 2.08$A, $L_{S_1} = 35.2\mu$H, $L_P = 220\mu$H, $C_i = 0.039\mu$F, $T = 14.68\mu$s, $f = 68.1$kHz, $t_1 = 4.9\mu$s, $R_o = 11.52\Omega$, $i_e(0) = -1.0$A, $V_{C_i}(0) = -46.67$V, $t_m = 2.8\mu$s。

$$L_S = L_{S_1} + \frac{L_P L_{S_1}}{L_P + L_{S_1}} = 35.2 + \frac{35.2 \times 220}{35.2 + 220} = 35.2 + 30.3 = 65.5\mu\text{H}$$

第 6 章　負荷を引いた状態の動作

$$\omega_0 = \frac{10^6}{\sqrt{0.039 \times 65.5}} = \frac{10^6}{1.59828} = 0.62567 \times 10^6 \text{rad/s}$$

$$\omega_0 t_m = 1.7519$$

$$\cos \omega_0 t_m = \cos 1.7519 = -0.180$$

$$\sin \omega_0 t_m = \sin 1.7519 = 0.9836$$

$$(E_i - V_{C_i}(0)) \cos \omega_0 t_m = 146.67 \times -0.18 = -26.4 \text{V}$$

$$-\omega_0 L_S i_e(0) \sin \omega_0 t_m = -0.62567 \times 65.5 \times -1 \times 0.9836 = 40.31 \text{V}$$

$$\frac{L_S}{L_P} = \frac{65.5}{220} = 0.2977$$

$$\frac{L_P}{L_{S_1} + L_P} \cos \omega_0 t_m = \frac{220}{255.2} \times -0.18 = -0.1552$$

$$nE_o = \frac{-26.4 + 40.3}{0.2977 - 0.1552} = \frac{13.91}{0.1425} = 97.6 \text{V}$$

$$E_o = \frac{97.6}{n} = \frac{97.6}{4} = 24.4 \text{V}$$

6.6　出力特性

[1]　昇降圧比の求め方

　式 (6.40) からでは，動作周波数に対する出力電圧の変化を求めることができません。したがって，動作周波数に対する昇降圧比 G（出力特性）も求められません。そこで，無負荷のときの出力電圧 $E_{o\text{-}0}$ と昇降圧比 G_0 に，交流近似解析法により求められる比率 K_V をかけることにより，負荷を引いたときの出力電圧 E_o と昇降圧比 G を求めることにします。

　　無負荷のときの出力電圧：$E_{o\text{-}0}$，昇降圧比：G_0

　　負荷を引いたときの出力電圧：E_o，昇降圧比：G

　　比率：$K_V = \dfrac{E_o}{E_{o\text{-}0}} = \dfrac{G}{G_0}$ 　　　　　　　　　　　　　　　　(6.41)

とすると，

$$E_o = K_V E_{o\text{-}0}, \quad G = K_V G_0 \tag{6.42}$$

として，負荷を引いたときの出力電圧 E_o と昇降圧比 G を求めることができます。

[2] 比率 K_V の計算

交流近似解析法により，比率 K_V を求めます．図 6.11 に，電流共振形コンバータの交流近似解析法における等価回路を示します．

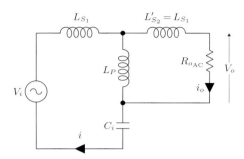

V_i：交流入力電圧，V_o：交流出力電圧，i_o：交流出力電流，L_P：励磁インダクタンス，C_i：電流共振コンデンサ，L_{S_1}：一次リーケージインダクタンス，L'_{S_2}：一次換算の二次リーケージインダクタンス，$R_{o_{AC}}$：交流出力抵抗

図 6.11　電流共振形コンバータの交流近似解析法における等価回路

等価回路において $R_{o_{AC}}$ は交流出力抵抗であり，次式で求められます．

$$R_{o_{AC}} = \frac{V_{o_m}}{I_{o_m}} = \frac{4nE_o}{\pi} \cdot \frac{2n}{\pi I_o} = \frac{8n^2}{\pi^2} \cdot \frac{E_o}{I_o} = \frac{8n^2}{\pi^2} R_o = 0.81 n^2 R_o \quad (6.43)$$

なお，式 (6.43) の V_{o_m} と I_{o_m} は，交流に換算したときの交流出力電圧の振幅と，交流出力電流の振幅です．詳細は図 6.12 を参照してください．

まず，無負荷状態における昇降圧比 $\dot{G}_0$ を求めます．図 6.11 において，無負荷のときは $R_{o_{AC}}$ は開路状態になるため，昇降圧比 $\dot{G}_0$ は次のようになります．

$$\dot{G}_0 = \frac{j\omega L_P}{j\omega (L_P + L_{S_1}) + \dfrac{1}{j\omega C_i}} = \frac{j\omega L_P}{\dfrac{1 - \omega^2 (L_P + L_{S_1}) C_i}{j\omega C_i}}$$

$$= -\frac{\omega^2 L_P C_i}{1 - \omega^2 (L_P + L_{S_1}) C_i} = \frac{\omega^2 L_P C_i}{\omega^2/\omega_1^2 - 1} = G_0 \quad (6.44)$$

次に，負荷を引いたときの昇降圧比 $\dot{G}$ を求めます．図 6.11 において，回路のインピーダンスを $\dot{Z}_T$ とすると，電流 i と i_o は以下のようになります．

$$i = \frac{V_i}{\dot{Z}_T}, \quad i_o = \frac{V_i}{\dot{Z}_T} \cdot \frac{j\omega L_P}{R_{o_{AC}} + j\omega (L_P + L_{S_1})}$$

第 6 章　負荷を引いた状態の動作

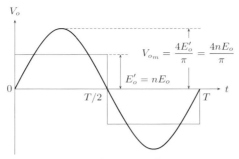

(a) 交流換算の出力電圧

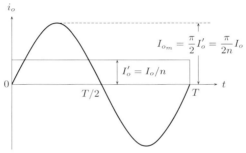

(b) 交流換算の出力電流

一次換算の出力電圧 E'_o と出力電流 I'_o をフーリエ展開し，基本波を取り出すと，V_{o_m}, I_{o_m} を振幅とする交流電圧，交流電流に変換できます。

図 6.12　出力電圧・電流の交流への変換

$R_{o_{AC}}$ に生じる交流出力電圧は

$$V_o = i_o R_{o_{AC}} = \frac{V_i}{\dot{Z}_T} \cdot \frac{j\omega L_P}{R_{o_{AC}} + j\omega(L_P + L_{S_1})} \cdot R_{o_{AC}}$$

となり，これから無負荷のときの昇降圧比 $\dot{G}$ を求めることができます。

$$\dot{G} = \frac{V_o}{V_i} = \frac{1}{V_i} \cdot \left\{ \frac{V_i}{\dot{Z}_T} \cdot \frac{j\omega L_P}{R_{o_{AC}} + j\omega(L_P + L_{S_1})} \cdot R_{o_{AC}} \right\}$$

ここに，

$$\dot{Z}_T = j\omega L_{S_1} + \frac{1}{j\omega C_i} + \frac{j\omega L_P(R_{o_{AC}} + j\omega L_{S_1})}{R_{o_{AC}} + j\omega(L_P + L_{S_1})}$$

を代入します。

$$\dot{G} = \frac{1}{V_i} \cdot \frac{V_i}{j\omega L_{S_1} + \dfrac{1}{j\omega C_i} + \dfrac{j\omega L_P (R_{o_{AC}} + j\omega L_{S_1})}{R_{o_{AC}} + j\omega (L_P + L_{S_1})}}$$

$$\cdot \frac{j\omega L_P}{R_{o_{AC}} + j\omega (L_P + L_{S_1})} \cdot R_{o_{AC}}$$

$$= \frac{j\omega L_P R_{o_{AC}}}{\left(j\omega L_{S_1} + \dfrac{1}{j\omega C_i}\right)\{R_{o_{AC}} + j\omega(L_P + L_{S_1})\} + j\omega L_P(R_{o_{AC}} + j\omega L_{S_1})}$$

$$= \frac{\omega^2 L_P C_i R_{o_{AC}}}{\{\omega^2(L_P + L_{S_1})C_i - 1\}R_{o_{AC}} + j\omega(L_P + L_{S_1})\left\{\omega^2 C_i\left(L_{S_1} + \dfrac{L_P L_{S_1}}{L_P + L_{S_1}}\right) - 1\right\}}$$

ここで，$L_S = \left(L_{S_1} + \dfrac{L_P L_{S_1}}{L_P + L_{S_1}}\right)$，$\omega_0^2 = \dfrac{1}{L_S C_i}$，$\omega_1^2 = \dfrac{1}{(L_P + L_{S_1})C_i}$，$K_1 = \dfrac{L_P}{L_S}$，$y = \dfrac{f}{f_0}$ とおき，式を整理します。

$$\dot{G} = \frac{K_1 \omega^2 R_{o_{AC}}/\omega_0^2}{(\omega^2/\omega_1^2 - 1)R_{o_{AC}} + j\omega(L_P + L_{S_1})(\omega^2/\omega_0^2 - 1)}$$

$$= \frac{R_{o_{AC}}}{\left(\dfrac{\omega^2}{\omega_1^2} - 1\right)R_{o_{AC}} + j\omega(L_P + L_{S_1})\left(\dfrac{\omega^2}{\omega_0^2} - 1\right)} \cdot \frac{\omega^2 L_P}{\omega_0^2 L_S}$$

$$= \frac{L_P}{L_S} \frac{R_{o_{AC}}}{\left(\dfrac{\omega^2}{\omega_1^2} - 1\right)R_{o_{AC}} + j\omega(L_P + L_{S_1})\left(\dfrac{\omega^2}{\omega_0^2} - 1\right)} \cdot \frac{1}{\dfrac{\omega_0^2}{\omega^2}}$$

$$= \frac{L_P}{L_S} \cdot \frac{1}{\left(\dfrac{\omega_0^2}{\omega_1^2} - \dfrac{\omega_0^2}{\omega^2}\right) + j\omega \cdot \dfrac{L_P + L_{S_1}}{R_{o_{AC}}}\left(1 - \dfrac{\omega_0^2}{\omega^2}\right)}$$

$$= \frac{L_P}{L_S} \cdot \frac{1}{\left(\dfrac{f_0^2}{f_1^2} - \dfrac{f_0^2}{f^2}\right) + j\omega \cdot \dfrac{L_P + L_{S_1}}{R_{o_{AC}}}\left(1 - \dfrac{f_0^2}{f^2}\right)}$$

$$G = \left|\dot{G}\right| = \frac{L_P}{L_S} \cdot \frac{1}{\sqrt{\left(\dfrac{f_0^2}{f_1^2} - \dfrac{f_0^2}{f^2}\right)^2 + \left\{\dfrac{\omega(L_P + L_{S_1})}{R_{o_{AC}}}\left(1 - \dfrac{f_0^2}{f^2}\right)\right\}^2}} \quad (6.45)$$

式 (6.44) と式 (6.45) から，比率 K_V を求められます。

第 6 章　負荷を引いた状態の動作

$$
\begin{aligned}
\dot{K}_V &= \frac{\dot{G}}{\dot{G}_0} \\
&= \frac{\omega^2/\omega_1^2 - 1}{\omega^2 L_P C_i} \cdot \frac{R_{o_{AC}}}{\left(\omega^2/\omega_1^2 - 1\right) R_{o_{AC}} + j\omega \left(L_P + L_{S_1}\right)\left(\omega^2/\omega_0^2 - 1\right)} \cdot \frac{\omega^2 L_P}{\omega_0^2 L_S} \\
&= \frac{1}{\omega^2 L_P C_i} \cdot \frac{R_{o_{AC}}}{R_{o_{AC}} + j\omega \dfrac{\left(L_P + L_{S_1}\right)\left(\omega^2/\omega_0^2 - 1\right)}{\left(\omega^2/\omega_1^2 - 1\right)}} \cdot \frac{\omega^2 L_P C_i}{\omega_0^2 L_S C_i} \\
&= \frac{R_{o_{AC}}}{R_{o_{AC}} + j\omega \dfrac{\left(L_P + L_{S_1}\right)\left(\omega^2/\omega_0^2 - 1\right)}{\left(\omega^2/\omega_1^2 - 1\right)}} \\
&= \frac{1}{1 + j\omega \dfrac{\left(L_P + L_{S_1}\right)\left(\omega^2/\omega_0^2 - 1\right)}{R_{o_{AC}}\left(\omega^2/\omega_1^2 - 1\right)}} \\
K_V = \left|\dot{K}_V\right| &= \frac{1}{\sqrt{1 + \omega^2 \left\{\dfrac{\left(L_P + L_{S_1}\right)\left(\omega^2/\omega_0^2 - 1\right)}{R_{o_{AC}}\left(\omega^2/\omega_1^2 - 1\right)}\right\}^2}} \\
&= \frac{1}{\sqrt{1 + (2\pi f)^2 \left\{\dfrac{\left(L_P + L_{S_1}\right)\left(f^2/f_0^2 - 1\right)}{R_{o_{AC}}\left(f^2/f_1^2 - 1\right)}\right\}^2}} \tag{6.46}
\end{aligned}
$$

ここで,

$$
Q = R_{o_{AC}} \sqrt{\frac{C_i}{L_P + L_{S_1}}} \tag{6.47}
$$

とおき, K_V について整理します。なお, 負荷から見ると回路は並列共振回路になるため, Q は並列共振の定義にしています。式 (6.46) の分母に式 (6.47) の Q を代入し, 整理します。

$$
\begin{aligned}
&\sqrt{1 + (2\pi f)^2 \left\{\frac{\left(L_P + L_{S_1}\right)\left(f^2/f_0^2 - 1\right)}{R_{o_{AC}}\left(f^2/f_1^2 - 1\right)}\right\}^2} \\
&= \sqrt{1 + (2\pi f)^2 \left(\frac{1}{R_{o_{AC}}\left(2\pi f_1\right)^2 C_i}\right)^2 \left(\frac{f^2/f_0^2 - 1}{f^2/f_1^2 - 1}\right)^2}
\end{aligned}
$$

6.6 出力特性

$$= \sqrt{1 + \frac{f^2}{f_1^2} \left(\frac{1}{R_{o_{AC}} (2\pi f_1) C_i} \right)^2 \left(\frac{f^2/f_0^2 - 1}{f^2/f_1^2 - 1} \right)^2}$$

$$= \sqrt{1 + \frac{f^2}{f_1^2} \left(\frac{\sqrt{(L_P + L_{S_1}) C_i}}{R_{o_{AC}} C_i} \right)^2 \left(\frac{f^2/f_0^2 - 1}{f^2/f_1^2 - 1} \right)^2}$$

$$= \sqrt{1 + \frac{f^2}{f_1^2} \left(\frac{1}{R_{o_{AC}}} \sqrt{\frac{L_P + L_{S_1}}{C_i}} \right)^2 \left(\frac{f^2/f_0^2 - 1}{f^2/f_1^2 - 1} \right)^2}$$

$$= \sqrt{1 + \frac{f^2}{f_1^2} \left(\frac{1}{Q} \right)^2 \left(\frac{f^2/f_0^2 - 1}{f^2/f_1^2 - 1} \right)^2}$$

以上から，K_V は次式になります．

$$K_V = \frac{1}{\sqrt{1 + \dfrac{f^2}{f_1^2} \left(\dfrac{1}{Q} \right)^2 \left(\dfrac{f^2/f_0^2 - 1}{f^2/f_1^2 - 1} \right)^2}} \tag{6.48}$$

実際の値を代入し，K_V を計算した結果を図 6.13 に示します．K_V は共振周波数 f_1 でゼロになり，f_1 より高い周波数になると徐々に大きくなります．また，同一の周波数では出力抵抗（負荷抵抗）が大きいほど負荷が軽くなるため，K_V は大きくなります．

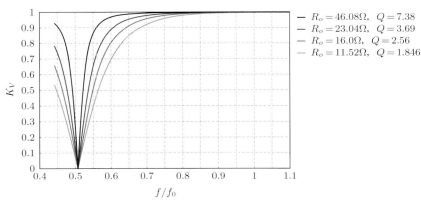

条件：$E_o = 24.0\text{V}$，$n = 4$，$L_P = 220\mu\text{H}$，$L_{S_1} = 35.2\mu\text{H}$，$C_i = 0.039\mu\text{F}$，$f_0 = 99.6\text{kHz}$，$f_1 = 50.5\text{kHz}$

図 6.13　比率 K_V の周波数特性

第 6 章　負荷を引いた状態の動作

[3]　出力特性

　負荷を引いた状態での出力電圧 E_o と昇降圧比 G は，5.2 節の式 (5.11) の $E_{o\text{-}0}$ と式 (5.12) の G_0，および本節の [2] で求めた K_V を使って求められます。

$$
E_o = K_V E_{o\text{-}0} = K_V \cdot \frac{E_i}{n} \cdot \frac{L_P}{L_P + L_{S_1}} \cdot \frac{\cos\left(\dfrac{f_1}{f} \cdot \dfrac{\pi}{2}\right)}{1 + \cos\left(\dfrac{f_1}{f} \cdot \pi\right)}
$$

$$
= \frac{E_i}{n} \cdot \frac{L_P}{L_P + L_{S_1}} \cdot \frac{1}{\sqrt{1 + \dfrac{f^2}{f_1^2}\left(\dfrac{1}{Q}\right)^2 \left(\dfrac{f^2/f_0^2 - 1}{f^2/f_1^2 - 1}\right)^2}} \cdot \frac{\cos\left(\dfrac{f_1}{f} \cdot \dfrac{\pi}{2}\right)}{1 + \cos\left(\dfrac{f_1}{f} \cdot \pi\right)}
$$

$$\tag{6.49}$$

$$
G = K_V G_0 = K_V \cdot \frac{n E_o}{E_i} = \frac{K_V L_P}{L_P + L_{S_1}} \cdot \frac{\cos\left(\dfrac{f_1}{f} \cdot \dfrac{\pi}{2}\right)}{1 + \cos\left(\dfrac{f_1}{f} \cdot \pi\right)}
$$

$$
= \frac{L_P}{L_P + L_{S_1}} \cdot \frac{1}{\sqrt{1 + \dfrac{f^2}{f_1^2}\left(\dfrac{1}{Q}\right)^2 \left(\dfrac{f^2/f_0^2 - 1}{f^2/f_1^2 - 1}\right)^2}} \cdot \frac{\cos\left(\dfrac{f_1}{f} \cdot \dfrac{\pi}{2}\right)}{1 + \cos\left(\dfrac{f_1}{f} \cdot \pi\right)}
$$

$$\tag{6.50}$$

　式 (6.49) から求められる動作周波数に対する出力電圧の変化を図 6.14 に，式 (6.50) から求められる出力特性（動作周波数に対する昇降圧比 G の変化）を図 6.15 に示します。出力電圧 E_o と昇降圧比 G は，共振周波数 f_1 付近で最大になり，f_1 より高い周波数になると徐々に下がります。同一の周波数では，出力抵抗（負荷抵抗）が大きいほど，負荷が軽くなるため高くなります。

　また，動作周波数 f が高くなり $f = f_0$ になると，$K_V = 1$ となります。このため，出力電圧 E_o と昇降圧比 G は，出力抵抗 R_o と Q に関係なく，無負荷のときの出力電圧 $E_{o\text{-}0}$ と G_0 に等しくなります。図 6.14 と図 6.15 を見てください。すなわち，$f = f_0$ のとき，

- 式 (6.49) の出力電圧 E_o = 式 (5.11) の出力電圧 $E_{o\text{-}0}$
- 式 (6.50) の昇降圧比 G = 式 (5.12) の昇降圧比 G_0

となります。

6.6 出力特性

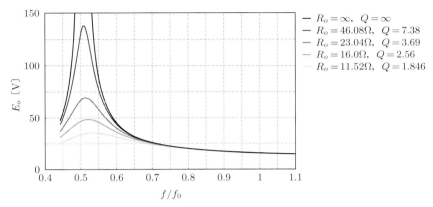

条件：$E_i = 100\text{V}$, $n = 4$, $L_P = 220\mu\text{H}$, $L_{S_1} = 35.2\mu\text{H}$, $C_i = 0.039\mu\text{F}$, $f_0 = 99.6\text{kHz}$, $f_1 = 50.5\text{kHz}$

図 6.14　動作周波数に対する出力電圧 (1)

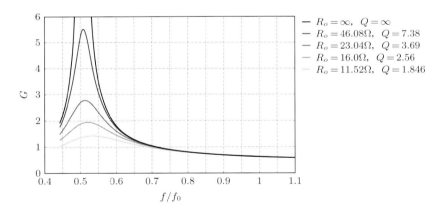

条件：$E_i = 100\text{V}$, $L_P = 220\mu\text{H}$, $L_{S_1} = 35.2\mu\text{H}$, $C_i = 0.039\mu\text{F}$, $f_0 = 99.6\text{kHz}$, $f_1 = 50.5\text{kHz}$

図 6.15　出力特性

[4] 動作周波数と 1 周期間

図 6.14 の横軸を動作周波数に替えて拡大すると，図 6.16 になります．この図から，出力抵抗 $R_o = 11.52\Omega$（$P_o = 50\mathrm{W}$）において，出力電圧 E_o が 24V になる動作周波数 f は 68.1kHz，1 周期間 T は 14.68μs として求められます．

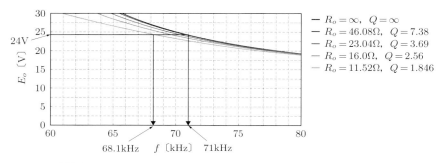

条件：$E_i = 100\mathrm{V}, n = 4, L_P = 220\mu\mathrm{H}, L_{S_1} = 35.2\mu\mathrm{H}, C_i = 0.039\mu\mathrm{F}$,
$f_0 = 99.6\mathrm{kHz}, \ f_1 = 50.5\mathrm{kHz}$

正確な動作周波数を求めるために，出力電圧 E_o は図 6.14 の値より 0.55V（出力ダイオードの電圧降下）を減じています．

図 6.16　動作周波数に対する出力電圧 (2)

6.7　第 6 章のまとめ

第 6 章の要点をまとめると，以下のようになります．

① $t_0 \sim t_1$ 期間の電圧・電流は以下の式で求められます．
- 励磁電流 i_e：式 (6.11)
- 一次換算の出力ダイオード電流 i_D/n：式 (6.14)
- 一次リーケージインダクタンスに発生する電圧 $V_{L_{S_1}}$：式 (6.16)
- 励磁電圧 V_{L_P}：式 (6.17)
- 電流共振コンデンサの電圧 V_{C_i}：式 (6.19)
- 一次換算の二次リーケージインダクタンスに発生する電圧 $V'_{L_{S_2}}$：式 (6.20)

② 電圧・電流の時刻 t_0 における初期値は以下の式で求められます．
- 電流共振コンデンサ電圧の初期値 $V_{C_i}(0)$：式 (6.26)
- 励磁電流の初期値 $i_e(0)$：式 (6.28)

6.7 第6章のまとめ

③ 出力ダイオードの導通時間 t_1 は簡単には求められません。t_1 をある値に仮定し，電流共振コンデンサ電圧の初期値を式 (6.26) より，励磁電流の初期値を式 (6.28) より求めます。次に，時間に対する出力ダイオード電流をグラフに描き，出力ダイオード電流がゼロになる t_1 を求めます。仮定した t_1 とグラフから求められる t_1 が一致したとき，この値が求める t_1 の値になります。

④ $t_1 \sim t_2$ 期間の電圧・電流は以下の式で求められます。

- 励磁電流 i_e：式 (6.30)
- 電流共振コンデンサの電圧 V_{C_i}：式 (6.31)
- 励磁電圧 V_{L_P}：式 (6.32)
- 一次リーケージインダクタンスに発生する電圧 $V_{L_{S_1}}$：式 (6.33)

⑤ 出力ダイオード電流が最大になる時刻 t_m で，出力電圧と二次換算の励磁電圧が等しくなります。ここから，出力電圧を求めることができます。

- 時刻 t_m：式 (6.39)
- 出力電圧 E_o：式 (6.40)

⑥ 負荷を引いたときの出力電圧 E_o と昇降圧比 G は，第5章で求めた無負荷状態の出力電圧 $E_{o\text{-}0}$ と昇降圧比 G_0 に，交流近似解析法で求められる比率 K_V をかけることにより，求めることができます。

- 比率 K_V：式 (6.48)
- 負荷を引いたときの出力電圧 E_o：式 (6.49)
- 負荷を引いたときの昇降圧比 G：式 (6.50)

⑦ 出力特性から，出力電圧が 24V のときの動作周波数 f と 1 周期間 T を求めることができます。図 6.16 を参照してください。

113

第7章
静特性

　スイッチングコンバータは，負帰還をかけることにより出力電圧を一定に制御します。負帰還をかけない状態での特性を静特性といいます。この章では，電流共振形コンバータの静特性を求めます。

7.1　実際の出力電圧

　図 7.1 は，二次換算の $t_0 \sim t_1$ 期間における等価回路を示しています。実際の回路には，スイッチの抵抗やトランス巻線の抵抗などの損失抵抗 r が存在します。このため，出力電圧が低下します。このときの出力電圧は次のようになります。

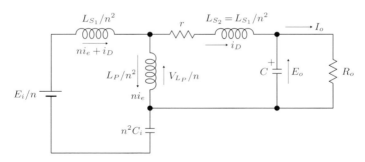

　n：トランスの巻線比（$n = N_1/N_2$），L_{S_1}/n^2：二次換算の一次リーケージインダクタンス，L_P/n^2：二次換算の励磁インダクタンス，L_{S_2}：二次リーケージインダクタンス，$n^2 C_i$：二次換算の電流共振コンデンサ，C：出力コンデンサ，R_o：出力抵抗（負荷抵抗），r：損失抵抗，E_i/n：二次換算の入力電圧，E_o：出力電圧，ni_e：二次換算の一次励磁電流，i_D：出力ダイオード電流，I_o：出力電流（負荷電流），V_{L_P}/n：二次換算の励磁電圧

　図 7.1　$t_0 \sim t_1$ 期間における二次換算の等価回路（Q_1 オン期間）

7.1 実際の出力電圧

$$E_o = \frac{E_i}{n} \cdot \frac{L_P}{L_P + L_{S_1}} \cdot \frac{1}{\sqrt{1 + \dfrac{f^2}{f_1^2} \cdot \left(\dfrac{1}{Q}\right)^2 \left(\dfrac{f^2/f_0^2 - 1}{f^2/f_1^2 - 1}\right)^2}} \cdot \frac{\cos\left(\dfrac{f_1}{f} \cdot \dfrac{\pi}{2}\right)}{1 + \cos\left(\dfrac{f_1}{f} \cdot \pi\right)}$$

$$- I_o r$$

$$= \frac{E_i}{n} \cdot \frac{L_P}{L_P + L_{S_1}} \cdot \frac{1}{\sqrt{1 + \dfrac{f^2}{f_1^2} \cdot \left(\dfrac{1}{Q}\right)^2 \left(\dfrac{f^2/f_0^2 - 1}{f^2/f_1^2 - 1}\right)^2}} \cdot \frac{\cos\left(\dfrac{f_1}{f} \cdot \dfrac{\pi}{2}\right)}{1 + \cos\left(\dfrac{f_1}{f} \cdot \pi\right)}$$

$$\cdot \frac{R_o}{r + R_o}$$

$$= \frac{E_i}{n} \cdot \frac{L_P}{L_P + L_{S_1}} \cdot \frac{1}{\sqrt{1 + \dfrac{f^2}{f_1^2} \cdot \left(\dfrac{1}{Q}\right)^2 \left(\dfrac{f^2/f_0^2 - 1}{f^2/f_1^2 - 1}\right)^2}} \cdot \frac{\cos\left(\dfrac{f_1}{f} \cdot \dfrac{\pi}{2}\right)}{1 + \cos\left(\dfrac{f_1}{f} \cdot \pi\right)}$$

$$\cdot \frac{1}{1 + r/R_o} \tag{7.1}$$

または，

$$E_o = \frac{E_i}{n} \cdot \frac{L_P}{L_P + L_{S_1}} \cdot \frac{1}{\sqrt{1 + (2\pi f)^2 \left\{\dfrac{\left(L_P + L_{S_1}\right)\left(f^2/f_0^2 - 1\right)}{R_{o_{AC}}\left(f^2/f_1^2 - 1\right)}\right\}^2}}$$

$$\cdot \frac{\cos\left(\dfrac{f_1}{f} \cdot \dfrac{\pi}{2}\right)}{1 + \cos\left(\dfrac{f_1}{f} \cdot \pi\right)} \cdot \frac{1}{1 + r/R_o} \tag{7.2}$$

とも書けます。なお，式 (7.1) と式 (7.2) において，損失抵抗 r は二次換算の抵抗です。$r \ll R_o$ のときは，$1/(1 + r/R_o)$ の項はほぼ 1 となるため，省略できます。

式 (7.1) を用いて，$r = 0.1\Omega$ として計算したときの出力電圧を図 7.2 に示します。$r = 0$ としたときの図 6.14 (p.111) よりも，出力電圧が低下しています。損失抵抗 r が大きくなると，出力電圧は図 7.3 のように低下します。

式 (7.1) から，Q が下がると出力電圧 E_o は低下してしまいます。ピーク点における出力電圧も，Q に対して図 7.4 のように変化し，Q が下がると低下してしまいます。したがって，出力電力が増えて出力抵抗 R_o が小さくなった場合に同一出

115

第 7 章　静特性

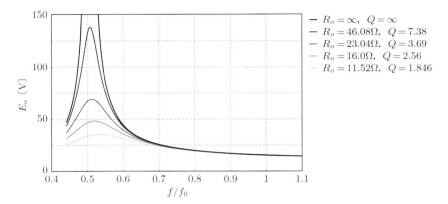

条件：$E_i = 100\text{V}$, $n = 4$, $L_P = 220\mu\text{H}$, $L_{S_1} = 35.2\mu\text{H}$, $C_i = 0.039\mu\text{F}$, $r = 0.1\Omega$, $f_0 = 99.6\text{kHz}$, $f_1 = 50.5\text{kHz}$

図 7.2　動作周波数に対する実際の出力電圧

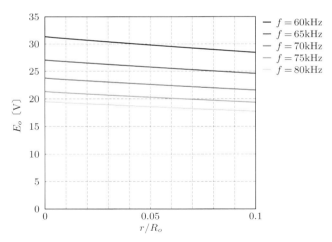

条件：$E_i = 100\text{V}$, $n = 4$, $L_P = 220\mu\text{H}$, $L_{S_1} = 35.2\mu\text{H}$, $C_i = 0.039\mu\text{F}$, $R_o = 11.52\Omega$, $Q = 1.846$, $f_0 = 99.6\text{kHz}$, $f_1 = 50.5\text{kHz}$

図 7.3　損失抵抗比 r/R_o と出力電圧

7.1 実際の出力電圧

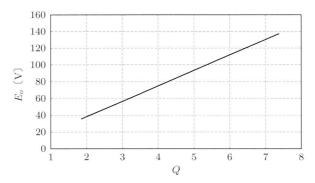

条件：$E_i = 100\text{V}$, $n = 4$, $L_P = 220\mu\text{H}$, $L_{S_1} = 35.2\mu\text{H}$,
$C_i = 0.039\mu\text{F}$, $r = 0.1\Omega$, $f_0 = 99.6\text{kHz}$, $f_1 = 50.5\text{kHz}$

図 7.4　Q に対するピーク点における出力電圧

力電圧を得ようとするときは，電流共振コンデンサ C_i の容量を大きくし，励磁インダクタンス L_P と一次リーケージインダクタンス L_{S_1} を下げ，Q をもとの値にしなければなりません。一次リーケージインダクタンスと励磁インダクタンスの比 L_{S_1}/L_P の値が一定であれば，出力抵抗 R_o が変化したときの各定数（C_i, L_P, L_{S_1}）は，以下の ① のように計算することができます。計算例を図 7.5 に示します。出力抵抗 R_o は同じで，共振周波数 f_0 が変化したときは，② の手順で計算できます。

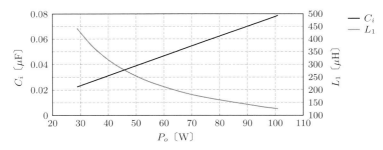

条件：$R_o = 11.52\Omega$, $E_o = 24\text{V}$, $P_o = 50\text{W}$, $C_i = 0.039\mu\text{F}$,
$L_1 = L_P + L_{S_1} = 220 + 35.2 = 255.2\mu\text{F}$

図 7.5　ピーク点において同一出力電圧 E_o を得るための共振コンデンサ C_i の容量と自己インダクタンス L_1

① 共振周波数 f_0 が同一で $R_{o_{AC}}$ が $1/n_R$ 倍になったとき
$C'_i = n_R C_i$, $L'_P = L_P/n_R$, $L'_{S_1} = L_{S_1}/n_R$ とすると，同じ Q を得ることができます．

$$L'_S = L'_{S_1} + \frac{L'_P L'_{S_1}}{L'_P + L'_{S_1}} = \frac{1}{n_R}\left(L_{S_1} + \frac{L_P L_{S_1}}{L_P + L_{S_1}}\right) = \frac{L_S}{n_R}$$

$$f'_0 = \frac{1}{2\pi\sqrt{L'_S C'_i}} = \frac{1}{2\pi\sqrt{\frac{L_S}{n_R} \cdot n_R C}} = \frac{1}{2\pi\sqrt{L_S C_i}} = f_0$$

$$Q' = \frac{R_{o_{AC}}}{n_R}\sqrt{\frac{C'_i}{L'_S}} = \frac{R_{o_{AC}}}{n_R}\sqrt{\frac{n_R C_i}{\frac{L_S}{n_R}}} = \frac{n_R R_{o_{AC}}}{n_R}\sqrt{\frac{C_i}{L_S}}$$

$$= R_{o_{AC}}\sqrt{\frac{C_i}{L_S}} = Q$$

② $R_{o_{AC}}$ が同一で共振周波数 f_0 が n_f 倍になったとき
$C'_i = C_i/n_f$, $L'_P = L_P/n_f$, $L'_{S_1} = L_{S_1}/n_f$ とすると，同じ Q を得ることができます．

$$L'_S = L'_{S_1} + \frac{L'_P L'_{S_1}}{L'_P + L'_{S_1}} = \frac{1}{n_f}\left(L_{S_1} + \frac{L_P L_{S_1}}{L_P + L_{S_1}}\right) = \frac{L_S}{n_f}$$

$$f'_0 = \frac{1}{2\pi\sqrt{L'_S C'_i}} = \frac{n_f}{2\pi\sqrt{L_S C_i}} = n_f f_0$$

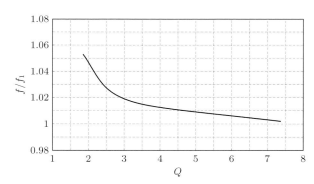

条件：$E_i = 100\text{V}$, $n = 4$, $L_P = 220\mu\text{H}$, $L_{S_1} = 35.2\mu\text{H}$, $C_i = 0.039\mu\text{F}$, $r = 0.1\Omega$, $f_0 = 99.6\text{kHz}$, $f_1 = 50.5\text{kHz}$

図 7.6 Q に対するピーク点における動作周波数比 f/f_1

$$Q' = R_{o\text{AC}} \sqrt{\frac{C_i'}{L_S'}} = R_{o\text{AC}} \sqrt{\frac{C_i/n_f}{L_S/n_f}} = R_{o\text{AC}} \sqrt{\frac{C_i}{L_S}} = Q$$

また，出力電圧がピークに達する動作周波数は，無負荷状態のときは共振周波数 f_1 になりますが，Q が下がると f_1 より高い周波数に移動します．図 7.6 を参照してください．

7.2 出力インピーダンス Z_o

スイッチングコンバータの出力インピーダンスは

$$Z_o = -\frac{\Delta E_o}{\Delta I_o}$$

と定義されます．一方，出力電圧は $E_o = I_o R_o$ で与えられ，出力抵抗を微小変化させたときの出力電圧・出力電流の微小変化は，次式で求められます．

$$\begin{aligned}
\Delta E_o &= (I_o + \Delta I_o)(R_o + \Delta R_o) - I_o R_o \\
&= I_o R_o + I_o \Delta R_o + \Delta I_o R_o + \Delta I_o \Delta R_o - I_o R_o \\
&\cong \Delta I_o R_o + I_o \Delta R_o
\end{aligned}$$

したがって，

$$\Delta E_o = \Delta I_o R_o + I_o \Delta R_o$$

になり，両辺を ΔE_o で割り，整理すると

$$R_o \frac{\Delta I_o}{\Delta E_o} + I_o \frac{\Delta R_o}{\Delta E_o} = 1 \quad \Rightarrow \quad R_o \frac{\Delta I_o}{\Delta E_o} + \frac{E_o}{R_o} \cdot \frac{\Delta R_o}{\Delta E_o} = 1$$

となります．これより，出力インピーダンス Z_o は以下となります．

$$\begin{aligned}
\frac{\Delta I_o}{\Delta E_o} &= \frac{1}{R_o} \left(1 - \frac{E_o}{R_o} \cdot \frac{\Delta R_o}{\Delta E_o} \right) \\
Z_o = -\frac{\Delta E_o}{\Delta I_o} &= \frac{R_o}{\dfrac{E_o}{R_o} \cdot \dfrac{\Delta R_o}{\Delta E_o} - 1} = \frac{R_o}{\dfrac{E_o}{R_o} \cdot \dfrac{1}{\Delta E_o / \Delta R_o} - 1}
\end{aligned} \tag{7.3}$$

次に，式 (7.3) の $\Delta E_o / \Delta R_o$ を求めます．まず，式 (7.1) の各項を，次のように定義します．

第 7 章　静特性

$$
u = \cfrac{1}{\sqrt{1 + \cfrac{f^2}{f_1^2}\left(\cfrac{1}{Q}\right)^2\left(\cfrac{f^2/f_0^2 - 1}{f^2/f_1^2 - 1}\right)^2}}
$$

$$
= \cfrac{1}{\sqrt{1 + (2\pi f)^2 \left\{\cfrac{\left(L_P + L_{S_1}\right)\left(f^2/f_0^2 - 1\right)}{0.81 n^2 R_o \left(f^2/f_1^2 - 1\right)}\right\}^2}}
$$

$$
v = \cfrac{\cos\left(\cfrac{f_1}{f}\cdot\cfrac{\pi}{2}\right)}{1 + \cos\left(\cfrac{f_1}{f}\cdot\pi\right)}
$$

$$
w = \cfrac{R_o}{r + R_o} = \cfrac{1}{1 + r/R_o}
$$

すると，式 (7.1) は，

$$
E_o = \frac{E_i}{n}\cdot\frac{L_P}{L_P + L_{S_1}}\cdot uvw \tag{7.4}
$$

と置き換えることができます。これより，$\Delta E_o/\Delta R_o$ は

$$
\frac{\Delta E_o}{\Delta R_o} = \frac{\partial E_o}{\partial R_o} = \frac{E_i}{n}\cdot\frac{L_P}{L_P + L_{S_1}}\cdot v\left(\frac{\partial u}{\partial R_o}w + u\frac{\partial w}{\partial R_o}\right)
$$

となります。ここに

$$
E_i = \cfrac{E_o}{\cfrac{1}{n}\cdot\cfrac{L_P}{L_P + L_{S_1}}\cdot uvw}
$$

を代入すると

$$
\frac{\Delta E_o}{\Delta R_o} = \frac{\partial E_o}{\partial R_o} = \frac{1}{n}\cdot\frac{L_P}{L_P + L_{S_1}}\cdot\cfrac{E_o}{\cfrac{1}{n}\cdot\cfrac{L_P}{L_P + L_{S_1}}\cdot uvw}\, v\left(\frac{\partial u}{\partial R_o}w + u\frac{\partial w}{\partial R_o}\right)
$$

$$
= \frac{E_o}{uw}\left(\frac{\partial u}{\partial R_o}w + u\frac{\partial w}{\partial R_o}\right) \tag{7.5}
$$

が得られます。ここで，$\partial u/\partial R_o$ と $\partial w/\partial R_o$ を求めておきます。

$$
\frac{\partial u}{\partial R_o} = \frac{\partial}{\partial R_o}\left[1 + (2\pi f)^2\left\{\frac{\left(L_P + L_{S_1}\right)\left(f^2/f_0^2 - 1\right)}{0.81 n^2 R_o \left(f^2/f_1^2 - 1\right)}\right\}^2\right]^{-\frac{1}{2}}
$$

$$= -\frac{1}{2} \left[1 + (2\pi f)^2 \left\{ \frac{(L_P + L_{S_1})\left(f^2/f_0^2 - 1\right)}{0.81 n^2 R_o \left(f^2/f_1^2 - 1\right)} \right\}^2 \right]^{-\frac{3}{2}}$$

$$\cdot \left\{ \frac{2\pi f \left(L_P + L_{S_1}\right)\left(f^2/f_0^2 - 1\right)}{0.81 n^2 \left(f^2/f_1^2 - 1\right)} \right\}^2 \times -2\left(\frac{1}{R_o}\right)^3$$

$$= \frac{\left\{ \dfrac{2\pi f \left(L_P + L_{S_1}\right)\left(f^2/f_0^2 - 1\right)}{0.81 n^2 \left(f^2/f_1^2 - 1\right)} \right\}^2 \left(\dfrac{1}{R_o}\right)^3}{\left[1 + (2\pi f)^2 \left\{ \dfrac{(L_P + L_{S_1})\left(f^2/f_0^2 - 1\right)}{0.81 n^2 R_o \left(f^2/f_1^2 - 1\right)} \right\}^2 \right]^{\frac{3}{2}}}$$

$$= \frac{\left\{ \dfrac{2\pi f \left(L_P + L_{S_1}\right)\left(f^2/f_0^2 - 1\right)}{0.81 n^2 \left(f^2/f_1^2 - 1\right)} \right\}^2 \left(\dfrac{1}{R_o}\right)^3}{1 + (2\pi f)^2 \left\{ \dfrac{(L_P + L_{S_1})\left(f^2/f_0^2 - 1\right)}{0.81 n^2 R_o \left(f^2/f_1^2 - 1\right)} \right\}^2} \cdot u \tag{7.6}$$

$$\frac{\partial w}{\partial R_o} = \frac{\partial}{\partial R_o}\left(\frac{R_o}{r + R_o}\right) = \frac{(r + R_o) - R_o}{(r + R_o)^2} = \frac{r}{(r + R_o)^2}$$

$$= \frac{r}{R_o\left(r + R_o\right)} \cdot \frac{R_o}{r + R_o} = \frac{r}{R_o\left(r + R_o\right)} w \tag{7.7}$$

これらを式 (7.5) に代入し，整理します。

$$\frac{\partial u}{\partial R_o} w + u \frac{\partial w}{\partial R_o} = \frac{\left\{ \dfrac{2\pi f \left(L_P + L_{S_1}\right)\left(f^2/f_0^2 - 1\right)}{0.81 n^2 \left(f^2/f_1^2 - 1\right)} \right\}^2 \left(\dfrac{1}{R_o}\right)^3}{1 + (2\pi f)^2 \left\{ \dfrac{(L_P + L_{S_1})\left(f^2/f_0^2 - 1\right)}{0.81 n^2 R_o \left(f^2/f_1^2 - 1\right)} \right\}^2}$$

$$\cdot uw + \frac{r}{R_o\left(r + R_o\right)} \cdot uw$$

$$\frac{\Delta E_o}{\Delta R_o} = \frac{E_o}{u \cdot w}\left(\frac{\partial u}{\partial R_o} w + u \frac{\partial w}{\partial R_o} \right)$$

$$= E_o \left[\frac{\left\{ \dfrac{2\pi f \left(L_P + L_{S_1}\right)\left(f^2/f_0^2 - 1\right)}{0.81 n^2 \left(f^2/f_1^2 - 1\right)} \right\}^2 \left(\dfrac{1}{R_o}\right)^3}{1 + (2\pi f)^2 \left\{ \dfrac{(L_P + L_{S_1})\left(f^2/f_0^2 - 1\right)}{0.81 n^2 R_o \left(f^2/f_1^2 - 1\right)} \right\}^2} + \frac{r}{R_o\left(r + R_o\right)} \right]$$

第 7 章　静特性

$$
= \frac{E_o}{R_o} \left[\frac{(2\pi f)^2 \left\{ \dfrac{(L_P + L_{S_1})\left(f^2/f_0^2 - 1\right)}{R_{o_{\mathrm{AC}}}\left(f^2/f_1^2 - 1\right)} \right\}^2}{1 + (2\pi f)^2 \left\{ \dfrac{(L_P + L_{S_1})\left(f^2/f_0^2 - 1\right)}{R_{o_{\mathrm{AC}}}\left(f^2/f_1^2 - 1\right)} \right\}^2} + \frac{r}{r + R_o} \right]
$$

$$
= \frac{E_o}{R_o} \left\{ \frac{\dfrac{f^2}{f_1^2}\left(\dfrac{1}{Q}\right)^2 \left(\dfrac{f^2/f_0^2 - 1}{f^2/f_1^2 - 1}\right)^2}{1 + \dfrac{f^2}{f_1^2}\left(\dfrac{1}{Q}\right)^2 \left(\dfrac{f^2/f_0^2 - 1}{f^2/f_1^2 - 1}\right)^2} + \frac{r}{r + R_o} \right\} \tag{7.8}
$$

$$
Z_o = \frac{R_o}{\dfrac{E_o}{R_o} \cdot \dfrac{1}{\Delta E_o / \Delta R_o} - 1}
$$

$$
= \frac{R_o}{\dfrac{E_o}{R_o} \cdot \dfrac{1}{\dfrac{E_o}{R_o}\left\{ \dfrac{\dfrac{f^2}{f_1^2}\left(\dfrac{1}{Q}\right)^2 \left(\dfrac{f^2/f_0^2 - 1}{f^2/f_1^2 - 1}\right)^2}{1 + \dfrac{f^2}{f_1^2}\left(\dfrac{1}{Q}\right)^2 \left(\dfrac{f^2/f_0^2 - 1}{f^2/f_1^2 - 1}\right)^2} + \dfrac{r}{r + R_o} \right\}} - 1}
$$

$$
= \frac{R_o}{\dfrac{1}{\left\{ \dfrac{\dfrac{f^2}{f_1^2}\left(\dfrac{1}{Q}\right)^2 \left(\dfrac{f^2/f_0^2 - 1}{f^2/f_1^2 - 1}\right)^2}{1 + \dfrac{f^2}{f_1^2}\left(\dfrac{1}{Q}\right)^2 \left(\dfrac{f^2/f_0^2 - 1}{f^2/f_1^2 - 1}\right)^2} + \dfrac{r}{r + R_o} \right\}} - 1}
$$

$r \ll R_o$ のときは，次のようになります。

$$
Z_o = \frac{R_o}{\dfrac{1 + \dfrac{f^2}{f_1^2}\left(\dfrac{1}{Q}\right)^2 \left(\dfrac{f^2/f_0^2 - 1}{f^2/f_1^2 - 1}\right)^2}{\dfrac{f^2}{f_1^2}\left(\dfrac{1}{Q}\right)^2 \left(\dfrac{f^2/f_0^2 - 1}{f^2/f_1^2 - 1}\right)^2} - 1}
$$

$$
= \frac{f^2}{f_1^2}\left(\frac{1}{Q}\right)^2 \left(\frac{f^2/f_0^2 - 1}{f^2/f_1^2 - 1}\right)^2 R_o \tag{7.9}
$$

また，式 (7.9) に，6.6 節で求めた式 (6.43) の $R_{o_{\mathrm{AC}}}$ と式 (6.47) の Q を代入すると，次式が得られます。

122

$$
\begin{aligned}
Z_o &= \frac{f^2}{f_1^2}\left(\frac{1}{Q}\right)^2\left(\frac{f^2/f_0^2-1}{f^2/f_1^2-1}\right)^2 R_o \\
&= \frac{f^2}{f_1^2}\cdot\frac{L_P+L_{S_1}}{C_i R_{o_{\mathrm{AC}}}^2}\cdot\left(\frac{f^2/f_0^2-1}{f^2/f_1^2-1}\right)^2 R_o \\
&= \frac{f^2}{f_1^2}\left(\frac{f^2/f_0^2-1}{f^2/f_1^2-1}\right)^2\frac{L_P+L_{S_1}}{C_i\left(0.81n^2 R_o\right)^2}R_o \\
&= \frac{f^2}{f_1^2}\left(\frac{f^2/f_0^2-1}{f^2/f_1^2-1}\right)^2\frac{L_P+L_{S_1}}{\left(0.81n^2\right)^2 C_i R_o}
\end{aligned}
\tag{7.10}
$$

式 (7.9) と式 (7.10) が，出力インピーダンスを与える式です．式 (7.10) より，出力インピーダンスはトランスの自己インダクタンス L_1（$=L_P+L_{S_1}$）に比例し，電流共振コンデンサの容量と出力抵抗に反比例することがわかります．したがって，出力インピーダンスを下げようとするときは，自己インダクタンスを下げ，電流共振コンデンサの容量を大きくすることが必要になります．ただし，そうすると，トランスを流れる励磁電流が大きくなり，損失が増え効率が下がってしまうので，必要以上に一次インダクタンスを下げて電流共振コンデンサの容量を大きくしないように，注意しなければなりません．

また，6.6 節の式 (6.43) から

$$
R_o = \frac{R_{o_{\mathrm{AC}}}}{0.81n^2}
$$

が得られ，ここに

$$
R_{o_{\mathrm{AC}}} = Q\sqrt{\frac{L_P+L_{S_1}}{C_i}}
$$

を代入します．

$$
R_o = \frac{R_{o_{\mathrm{AC}}}}{0.81n^2} = \frac{Q}{0.81n^2}\sqrt{\frac{L_P+L_{S_1}}{C_i}}
\tag{7.11}
$$

出力抵抗 R_o が式 (7.11) として求められ，これを式 (7.9) に代入すると，次式が得られます．

$$
\begin{aligned}
Z_o &= \frac{f^2}{f_1^2}\left(\frac{1}{Q}\right)^2\left(\frac{f^2/f_0^2-1}{f^2/f_1^2-1}\right)^2 R_o \\
&= \frac{f^2}{f_1^2}\left(\frac{1}{Q}\right)^2\left(\frac{f^2/f_0^2-1}{f^2/f_1^2-1}\right)^2\frac{Q}{0.81n^2}\sqrt{\frac{L_P+L_{S_1}}{C_i}}
\end{aligned}
$$

$$= \frac{f^2}{f_1^2}\left(\frac{f^2/f_0^2-1}{f^2/f_1^2-1}\right)^2 \frac{1}{0.81n^2Q}\sqrt{\frac{L_P+L_{S_1}}{C_i}} \tag{7.12}$$

式 (7.12) より，出力インピーダンスは自己インダクタンス L_1 ($= L_P + L_{S_1}$) と電流共振コンデンサの容量が一定であれば，Q に反比例して変化することになります。

実際の値を代入し，出力インピーダンスを求めてみましょう。結果を図 7.7 と図 7.8 に示します。出力インピーダンスは図 7.7 のように動作周波数によって変化し，動作周波数が共振周波数 f_1 に等しいときに無限大になり，動作周波数が共振周波数 f_0 に等しいときゼロになります。フライバック形などの矩形波コンバータでは，出力インピーダンスは 1Ω を超えることはめったにありません。それに比べて，電流共振形コンバータの出力インピーダンスは，実際に使用する動作周波数範囲においても，非常に大きくなります（図 7.8）。

$E_i = 100\text{V}$, $n = 32/8 = 4$, $E_o = 24.0\text{V}$, $L_{S_1} = 35.2\mu\text{H}$, $L_P = 220\mu\text{H}$, $C_i = 0.039\mu\text{F}$, $L_P + L_{S_1} = 255.2\mu\text{H}$。

$$L_S = L_{S_1} + \frac{L_P L_{S_1}}{L_P + L_{S_1}} = 35.2 + \frac{35.2 \times 220}{35.2 + 220} = 35.2 + 30.3 = 65.5\mu\text{H}$$

$$f_0 = \frac{1}{2\pi\sqrt{L_S C_i}} = \frac{10^{12}}{2\pi\sqrt{65.5 \times 0.039}} = 99.6\text{kHz}$$

$$f_0^2 = 9920.16 \times 10^6$$

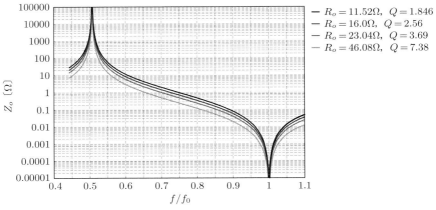

条件：$E_i = 100\text{V}$, $n = 4$, $L_P = 220\mu\text{H}$, $L_{S_1} = 35.2\mu\text{H}$, $C_i = 0.039\mu\text{F}$, $r = 0$, $f_0 = 99.6\text{kHz}$, $f_1 = 50.5\text{kHz}$

図 7.7 出力インピーダンス Z_o の特性

7.2 出力インピーダンス Z_o

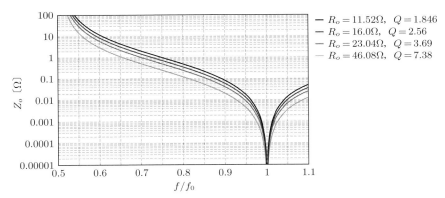

条件: $E_i = 100\text{V}$, $n = 4$, $L_P = 220\mu\text{H}$, $L_{S_1} = 35.2\mu\text{H}$, $C_i = 0.039\mu\text{F}$, $r = 0$, $f_0 = 99.6\text{kHz}$, $f_1 = 50.5\text{kHz}$

図 7.8 実際に使用する動作周波数範囲における出力インピーダンス Z_o の特性

$$f_1 = \frac{1}{2\pi\sqrt{(L_P + L_{S_1})C_i}} = \frac{10^6}{2\pi\sqrt{255.2 \times 0.039}} = 50.474 \cong 50.5\text{kHz}$$
$$f_1^2 = 2550.25 \times 10^6$$

Z_o は式 (7.9) により求めることができます。

① $R_o = 11.52\Omega$, $R_{o_{\text{AC}}} = 149.3\Omega$, $Q = 1.846$

$$Z_o = \frac{f^2}{2550.25 \times 1.846^2} \times \left(\frac{\dfrac{f^2}{9920.16} - 1}{\dfrac{f^2}{2550.25} - 1}\right)^2 \times 11.52$$

$$= \frac{f^2}{8690.53} \times \left(\frac{\dfrac{f^2}{9920.16} - 1}{\dfrac{f^2}{2550.25} - 1}\right)^2 \times 11.52$$

ただし, f の単位は kHz です。

② $R_o = 16\Omega$, $R_{o_{\text{AC}}} = 207.36\Omega$, $Q = 2.563$

$$Z_o = \frac{f^2}{2550.25 \times 2.563^2} \times \left(\frac{\dfrac{f^2}{9920.16} - 1}{\dfrac{f^2}{2550.25} - 1}\right)^2 \times 16$$

$$= \frac{f^2}{16752.51} \times \left(\frac{\dfrac{f^2}{9920.16} - 1}{\dfrac{f^2}{2550.25} - 1}\right)^2 \times 16$$

③ $R_o = 23.04\Omega$, $R_{o_{AC}} = 298.6\Omega$, $Q = 3.691$

$$Z_o = \frac{f^2}{2550.25 \times 3.691^2} \times \left(\frac{\dfrac{f^2}{9920.16} - 1}{\dfrac{f^2}{2550.25} - 1}\right)^2 \times 23.04$$

$$= \frac{f^2}{34743.28} \times \left(\frac{\dfrac{f^2}{9920.16} - 1}{\dfrac{f^2}{2550.25} - 1}\right)^2 \times 23.04$$

④ $R_o = 46.08\Omega$, $R_{o_{AC}} = 597.2\Omega$, $Q = 7.383$

$$Z_o = \frac{f^2}{2550.25 \times 7.383^2} \times \left(\frac{\dfrac{f^2}{9920.16} - 1}{\dfrac{f^2}{2550.25} - 1}\right)^2 \times 46.08$$

$$= \frac{f^2}{139010.78} \times \left(\frac{\dfrac{f^2}{9920.16} - 1}{\dfrac{f^2}{2550.25} - 1}\right)^2 \times 46.08$$

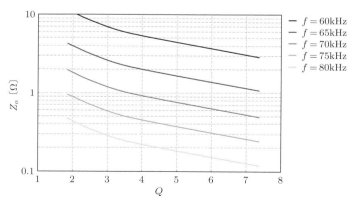

条件：$E_i = 100$V, $n = 4$, $L_P = 220\mu$H, $L_{S_1} = 35.2\mu$H, $C_i = 0.039\mu$F, $r = 0$, $f_0 = 99.6$kHz, $f_1 = 50.5$kHz

図 7.9 Q に対する出力インピーダンスの特性

図 7.9 は Q に対する出力インピーダンスの特性を示しています。Q に反比例して出力インピーダンスが変化していることがわかります。

7.3 出力電圧の負荷変動

制御していないときの出力電圧は，図 7.10，図 7.11 のように変動します。制御していないため変動は全体的に大きく，また，動作周波数が低いほど大きくなります。

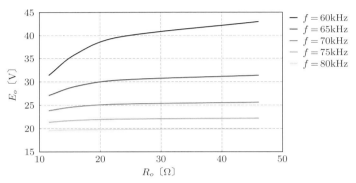

条件：$E_i = 100\text{V}$, $n = 4$, $L_P = 220\mu\text{H}$, $L_{S_1} = 35.2\mu\text{H}$, $C_i = 0.039\mu\text{F}$, $r = 0$, $f_0 = 99.6\text{kHz}$, $f_1 = 50.5\text{kHz}$

図 7.10　出力電圧の負荷変動 (1)

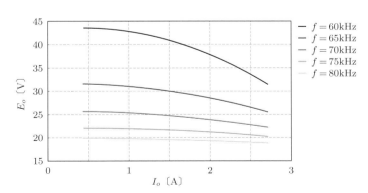

条件：$E_i = 100\text{V}$, $n = 4$, $L_P = 220\mu\text{H}$, $L_{S_1} = 35.2\mu\text{H}$, $C_i = 0.039\mu\text{F}$, $r = 0$, $f_0 = 99.6\text{kHz}$, $f_1 = 50.5\text{kHz}$

図 7.11　出力電圧の負荷変動 (2)

第 7 章　静特性

7.4　第 7 章のまとめ

第 7 章の要点をまとめると，以下のようになります。

① 実際の回路には，コイルやスイッチなどの損失抵抗 r が存在します。したがって，出力電圧はこの分低下してしまいます。このときの出力電圧は，式 (7.1) および式 (7.2) となります。

② 損失抵抗 r が大きくなると，図 7.3 に示しているように，出力電圧はどんどん低下していきます。

③ ピーク点における出力電圧は，回路の Q に対して図 7.4 のように変化し，Q が下がると低下してしまいます。したがって，出力電力が増えて出力抵抗 R_o が小さくなった場合に，同一出力電圧を得ようとするときは，電流共振コンデンサ C_i の容量を大きくし，励磁インダクタンス L_P と一次リーケージインダクタンス L_{S_1} を下げ，Q をもとの値にしなければなりません。図 7.5 を参照してください。

④ 出力インピーダンス Z_o は式 (7.9) で与えられ，動作周波数が共振周波数 f_1 に等しいときに無限大になり，動作周波数が共振周波数 f_0 に等しいときゼロになります。フライバック形などの矩形波コンバータでは，出力インピーダンスは 1Ω を超えることはめったにありません。それに比べて，電流共振形コンバータの出力インピーダンスは，実際に使用する動作周波数範囲においても，非常に大きくなります。図 7.8 を参照してください。

⑤ 図 7.9 に示しているように，Q を大きくすることにより，出力インピーダンス Z_o を小さくすることができます。

⑥ 出力電圧の負荷変動も，制御していないときは全体的に大きく，また，動作周波数が低いほど大きくなります。図 7.10 と図 7.11 を参照してください。

第8章
動特性

　この章では，負帰還をかけて出力電圧を一定にするように制御したときの動特性を求めます．まず，電流共振形コンバータのスイッチングレギュレータとしての構成と直流に対するレギュレーション機構を図示し，その後に，出力電圧に対する直流ゲイン（$G_{vv} = \partial E_o/\partial E_i$, $G_{vf} = \partial E_o/\partial f$, $G_{vr} = \partial E_o/\partial R_o$）と動特性としての変動率 S，出力インピーダンス Z，負荷レギュレーション特性などを求めます．

8.1　直流に対するレギュレーション機構

　図 8.1 に示す周波数制御方式の電流共振形コンバータの直流に対するレギュレーション機構は，図 8.2 および図 8.3 のようになります．図 8.2 と図 8.3 において，入力電圧 E_i が変化すると，変化分 ΔE_i に直流ゲイン G_{vv} をかけた電圧 $G_{vv}\Delta E_i$ が出力電圧に表れます．レギュレーション機構には負帰還がかけられており，誤差に応じて周波数を制御することにより，この変化を抑えるように働きます．出力抵抗 R_o が変化したときも，同様に働きます．この動作により，出力電圧 E_o の変化が少なくなり，一定に保たれます．

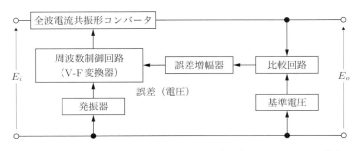

図 8.1　電流共振形コンバータのスイッチングレギュレータとしての構成

第 8 章 動特性

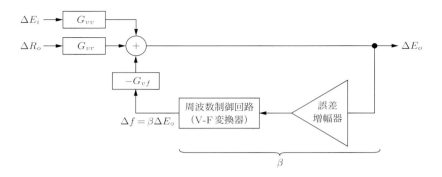

$G_{vv} = \partial E_o/\partial E_i$, $G_{vr} = \partial E_o/\partial R_o$, $-G_{vf} = -\partial E_o/\partial f$, β：帰還ゲイン〔Hz/V〕

- 昇降圧比 G は動作周波数に対して図 6.15（p.111）のように変化します。周波数が下がると，昇降圧比 G が大きくなり出力電圧 E_o が上昇します。このときの $G_{vf}\;(=\partial E_o/\partial f)$ は負になります。したがって，この図では最初から $-G_{vf}$ と記載しています。
- β〔Hz/V〕は帰還ループのゲインを意味しており，本書では「帰還ゲイン」と定義しています。β は $-G_{vf}$ に対する負帰還の帰還ゲインであり，正の値になります。

図 8.2　電流共振形コンバータの直流に対するレギュレーション機構 (1)

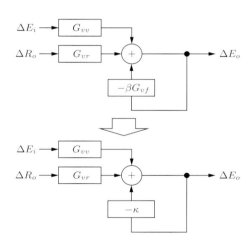

κ：帰還率（$\kappa = \beta G_{vf}$）

図 8.3　電流共振形コンバータの直流に対するレギュレーション機構 (2)

8.2 　直流ゲイン G_{vv}, G_{vf}, G_{vr}

入力電圧 E_i，動作周波数 f，出力抵抗 R_o が変動したときの出力電圧（直流電圧）の変化を，直流ゲインと呼びます。ここでは，図 8.2 と図 8.3 に示している直流ゲイン G_{vv}, G_{vf}, G_{vr} を求めます。

[1]　入力電圧に対する直流ゲイン G_{vv}

G_{vv} は本来 $\partial E_o / \partial (E_i/n)$ で与えられますが，わかりやすくするために，ここでは $\partial E_o / \partial E_i$ と定義します。G_{vv} を 7.1 節の式 (7.1) から求めると，以下のようになります。

$$
G_{vv} = \frac{\partial E_o}{\partial E_i} = \frac{1}{n} \cdot \frac{L_P}{L_P + L_{S_1}}
$$

$$
\cdot \frac{1}{\sqrt{1 + \dfrac{f^2}{f_1^2} \cdot \left(\dfrac{1}{Q}\right)^2 \left(\dfrac{f^2/f_0^2 - 1}{f^2/f_1^2 - 1}\right)^2}}
$$

$$
\cdot \frac{\cos\left(\dfrac{f_1}{f} \cdot \dfrac{\pi}{2}\right)}{1 + \cos\left(\dfrac{f_1}{f} \cdot \pi\right)} \cdot \frac{1}{1 + r/R_o} \tag{8.1}
$$

$r \ll R_o$ とすると，式 (8.1) の G_{vv} は以下となります。

$$
G_{vv} = \frac{1}{n} \cdot \frac{L_P}{L_P + L_{S_1}}
$$

$$
\cdot \frac{1}{\sqrt{1 + \dfrac{f^2}{f_1^2} \cdot \left(\dfrac{1}{Q}\right)^2 \left(\dfrac{f^2/f_0^2 - 1}{f^2/f_1^2 - 1}\right)^2}}
$$

$$
\cdot \frac{\cos\left(\dfrac{f_1}{f} \cdot \dfrac{\pi}{2}\right)}{1 + \cos\left(\dfrac{f_1}{f} \cdot \pi\right)} \tag{8.2}
$$

式 (8.2) を使い，巻線比 n が $n = 4$ と $n = 1$ のときの G_{vv} を求めると，図 8.4 と図 8.5 になります。

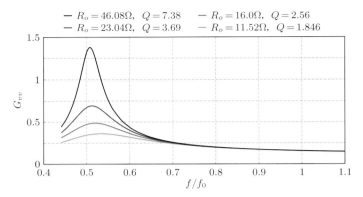

条件：$n = 4$, $L_P/(L_P + L_{S_1}) = 0.862$, $E_o = 24\text{V}$, $E_i = 100\text{V}$, $L_P = 220\mu\text{H}$, $L_{S_1} = 35.2\mu\text{H}$, $C_i = 0.039\mu\text{F}$, $r = 0$, $f_0 = 99.6\text{kHz}$, $f_1 = 50.5\text{kHz}$

図 8.4　入力電圧に対する直流ゲイン G_{vv} の特性 (1)

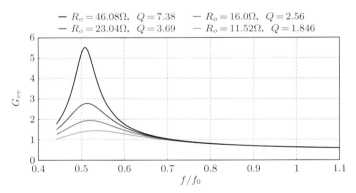

条件：$n = 1$, $L_P/(L_P + L_{S_1}) = 0.862$, $E_o = 96\text{V}$, $E_i = 100\text{V}$, $L_P = 220\mu\text{H}$, $L_{S_1} = 35.2\mu\text{H}$, $C_i = 0.039\mu\text{F}$, $r = 0$, $f_0 = 99.6\text{kHz}$, $f_1 = 50.5\text{kHz}$

図 8.5　入力電圧に対する直流ゲイン G_{vv} の特性 (2)

[2]　動作周波数に対する直流ゲイン G_{vf}

次に G_{vf} を求めます。

$$E_o = \frac{E_i}{n} \cdot \frac{L_P}{L_P + L_{S_1}} \cdot uvw$$

8.2　直流ゲイン G_{vv}, G_{vf}, G_{vr}

上式（7.2 節の式 (7.4)）において，u と v が周波数の関数のため，G_{vf} は次のようになります。

$$-G_{vf} = \frac{\partial E_o}{\partial f} = \frac{E_i}{n} \cdot \frac{L_P}{L_P + L_{S_1}} \cdot w \left(\frac{\partial u}{\partial f} v + u \frac{\partial v}{\partial f} \right) \tag{8.3}$$

ここに

$$E_i = \frac{E_o}{\dfrac{1}{n} \cdot \dfrac{L_P}{L_P + L_{S_1}} \cdot uvw}$$

を代入すると

$$-G_{vf} = \frac{1}{n} \cdot \frac{L_P}{L_P + L_{S_1}} \cdot w \cdot \frac{E_o}{\dfrac{1}{n} \cdot \dfrac{L_P}{L_P + L_{S_1}} \cdot uvw} \left(\frac{\partial u}{\partial f} v + u \frac{\partial v}{\partial f} \right)$$

$$= \frac{E_o}{uv} \left(\frac{\partial u}{\partial f} v + u \frac{\partial v}{\partial f} \right) \tag{8.4}$$

が求められます。ここで，式 (8.4) の $\partial u / \partial f$ と $\partial v / \partial f$ を求めます。

$$\frac{\partial u}{\partial f} = \frac{\partial}{\partial f} \left(\frac{1}{\sqrt{1 + \dfrac{f^2}{f_1^2} \left(\dfrac{1}{Q} \right)^2 \left(\dfrac{f^2/f_0^2 - 1}{f^2/f_1^2 - 1} \right)^2}} \right)$$

$$= \frac{\partial}{\partial f} \left\{ 1 + \frac{f^2}{f_1^2} \left(\frac{1}{Q} \right)^2 \left(\frac{f^2/f_0^2 - 1}{f^2/f_1^2 - 1} \right)^2 \right\}^{-\frac{1}{2}}$$

$$= -\frac{1}{2} \left\{ 1 + \frac{f^2}{f_1^2} \left(\frac{1}{Q} \right)^2 \left(\frac{f^2/f_0^2 - 1}{f^2/f_1^2 - 1} \right)^2 \right\}^{-\frac{3}{2}} \left(\frac{1}{Q} \right)^2 \left\{ \frac{2f}{f_1^2} \left(\frac{f^2/f_0^2 - 1}{f^2/f_1^2 - 1} \right)^2 \right.$$

$$\left. + \frac{f^2}{f_1^2} \times 2 \left(\frac{f^2/f_0^2 - 1}{f^2/f_1^2 - 1} \right) \frac{(f^2/f_1^2 - 1) \times 2f/f_0^2 - 2f/f_1^2 \times (f^2/f_0^2 - 1)}{(f^2/f_1^2 - 1)^2} \right\}$$

式を整理します。

$$\left\{ \frac{2f}{f_1^2} \left(\frac{f^2/f_0^2 - 1}{f^2/f_1^2 - 1} \right)^2 + \frac{f^2}{f_1^2} \times 2 \left(\frac{f^2/f_0^2 - 1}{f^2/f_1^2 - 1} \right) \right.$$

133

$$\cdot\,\frac{\left(f^2/f_1^2-1\right)\times 2f/f_0^2-2f/f_1^2\times\left(f^2/f_0^2-1\right)}{\left(f^2/f_1^2-1\right)^2}\Bigg\}$$

$$=\Bigg\{\frac{2f}{f_1^2}\left(\frac{f^2/f_0^2-1}{f^2/f_1^2-1}\right)^2+4\frac{f^3}{f_1^2}\left(\frac{f^2/f_0^2-1}{f^2/f_1^2-1}\right)$$

$$\times\frac{\dfrac{f^2}{f_0^2 f_1^2}-\dfrac{1}{f_0^2}-\dfrac{f^2}{f_0^2 f_1^2}+\dfrac{1}{f_1^2}}{\left(f^2/f_1^2-1\right)^2}\Bigg\}$$

$$=\Bigg\{\frac{2f}{f_1^2}\left(\frac{f^2/f_0^2-1}{f^2/f_1^2-1}\right)^2+4\frac{f}{f_1^2}\left(\frac{f^2/f_0^2-1}{f^2/f_1^2-1}\right)\times\frac{\dfrac{f^2}{f_1^2}-\dfrac{f^2}{f_0^2}}{\left(f^2/f_1^2-1\right)^2}\Bigg\}$$

$$=\frac{2f}{f_1^2}\left(\frac{f^2/f_0^2-1}{f^2/f_1^2-1}\right)^2\Bigg\{1+\frac{f_1^2}{2f}\left(\frac{f^2/f_1^2-1}{f^2/f_0^2-1}\right)^2\times 4\frac{f}{f_1^2}\left(\frac{f^2/f_0^2-1}{f^2/f_1^2-1}\right)$$

$$\times\frac{\dfrac{f^2}{f_1^2}-\dfrac{f^2}{f_0^2}}{\left(f^2/f_1^2-1\right)^2}\Bigg\}$$

$$=\frac{2f}{f_1^2}\left(\frac{f^2/f_0^2-1}{f^2/f_1^2-1}\right)^2\Bigg\{1+2\frac{\left(f^2/f_1^2-f^2/f_0^2\right)}{\left(f^2/f_0^2-1\right)\left(f^2/f_1^2-1\right)}\Bigg\}$$

以上より，$\partial u/\partial f$ は次のようになります。

$$\frac{\partial u}{\partial f}=-\frac{1}{2}\times\frac{\left(\dfrac{1}{Q}\right)^2\dfrac{2f}{f_1^2}\left(\dfrac{f^2/f_0^2-1}{f^2/f_1^2-1}\right)^2\Bigg\{1+2\dfrac{\left(f^2/f_1^2-f^2/f_0^2\right)}{\left(f^2/f_0^2-1\right)\left(f^2/f_1^2-1\right)}\Bigg\}}{\Bigg\{1+\dfrac{f^2}{f_1^2}\left(\dfrac{1}{Q}\right)^2\left(\dfrac{f^2/f_0^2-1}{f^2/f_1^2-1}\right)^2\Bigg\}^{\frac{3}{2}}}$$

$$=-\frac{\left(\dfrac{1}{Q}\right)^2\dfrac{f}{f_1^2}\left(\dfrac{f^2/f_0^2-1}{f^2/f_1^2-1}\right)^2\Bigg\{1+2\dfrac{\left(f^2/f_1^2\right)\left(1-f_1^2/f_0^2\right)}{\left(f^2/f_0^2-1\right)\left(f^2/f_1^2\right)\left(1-f_1^2/f^2\right)}\Bigg\}}{1+\dfrac{f^2}{f_1^2}\left(\dfrac{1}{Q}\right)^2\left(\dfrac{f^2/f_0^2-1}{f^2/f_1^2-1}\right)^2}u$$

$$
= -\frac{\left(\dfrac{1}{Q}\right)^2 \dfrac{f}{f_1^2}\left(\dfrac{f^2/f_0^2-1}{f^2/f_1^2-1}\right)^2 \left\{1+2\dfrac{(1-f_1^2/f_0^2)}{(f^2/f_0^2-1)(1-f_1^2/f^2)}\right\}}{1+\dfrac{f^2}{f_1^2}\left(\dfrac{1}{Q}\right)^2\left(\dfrac{f^2/f_0^2-1}{f^2/f_1^2-1}\right)^2}u
$$

$$
\tag{8.5}
$$

また，$\partial v/\partial f$ は次のように求めることができます。

$$
\frac{\partial v}{\partial f} = \frac{\partial}{\partial f}\left\{\frac{\cos\left(\dfrac{f_1}{f}\cdot\dfrac{\pi}{2}\right)}{1+\cos\left(\dfrac{f_1}{f}\cdot\pi\right)}\right\}
$$

$$
= \frac{1}{\left\{1+\cos\left(\dfrac{f_1}{f}\cdot\pi\right)\right\}^2}\cdot\left[\left\{1+\cos\left(\dfrac{f_1}{f}\cdot\pi\right)\right\}\times-\sin\left(\dfrac{f_1}{f}\cdot\dfrac{\pi}{2}\right)\right.
$$

$$
\left.\times-\frac{\pi f_1}{2f^2}-\left\{-\sin\left(\dfrac{f_1}{f}\cdot\pi\right)\times-\frac{\pi f_1}{f^2}\times\cos\left(\dfrac{f_1}{f}\cdot\dfrac{\pi}{2}\right)\right\}\right]
$$

$$
= \frac{\pi f_1}{2f^2}\frac{\left\{1+\cos\left(\dfrac{f_1}{f}\cdot\pi\right)\right\}\sin\left(\dfrac{f_1}{f}\cdot\dfrac{\pi}{2}\right)-2\sin\left(\dfrac{f_1}{f}\cdot\pi\right)\cos\left(\dfrac{f_1}{f}\cdot\dfrac{\pi}{2}\right)}{\left\{1+\cos\left(\dfrac{f_1}{f}\cdot\pi\right)\right\}^2}
$$

$$
= \frac{\pi f_1}{2f^2}\frac{\sin\left(\dfrac{f_1}{f}\cdot\dfrac{\pi}{2}\right)+\cos\left(\dfrac{f_1}{f}\cdot\pi\right)\sin\left(\dfrac{f_1}{f}\cdot\dfrac{\pi}{2}\right)-2\sin\left(\dfrac{f_1}{f}\cdot\pi\right)\cos\left(\dfrac{f_1}{f}\cdot\dfrac{\pi}{2}\right)}{\left\{1+\cos\left(\dfrac{f_1}{f}\cdot\pi\right)\right\}^2}
$$

分子について整理します。

$$
\sin\left(\frac{f_1}{f}\cdot\frac{\pi}{2}\right)+\cos\left(\frac{f_1}{f}\cdot\pi\right)\sin\left(\frac{f_1}{f}\cdot\frac{\pi}{2}\right)-2\sin\left(\frac{f_1}{f}\cdot\pi\right)\cos\left(\frac{f_1}{f}\cdot\frac{\pi}{2}\right)
$$

$$
= \sin\left(\frac{f_1}{f}\cdot\frac{\pi}{2}\right)+\left\{1-2\sin^2\left(\frac{f_1}{f}\cdot\frac{\pi}{2}\right)\right\}\sin\left(\frac{f_1}{f}\cdot\frac{\pi}{2}\right)
$$

$$
-4\sin\left(\frac{f_1}{f}\cdot\frac{\pi}{2}\right)\cos^2\left(\frac{f_1}{f}\cdot\frac{\pi}{2}\right)
$$

$$
= \sin\left(\frac{f_1}{f}\cdot\frac{\pi}{2}\right)+\sin\left(\frac{f_1}{f}\cdot\frac{\pi}{2}\right)
$$

第 8 章 動特性

$$
- 2 \sin \left(\frac{f_1}{f} \cdot \frac{\pi}{2} \right) \left\{ \sin^2 \left(\frac{f_1}{f} \cdot \frac{\pi}{2} \right) + \cos^2 \left(\frac{f_1}{f} \cdot \frac{\pi}{2} \right) \right\}
$$

$$
= \sin \left(\frac{f_1}{f} \cdot \frac{\pi}{2} \right) + \sin \left(\frac{f_1}{f} \cdot \frac{\pi}{2} \right) - 2 \sin \left(\frac{f_1}{f} \cdot \frac{\pi}{2} \right)
$$

$$
\qquad - 2 \sin \left(\frac{f_1}{f} \cdot \frac{\pi}{2} \right) \cos^2 \left(\frac{f_1}{f} \cdot \frac{\pi}{2} \right)
$$

$$
= -2 \sin \left(\frac{f_1}{f} \cdot \frac{\pi}{2} \right) \cos^2 \left(\frac{f_1}{f} \cdot \frac{\pi}{2} \right)
$$

以上より，$\partial v / \partial f$ は次のようになります．

$$
\begin{aligned}
\frac{\partial v}{\partial f} &= \frac{\pi f_1}{2 f^2} \cdot \frac{-2 \sin \left(\frac{f_1}{f} \cdot \frac{\pi}{2} \right) \cos^2 \left(\frac{f_1}{f} \cdot \frac{\pi}{2} \right)}{\left\{ 1 + \cos \left(\frac{f_1}{f} \cdot \pi \right) \right\}^2} \\[2ex]
&= -\frac{\pi f_1}{f^2} \frac{\frac{1}{2} \sin \left(\frac{f_1}{f} \cdot \frac{\pi}{2} \right) \left\{ 1 + \cos \left(\frac{f_1}{f} \cdot \pi \right) \right\}}{\left\{ 1 + \cos \left(\frac{f_1}{f} \cdot \pi \right) \right\}^2} \\[2ex]
&= -\frac{\pi f_1}{2 f^2} \cdot \frac{\sin \left(\frac{f_1}{f} \cdot \frac{\pi}{2} \right)}{1 + \cos \left(\frac{f_1}{f} \cdot \pi \right)} \\[2ex]
&= -\frac{\pi f_1}{2 f^2} \cdot \frac{\sin \left(\frac{f_1}{f} \cdot \frac{\pi}{2} \right)}{\cos \left(\frac{f_1}{f} \cdot \frac{\pi}{2} \right)} \cdot \frac{\cos \left(\frac{f_1}{f} \cdot \frac{\pi}{2} \right)}{1 + \cos \left(\frac{f_1}{f} \cdot \pi \right)} \\[2ex]
&= -\frac{\pi f_1}{2 f^2} \cdot \frac{\sin \left(\frac{f_1}{f} \cdot \frac{\pi}{2} \right)}{\cos \left(\frac{f_1}{f} \cdot \frac{\pi}{2} \right)} \cdot v \\[2ex]
&= -\frac{\pi f_1}{2 f^2} \cdot \tan \left(\frac{f_1}{f} \cdot \frac{\pi}{2} \right) \cdot v
\end{aligned}
\tag{8.6}
$$

式 (8.5) と式 (8.6) より，G_{vf} が求められます．

$$
\left(\frac{\partial u}{\partial f} v + u \frac{\partial v}{\partial f} \right)
$$

$$= -\frac{\left(\dfrac{1}{Q}\right)^2 \dfrac{f}{f_1^2} \left(\dfrac{f^2/f_0^2-1}{f^2/f_1^2-1}\right)^2 \left\{1 + 2\dfrac{\left(1-f_1^2/f_0^2\right)}{\left(f^2/f_0^2-1\right)\left(1-f_1^2/f^2\right)}\right\}}{1 + \dfrac{f^2}{f_1^2}\left(\dfrac{1}{Q}\right)^2 \left(\dfrac{f^2/f_0^2-1}{f^2/f_1^2-1}\right)^2} \cdot uv$$

$$-\frac{\pi f_1}{2f^2} \cdot \tan\left(\frac{f_1}{f} \cdot \frac{\pi}{2}\right) \cdot uv$$

$$-G_{vf} = \frac{E_o}{uv}\left(\frac{\partial u}{\partial f}v + u\frac{\partial v}{\partial f}\right)$$

$$= -\frac{uv}{uv}E_o\left[\frac{\left(\dfrac{1}{Q}\right)^2 \dfrac{f}{f_1^2} \left(\dfrac{f^2/f_0^2-1}{f^2/f_1^2-1}\right)^2 \left\{1 + 2\dfrac{\left(1-f_1^2/f_0^2\right)}{\left(f^2/f_0^2-1\right)\left(1-f_1^2/f^2\right)}\right\}}{1 + \dfrac{f^2}{f_1^2}\left(\dfrac{1}{Q}\right)^2 \left(\dfrac{f^2/f_0^2-1}{f^2/f_1^2-1}\right)^2}\right.$$

$$\left.+\frac{\pi f_1}{2f^2} \cdot \tan\left(\frac{f_1}{f} \cdot \frac{\pi}{2}\right)\right]$$

$$= -E_o\left[\frac{\left(\dfrac{1}{Q}\right)^2 \dfrac{f}{f_1^2} \left(\dfrac{f^2/f_0^2-1}{f^2/f_1^2-1}\right)^2 \left\{1 + 2\dfrac{\left(1-f_1^2/f_0^2\right)}{\left(f^2/f_0^2-1\right)\left(1-f_1^2/f^2\right)}\right\}}{1 + \dfrac{f^2}{f_1^2}\left(\dfrac{1}{Q}\right)^2 \left(\dfrac{f^2/f_0^2-1}{f^2/f_1^2-1}\right)^2}\right.$$

$$\left.+\frac{\pi f_1}{2f^2} \cdot \tan\left(\frac{f_1}{f} \cdot \frac{\pi}{2}\right)\right]$$

$$G_{vf} = E_o\left[\frac{\left(\dfrac{1}{Q}\right)^2 \dfrac{f}{f_1^2} \left(\dfrac{f^2/f_0^2-1}{f^2/f_1^2-1}\right)^2 \left\{1 + 2\dfrac{\left(1-f_1^2/f_0^2\right)}{\left(f^2/f_0^2-1\right)\left(1-f_1^2/f^2\right)}\right\}}{1 + \dfrac{f^2}{f_1^2}\left(\dfrac{1}{Q}\right)^2 \left(\dfrac{f^2/f_0^2-1}{f^2/f_1^2-1}\right)^2}\right.$$

$$\left.+\frac{\pi f_1}{2f^2} \cdot \tan\left(\frac{f_1}{f} \cdot \frac{\pi}{2}\right)\right] \tag{8.7}$$

式 (8.7) を使い，実際の G_{vf} を求めると，図 8.6 のようになります。本来は，出力電圧が最大になる動作周波数 f_1 ($f_1 = 50.5\text{kHz}$, $f/f_0 = 0.507$) で $\partial E_o/\partial f = 0$ となるため，G_{vf} はゼロになるはずですが，約 0.6V/kHz だけオフセットしています。これは，動作周波数 f が

① $f < f_1$ である領域と
② $f > f_1$ である領域

を比較すると，動作周波数が低い $f < f_1$ の領域のほうが $\partial E_o/\partial f$ が大きく，それぞれの領域の G_{vf} の平均値も $f < f_1$ の領域のほうが大きくなるためであり，これによってオフセットが発生します。また，動作周波数が変化して f/f_0 が低くなると，G_{vf} が急激に下がってしまいます。図 8.6 の $R_o = 11.52\Omega$ のときの G_{vf} を見てください。G_{vf} が下がると，出力電圧の制御感度が下がってしまいます。動作周波数を設定するときは，f/f_0 が 0.6 より高い領域を使うことを推奨します。

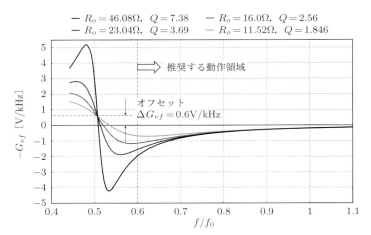

条件：$E_i = 100\text{V}$, $n = 4$, $E_o = 24\text{V}$, $L_P = 220\mu\text{H}$, $L_{S_1} = 35.2\mu\text{H}$, $C_i = 0.039\mu\text{F}$, $f_0 = 99.6\text{kHz}$, $f_1 = 50.5\text{kHz}$

図 8.6　動作周波数に対する直流ゲイン G_{vf} の特性

[3]　出力抵抗（負荷抵抗）に対する直流ゲイン G_{vr}

G_{vr} は 7.2 節の式 (7.8) と同じになります。

$$G_{vr} = \frac{\partial E_o}{\partial R_o} = \frac{\Delta E_o}{\Delta R_o}$$

8.2 直流ゲイン G_{vv}, G_{vf}, G_{vr}

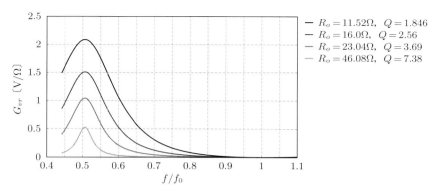

条件：$E_i = 100$V, $n = 4$, $E_o = 24$V, $L_P = 220\mu$H, $L_{S_1} = 35.2\mu$H, $C_i = 0.039\mu$F, $r = 0$, $f_0 = 99.6$kHz, $f_1 = 50.5$kHz

図 8.7 出力抵抗に対する直流ゲイン G_{vr} の特性 (1)

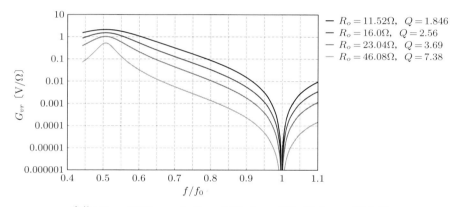

条件：$E_i = 100$V, $n = 4$, $E_o = 24$V, $L_P = 220\mu$H, $L_{S_1} = 35.2\mu$H, $C_i = 0.039\mu$F, $r = 0$, $f_0 = 99.6$kHz, $f_1 = 50.5$kHz

図 8.8 出力抵抗に対する直流ゲイン G_{vr} の特性 (2)

$$= \frac{E_o}{R_o} \left\{ \frac{\dfrac{f^2}{f_1^2} \cdot \left(\dfrac{1}{Q}\right)^2 \left(\dfrac{f^2/f_0^2 - 1}{f^2/f_1^2 - 1}\right)^2}{1 + \dfrac{f^2}{f_1^2} \cdot \left(\dfrac{1}{Q}\right)^2 \left(\dfrac{f^2/f_0^2 - 1}{f^2/f_1^2 - 1}\right)^2} + \frac{r}{r + R_o} \right\} \tag{8.8}$$

$r \ll R_o$ のときは，

第 8 章　動特性

$$G_{vr} = \frac{E_o}{R_o} \left\{ \frac{\dfrac{f^2}{f_1^2} \cdot \left(\dfrac{1}{Q}\right)^2 \left(\dfrac{f^2/f_0^2 - 1}{f^2/f_1^2 - 1}\right)^2}{1 + \dfrac{f^2}{f_1^2} \cdot \left(\dfrac{1}{Q}\right)^2 \left(\dfrac{f^2/f_0^2 - 1}{f^2/f_1^2 - 1}\right)^2} \right\} \tag{8.9}$$

となります。

　式 (8.9) を使い，実際の G_{vr} を求めると，図 8.7 のようになります。また，図 8.7 の縦軸を指数表示すると，図 8.8 になります。

8.3　変動率 S

　図 8.2 から，入力電圧 E_i の変化に対する出力電圧の変動として，以下が求められます。

$$G_{vv}\Delta E_i - G_{vf}\Delta f = \Delta E_o$$

ここで，

$$-G_{vf}\Delta f = G_{vf}\left(-\beta\Delta E_o\right) = -\beta G_{vf}\Delta E_o$$

を代入します。

$$G_{vv}\Delta E_i - \beta G_{vf}\Delta E_o = \Delta E_o$$

より

$$\Delta E_o = \frac{G_{vv}}{1 + \beta G_{vf}}\Delta E_i \tag{8.10}$$

が得られます。また，出力抵抗 R_o の変化に対する出力電圧の変動として

$$G_{vr}\Delta E_i - \beta G_{vf}\Delta E_o = \Delta E_o$$

より

$$\Delta E_o = \frac{G_{vr}}{1 + \beta G_{vf}}\Delta R_o \tag{8.11}$$

が求められ，両者を加えて出力電圧の変動 ΔE_o は次のようになります。

$$\begin{aligned}
\Delta E_o &= \frac{G_{vv}}{1 + \beta G_{vf}}\Delta E_i + \frac{G_{vr}}{1 + \beta G_{vf}}\Delta R_o \\
&= \frac{G_{vv}\Delta E_i + G_{vr}\Delta R_o}{1 + \beta G_{vf}} \tag{8.12}
\end{aligned}$$

8.3 変動率 S

次に,式 (8.12) から入力電圧に対する出力電圧の変動率(安定指数)S を求めると,以下のようになります。S は本来 $\partial E_o/\partial(E_i/n)$ で与えられますが,わかりやすくするために,ここでは $\partial E_o/\partial E_i$ と定義します。

$$S = \frac{\partial E_o}{\partial E_i} = \frac{G_{vv}}{1 + \beta G_{vf}} \tag{8.13}$$

さらに,$r \ll R_o$ として損失抵抗 r を無視し,式 (8.13) に式 (8.2) の G_{vv} と式 (8.7) の G_{vf} を代入します。変動率 S は

$$S = \frac{\dfrac{1}{n} \cdot \dfrac{L_P}{L_P + L_{S_1}} \cdot \dfrac{1}{\sqrt{1 + \dfrac{f^2}{f_1^2} \cdot \left(\dfrac{1}{Q}\right)^2 \left(\dfrac{f^2/f_0^2 - 1}{f^2/f_1^2 - 1}\right)^2}} \cdot \dfrac{\cos\left(\dfrac{f_1}{f} \cdot \dfrac{\pi}{2}\right)}{1 + \cos\left(\dfrac{f_1}{f} \cdot \pi\right)}}{1 + \beta E_o \left[\dfrac{\left(\dfrac{1}{Q}\right)^2 \dfrac{f}{f_1^2}\left(\dfrac{f^2/f_0^2 - 1}{f^2/f_1^2 - 1}\right)^2 \left\{1 + 2\dfrac{(1 - f_1^2/f_0^2)}{(f^2/f_0^2 - 1)(1 - f_1^2/f^2)}\right\}}{1 + \dfrac{f^2}{f_1^2}\left(\dfrac{1}{Q}\right)^2 \left(\dfrac{f^2/f_0^2 - 1}{f^2/f_1^2 - 1}\right)^2} + \dfrac{\pi f_1}{2f^2} \cdot \tan\left(\dfrac{f_1}{f} \cdot \dfrac{\pi}{2}\right)\right]} \tag{8.14}$$

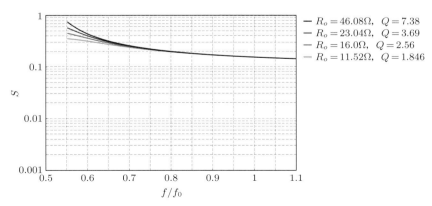

条件:$\beta = 0$, $E_i = 100$V, $n = 4$, $E_o = 24$V, $L_P = 220\mu$H, $L_{S_1} = 35.2\mu$H, $C_i = 0.039\mu$F, $r = 0$, $f_0 = 99.6$kHz, $f_1 = 50.5$kHz

図 8.9 変動率 S (1) ($\beta = 0$)

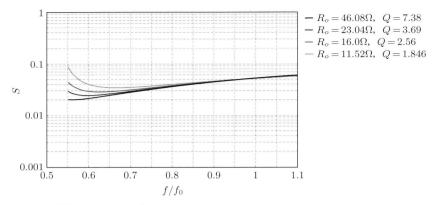

条件：$\beta = 10\text{kHz/V}$, $E_i = 100\text{V}$, $n = 4$, $E_o = 24\text{V}$, $L_P = 220\mu\text{H}$, $L_{S_1} = 35.2\mu\text{H}$, $C_i = 0.039\mu\text{F}$, $r = 0$, $f_0 = 99.6\text{kHz}$, $f_1 = 50.5\text{kHz}$

図 8.10　変動率 S (2)（$\beta = 10\text{kHz/V}$）

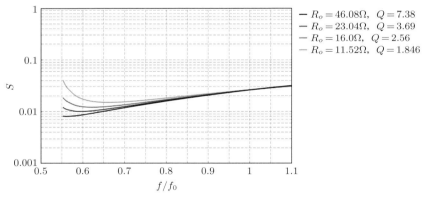

条件：$\beta = 25\text{kHz/V}$, $E_i = 100\text{V}$, $n = 4$, $E_o = 24\text{V}$, $L_P = 220\mu\text{H}$, $L_{S_1} = 35.2\mu\text{H}$, $C_i = 0.039\mu\text{F}$, $r = 0$, $f_0 = 99.6\text{kHz}$, $f_1 = 50.5\text{kHz}$

図 8.11　変動率 S (3)（$\beta = 25\text{kHz/V}$）

となります。

帰還ゲイン β を $\beta = 0, 10, 25\text{kHz/V}$ と変えたときの変動率 S の計算結果を，図 8.9〜8.11 に示します。

また，図 8.12 は動作周波数が 60kHz と 70kHz において，帰還ゲイン β を変化させたときの変動率 S をグラフにしたものです。β がゼロのときの変動率は大きい

8.4　出力インピーダンス Z

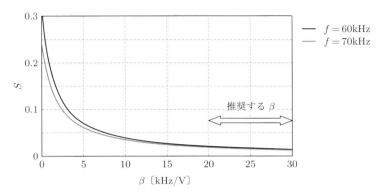

条件：$E_i = 100V$, $n = 4$, $E_o = 24V$, $L_P = 220\mu H$,
$L_{S_1} = 35.2\mu H$, $C_i = 0.039\mu F$, $r = 0$, $f_0 = 99.6kHz$,
$f_1 = 50.5kHz$, $R_o = 11.62\Omega$, $Q = 1.846$

図 8.12　帰還ゲイン β に対する変動率 S

ですが，β を大きくすると変動率は急激に小さくなり，β がある値を超えるとほとんど変化しなくなります。

図 8.12 より，β は 20〜30kHz/V に設定することを推奨します。

8.4　出力インピーダンス Z

7.2 節の式 (7.3) より，出力インピーダンス Z_o は

$$Z_o = -\frac{\Delta E_o}{\Delta I_o} = \frac{R_o}{\dfrac{E_o}{R_o} \cdot \dfrac{\Delta R_o}{\Delta E_o} - 1} = \frac{R_o}{\dfrac{E_o}{R_o} \cdot \dfrac{1}{\Delta E_o/\Delta R_o} - 1}$$

で与えられます。ここに，

$$\frac{\Delta E_o}{\Delta R_o} = \frac{G_{vr}}{1 + \beta G_{vf}}$$

を代入すると，負帰還をかけて制御したときの出力インピーダンス Z が求められます。

$$Z = -\frac{\Delta E_o}{\Delta I_o} = \frac{R_o}{\dfrac{E_o}{R_o} \cdot \dfrac{1 + \beta G_{vf}}{G_{vr}} - 1} = \frac{R_o}{\dfrac{E_o}{R_o} \cdot \dfrac{1 + \beta G_{vf} - \dfrac{R_o}{E_o} G_{vr}}{G_{vr}}}$$

第 8 章　動特性

$$= \frac{R_o^2}{E_o} \cdot \frac{G_{vr}}{1 + \beta G_{vf} - \dfrac{R_o}{E_o} G_{vr}} \tag{8.15}$$

式 (8.15) に 8.2 節で求めた G_{vf} と G_{vr} を代入し計算すると，負帰還をかけたときの出力インピーダンス Z が求められます。G_{vf} と G_{vr} を，再度以下に示します。

$$G_{vf} = E_o \left[\frac{\left(\dfrac{1}{Q}\right)^2 \dfrac{f}{f_1^2} \left(\dfrac{f^2/f_0^2 - 1}{f^2/f_1^2 - 1}\right)^2 \left\{1 + 2\dfrac{\left(1 - f_1^2/f_0^2\right)}{\left(f^2/f_0^2 - 1\right)\left(1 - f_1^2/f^2\right)}\right\}}{1 + \dfrac{f^2}{f_1^2}\left(\dfrac{1}{Q}\right)^2 \left(\dfrac{f^2/f_0^2 - 1}{f^2/f_1^2 - 1}\right)^2} \right.$$

$$\left. + \frac{\pi f_1}{2f^2} \cdot \tan\left(\frac{f_1}{f} \cdot \frac{\pi}{2}\right) \right] \tag{8.7}$$

$$G_{vr} = \frac{E_o}{R_o} \left\{ \frac{\dfrac{f^2}{f_1^2} \cdot \left(\dfrac{1}{Q}\right)^2 \left(\dfrac{f^2/f_0^2 - 1}{f^2/f_1^2 - 1}\right)^2}{1 + \dfrac{f^2}{f_1^2} \cdot \left(\dfrac{1}{Q}\right)^2 \left(\dfrac{f^2/f_0^2 - 1}{f^2/f_1^2 - 1}\right)^2} + \frac{r}{r + R_o} \right\} \tag{8.8}$$

$r \ll R_o$ のときは，G_{vr} は以下となります。

$$G_{vr} = \frac{E_o}{R_o} \left\{ \frac{\dfrac{f^2}{f_1^2} \cdot \left(\dfrac{1}{Q}\right)^2 \left(\dfrac{f^2/f_0^2 - 1}{f^2/f_1^2 - 1}\right)^2}{1 + \dfrac{f^2}{f_1^2} \cdot \left(\dfrac{1}{Q}\right)^2 \left(\dfrac{f^2/f_0^2 - 1}{f^2/f_1^2 - 1}\right)^2} \right\} \tag{8.9}$$

　負帰還をかけて制御したときの出力インピーダンス Z を計算した結果を，図 8.13 と図 8.14 に示します。負帰還をかけると，出力インピーダンスは非常に小さくなります。

　図 8.15 は，帰還ゲイン β に対する出力インピーダンスの変化を示しています。帰還ゲイン β を 20〜30kHz/V にすると，出力インピーダンスは非常に小さくなることがわかります。β はこの範囲に設定することを推奨します。

8.4 出力インピーダンス Z

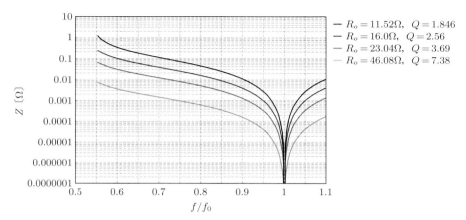

条件：$\beta = 25\text{kHz/V}$, $E_i = 100\text{V}$, $n = 4$, $E_o = 24\text{V}$, $L_P = 220\mu\text{H}$, $L_{S_1} = 35.2\mu\text{H}$, $C_i = 0.039\mu\text{F}$, $r = 0$, $f_0 = 99.6\text{kHz}$, $f_1 = 50.5\text{kHz}$

図 8.13　負帰還をかけたときの出力インピーダンス Z の特性 (1)

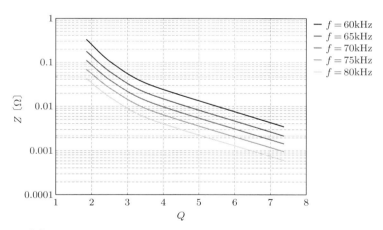

条件：$\beta = 25\text{kHz/V}$, $E_i = 100\text{V}$, $n = 4$, $E_o = 24\text{V}$, $L_P = 220\mu\text{H}$, $L_{S_1} = 35.2\mu\text{H}$, $C_i = 0.039\mu\text{F}$, $r = 0$, $f_0 = 99.6\text{kHz}$, $f_1 = 50.5\text{kHz}$

図 8.14　負帰還をかけたときの出力インピーダンス Z の特性 (2)

第 8 章　動特性

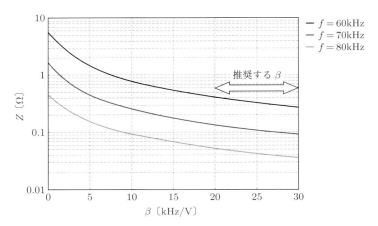

条件：$E_i = 100\text{V}$, $n = 4$, $E_o = 24\text{V}$, $L_P = 220\mu\text{H}$, $L_{S_1} = 35.2\mu\text{H}$, $C_i = 0.039\mu\text{F}$, $r = 0$, $f_0 = 99.6\text{kHz}$, $f_1 = 50.5\text{kHz}$

図 8.15　帰還ゲイン β に対する出力インピーダンス Z

8.5　負荷レギュレーション特性

　出力抵抗 R_o が変動したときの出力電圧は，出力抵抗が R_o のときの出力電圧を $E_o(0)$ とし，出力抵抗が ΔR_o だけ増えて $R_o + \Delta R_o$ になったときの出力電圧を E_o とすると，以下の式で求めることができます．

$$E_o = E_o(0) + \Delta E_o$$

ここに，式 (8.11) の ΔE_o を代入します．

$$E_o = E_o(0) + \frac{G_{vr}}{1 + \beta G_{vf}} \Delta R_o \tag{8.16}$$

となります．式 (8.16) に 8.2 節で求めた G_{vf} と G_{vr} を代入し計算すると，出力抵抗が変化したときの出力電圧が求められます．

　出力抵抗の変化に対する出力電圧の変化，つまり，負荷レギュレーション特性について計算した結果を図 8.16 と図 8.17 に示します．図 8.16 より，負帰還をかけて制御したときの出力電圧の変化は，7.3 節で求めた出力電圧の変化に比べて非常に小さくなっています．また，図 8.17 に示すように，帰還ゲインを大きくすると，負荷レギュレーション特性が良くなります．図 8.17 から，良好な負荷レギュレーション特性を得るためには，帰還ゲインは 20〜30kHz/V 必要になります．

8.5 負荷レギュレーション特性

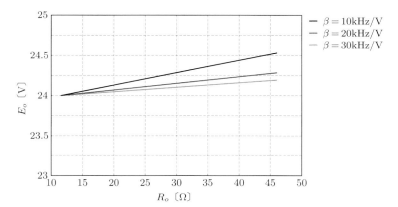

条件：$E_i = 100\text{V}$, $n = 4$, $E_o = 24\text{V}$, $L_P = 220\mu\text{H}$, $L_{S_1} = 35.2\mu\text{H}$, $C_i = 0.039\mu\text{F}$, $r = 0$, $f_0 = 99.6\text{kHz}$, $f_1 = 50.5\text{kHz}$

図 8.16 負荷レギュレーション特性 (1)

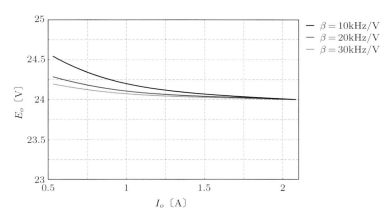

条件：$E_i = 100\text{V}$, $n = 4$, $E_o = 24\text{V}$, $L_P = 220\mu\text{H}$, $L_{S_1} = 35.2\mu\text{H}$, $C_i = 0.039\mu\text{F}$, $r = 0$, $f_0 = 99.6\text{kHz}$, $f_1 = 50.5\text{kHz}$

図 8.17 負荷レギュレーション特性 (2)

第 8 章　動特性

8.6　第 8 章のまとめ

第 8 章の要点をまとめると，以下のようになります。

① 電流共振形コンバータのスイッチングレギュレータとしての構成は，図 8.1 のようになります。また，電流共振形コンバータの直流に対するレギュレーション機構は，図 8.2 および図 8.3 のようになります。

② 入力電圧 E_i，動作周波数 f，出力抵抗 R_o が変動したときの直流ゲイン G_{vv}，G_{vf}，G_{vr} を求める式と，f/f_0 に対するそれぞれの変化を表す図は，以下のとおりです。

- G_{vv}：式 (8.1) および式 (8.2)，図 8.4 および図 8.5
- G_{vf}：式 (8.7)，図 8.6
- G_{vr}：式 (8.8) および式 (8.9)，図 8.7 および図 8.8

③ 変動率 S は式 (8.13) および式 (8.14) で与えられます。また，f/f_0 に対する変化は図 8.9〜8.11 のようになります。図 8.12 は，帰還ゲイン β を変化させたときの変動率 S をグラフにしたものです。図 8.12 より，β は 20〜30kHz/V に設定することを推奨します。

④ 出力インピーダンスは，負帰還をかけることにより非常に小さくなります。図 8.13，図 8.14 を参照してください。帰還ゲイン β は，図 8.15 より 20〜30kHz/V に設定することを推奨します。

⑤ 出力電流の変化に対する出力電圧の変化も非常に小さくなっており，負荷レギュレーション特性が良くなっています。図 8.16 と図 8.17 を参照してください。

148

第**9**章
出力電圧の過渡応答

　電流共振形コンバータは高周波で動作していますが，過渡応答は低周波の動作です。そこで，この章では，まず低周波に対する等価回路を導きます。次に出力電圧に関する伝達関数 $G_{vv}(s)$, $G_{vf}(s)$, $G_{vr}(s)$ を求めます。また，電流共振形コンバータの微小変動に対するレギュレーション機構を示し，入力電圧が微小変動したときの出力電圧の過渡応答と，出力抵抗が微小変動したときの出力電圧の過渡応答を求めます。定常偏差も求めます。フライバック形コンバータなどでは，帰還ゲイン β を大きくすると，過渡応答時の減衰係数が負になり，制御系が不安定になります。電流共振形コンバータではどうなるかについても考察します。

9.1　低周波に対する等価回路

[1]　等価インダクタンス

　電流共振形コンバータの二次換算の各動作期間における等価回路は，図 9.1 のようになります。また，図 9.1 (b) において，低周波における a-b 間のインピーダンスは，等価インダクタンスに置き換えることができます。

　図 9.1 (b) において，a-b 間のインピーダンス $Z_{\text{a-b}}$ を求めると，次のようになります。

$$Z_{\text{a-b}} = \frac{\dfrac{j\omega L_P}{n^2}\left(\dfrac{j\omega L_{S_1}}{n^2} + \dfrac{1}{j\omega n^2 C_i}\right)}{\dfrac{j\omega L_P}{n^2} + \dfrac{j\omega L_{S_1}}{n^2} + \dfrac{1}{j\omega n^2 C_i}} = \frac{1 - \omega^2 L_{S_1} C_i}{1 - \omega^2 (L_P + L_{S_1}) C_i} \cdot \frac{j\omega L_P}{n^2}$$

ここで，

$$\omega_1^2 = \frac{1}{(L_P + L_{S_1})C_i} = (2\pi f_1)^2, \quad \omega_2^2 = \frac{1}{L_{S_1} C_i} = (2\pi f_2)^2$$

149

第 9 章　出力電圧の過渡応答

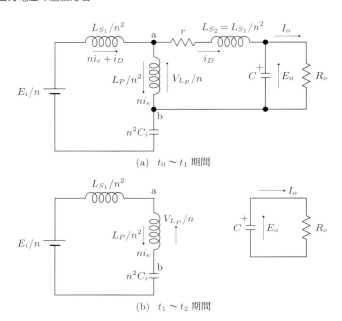

(a) $t_0 \sim t_1$ 期間

(b) $t_1 \sim t_2$ 期間

記号については，図 7.1（p.114）を参照してください。

図 9.1　電流共振形コンバータの二次換算の等価回路（Q_1 オン期間）

とおくと，

$$Z_{\text{a-b}} = \frac{1-\omega^2/\omega_2^2}{1-\omega^2/\omega_1^2} \cdot \frac{j\omega L_P}{n^2} = \frac{1-f^2/f_2^2}{1-f^2/f_1^2} \cdot \frac{j\omega L_P}{n^2} \tag{9.1}$$

となります。

周波数 f が低く，$f < f_1 < f_2$ の領域では，

$$f^2/f_1^2 < 1$$
$$f^2/f_2^2 < 1$$

となるため，a-b 間インピーダンス $Z_{\text{a-b}}$ は誘導性になります。したがって，a-b 間の低周波に対するインピーダンス $Z_{\text{a-b}}$ は，等価インダクタンスに置き換えることができます。このときの等価インダクタンスは，一次換算の等価インダクタンスを L_1，二次側での等価インダクタンスを L とすると，

$$Z_{\text{a-b}} = \frac{1-f^2/f_2^2}{1-f^2/f_1^2} \cdot \frac{j\omega L_P}{n^2} = \frac{j\omega L_1}{n^2} = j\omega L$$

150

より

$$
\begin{aligned}
\text{一次側：} \quad & L_1 = \left(\frac{1-f^2/f_2^2}{1-f^2/f_1^2}\right) L_P \\
\text{二次側：} \quad & L = \frac{L_1}{n^2} = \left(\frac{1-f^2/f_2^2}{1-f^2/f_1^2}\right) \frac{L_P}{n^2}
\end{aligned}
\qquad (9.2)
$$

となります。

ここで，$L_P = 220\mu\text{H}$，$L_{S_1} = 35.2\mu\text{H}$，$C_i = 0.039\mu\text{F}$ とすると，

$$
\begin{aligned}
f_1^2 &= \frac{1}{(2\pi)^2 (L_P + L_{S_1}) C_i} = \frac{1}{39.4384 \times 255.2 \times 0.039 \times 10^{-12}} \\
&= 2.5476 \times 10^9 \\
f_1 &= 50.47 \times 10^3 \cong 50.5\text{kHz} \\
f_2^2 &= \frac{1}{(2\pi)^2 L_{S_1} C_i} = \frac{1}{39.4384 \times 35.2 \times 10^{-6} \times 0.039 \times 10^{-6}} \\
&= 1.847 \times 10^{10} \\
f_2 &= 1.359 \times 10^5 = 135.9\text{kHz}
\end{aligned}
$$

となり，このときの5kHz以下の低周波における一次換算の等価インダクタンス L_1 は，トランスの励磁インダクタンス L_P とほぼ等しくなります。図9.2を参照してください。

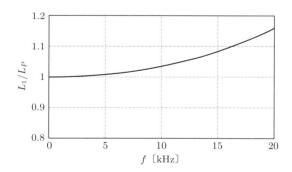

図9.2　周波数に対する一次換算の等価インダクタンス L_1 の変化 (1)

また，周波数が高くなると L_1 は徐々に大きくなり，共振周波数 f_1 で最大になります。さらに周波数が f_1 より高くなると，L_1 は負になり，a-b間のインピーダンス $Z_{\text{a-b}}$ は容量性になります。図9.3を参照してください。

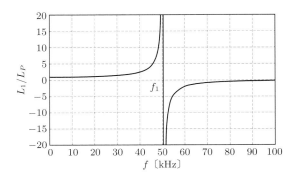

図 9.3 周波数に対する一次換算の等価インダクタンス L_1 の変化 (2)

周波数 f が f_1 より高く f_2 より低い領域（$f_1 < f < f_2$ の領域）では，

$$f^2/f_1^2 > 1$$
$$f^2/f_2^2 < 1$$

となり，一次換算の等価インダクタンス L_1 は，

$$Z_{\text{a-b}} = -\frac{1 - f^2/f_2^2}{f^2/f_1^2 - 1} \cdot \frac{j\omega L_P}{n^2} = \frac{j\omega L_1}{n^2}$$

より

$$L_1 = -\left(\frac{1 - f^2/f_2^2}{f^2/f_1^2 - 1}\right) L_P \tag{9.3}$$

となり，負になってしまいます．そこで，$Z_{\text{a-b}}$ を等価容量に置き換えると，等価容量は，一次換算の等価容量を C_{L_1}，二次側での等価容量を C_L とすると，$j\omega L_1 = -\dfrac{j}{\omega C_{L_1}}$ より

$$\left.\begin{aligned}
\text{一次側：}\quad C_{L_1} &= -\frac{1}{\omega^2 L_1} = \frac{1}{\omega^2 \left(\dfrac{1 - f^2/f_2^2}{f^2/f_1^2 - 1}\right) L_P} \\
&= \frac{1}{\omega^2 L_P}\left(\frac{f^2/f_1^2 - 1}{1 - f^2/f_2^2}\right) \\
\text{二次側：}\quad C_L &= n^2 C_{L_1} = \frac{n^2}{\omega^2 L_P}\left(\frac{f^2/f_1^2 - 1}{1 - f^2/f_2^2}\right)
\end{aligned}\right\} \tag{9.4}$$

と，正の値になります．つまり，$f_1 < f < f_2$ の領域では，a-b 間のインピーダンス $Z_\text{a-b}$ は容量性になります．

[2] 低周波に対する等価回路

電流共振形コンバータは高周波で動作しています．したがって，過渡応答などの低周波については，電圧・電流はスイッチングの 1 周期間における平均値として扱うことができます．図 9.4 に示す，スイッチを有する RC 回路をもとに説明します．

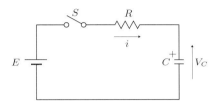

図 9.4　スイッチを有する RC 回路

図 9.4 においてスイッチ S が閉じられると，コンデンサの電圧 V_C は，初期値をゼロとして以下のように上昇します．

$$V_C = E\left(1 - \varepsilon^{-\frac{t}{CR}}\right)$$

時定数 $\tau\ (= CR)$ が十分に大きく，$\tau \gg t$ の領域においては，

$$V_C \cong E\left(1 - 1 + \frac{t}{CR}\right) = \frac{E}{CR}t \tag{9.5}$$

と近似することができます．スイッチが閉じられている期間を T_on，開いている期間を T_off，1 周期間を $T\ (= T_\text{on} + T_\text{off})$ とすると，1 周期間後における $V_C(T)$ は，

$$V_C(T) = V_C(T_\text{on}) = \frac{E}{CR}T_\text{on}$$

となります．これより，スイッチが常時閉じられていると考え，V_C を直線で近似すると，

$$V_C = \frac{V_C(T)}{T}t = \frac{\frac{T_\text{on}}{T}E}{CR}t = \frac{\bar{E}}{CR}t \tag{9.6}$$

となり，式 (9.5) の電源電圧 E を $\bar{E}$ に置き換えた式と同じになります．ここで，$\bar{E}$ は $\bar{E} = (T_\text{on}/T)E$ であり，電源電圧 E の平均値を意味しています．式 (9.5) と式

第 9 章　出力電圧の過渡応答

(9.6) で求められる V_C を図 9.5 に示します。近似直線の時間に対する傾きは，平均電圧 $\bar{E}$ と時定数 τ $(= CR)$ で決まる傾きとなります。また，このとき回路を流れる電流 i は

$$i = \frac{\bar{E}}{R}\varepsilon^{-\frac{t}{CR}} = \bar{I}\varepsilon^{-\frac{t}{CR}} \tag{9.7}$$

と近似することができます。

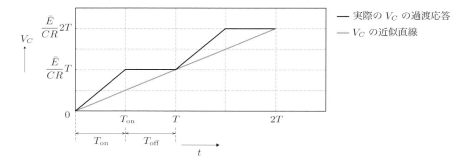

図 9.5　コンデンサ電圧 V_C の過渡応答と近似直線

以上より，スイッチが常時閉じられているとしたときの 1 周期間の等価回路は，図 9.6 のようになります。図の中で，$\bar{E}$ と $\bar{I}$ は 1 周期間の平均電圧と平均電流であり，過渡応答などの低周波に対しては，電圧・電流は平均値として扱うことができます。

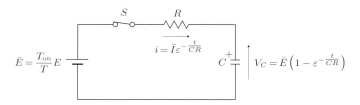

図 9.6　スイッチを有する RC 回路の過渡応答に対する 1 周期間の等価回路

電流共振形コンバータは高周波で動作しており，過渡応答などの低周波については，電圧・電流はスイッチングの 1 周期間における平均値として，同様に扱うことができます。図 9.1 (a) において，a-b 間から電源側を見たときのインピーダンスは，等価インダクタンス L $(= L_P/n^2)$ に置き換えることができます。このとき等

価インダクタンスに生じている電圧（a-b 間に生じている電圧）の平均値を $\bar{V}_L$ とすると，ダイオードが 1 周期間にわたって導通しているとしたときの低周波に対する電流共振形コンバータの二次換算の等価回路（図 9.7）を得ることができます．

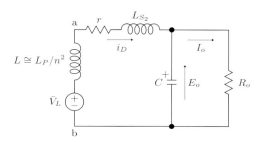

L：a-b 間の等価インダクタンス（低周波では $L \cong L_P/n^2$），L_{S_2}：二次リーケージインダクタンス（$L_{S_2} = L_{S_1}/n^2$），r：二次換算の損失抵抗（スイッチの抵抗やトランスの巻線抵抗など），C：出力コンデンサ，R_o：出力抵抗（負荷抵抗），E_o：出力電圧，$\bar{V}_L$：等価インダクタンス L に発生している電圧の平均値（式 (9.8), (9.9) 参照），i_D：出力ダイオード電流，I_o：出力電流（負荷電流）

図 9.7 過渡応答などの低周波に対する電流共振形コンバータの二次換算の等価回路

なお，図 9.7 において等価インダクタンスに発生している電圧の平均値 $\bar{V}_L$ は，以下のようになります．

$$\bar{V}_L = E_o + I_o r = E_o + \frac{r}{R_o} E_o = E_o \left(1 + \frac{r}{R_o}\right)$$

ここに，7.1 節の式 (7.1) を代入します．

$$\bar{V}_L = \frac{E_i}{n} \cdot \frac{L_P}{L_P + L_{S_1}} \cdot \frac{1}{\sqrt{1 + \frac{f^2}{f_1^2} \cdot \left(\frac{1}{Q}\right)^2 \left(\frac{f^2/f_0^2 - 1}{f^2/f_1^2 - 1}\right)^2}}$$

$$\cdot \frac{\cos\left(\frac{f_1}{f} \cdot \frac{\pi}{2}\right)}{1 + \cos\left(\frac{f_1}{f} \cdot \pi\right)} \cdot \frac{1}{1 + r/R_o} \cdot \left(1 + \frac{r}{R_o}\right)$$

$$= \frac{E_i}{n} \cdot \frac{L_P}{L_P + L_{S_1}} \cdot \frac{1}{\sqrt{1 + \frac{f^2}{f_1^2} \cdot \left(\frac{1}{Q}\right)^2 \left(\frac{f^2/f_0^2 - 1}{f^2/f_1^2 - 1}\right)^2}}$$

第 9 章　出力電圧の過渡応答

$$
\cdot \frac{\cos\left(\dfrac{f_1}{f} \cdot \dfrac{\pi}{2}\right)}{1 + \cos\left(\dfrac{f_1}{f} \cdot \pi\right)}
$$

$$
= \frac{E_i}{n} \cdot \frac{L_P}{L_P + L_{S_1}} \cdot uv = \alpha \frac{E_i}{n} \tag{9.8}
$$

ただし，

$$
u = \frac{1}{\sqrt{1 + \dfrac{f^2}{f_1^2} \cdot \left(\dfrac{1}{Q}\right)^2 \left(\dfrac{f^2/f_0^2 - 1}{f^2/f_1^2 - 1}\right)^2}}
$$

$$
v = \frac{\cos\left(\dfrac{f_1}{f} \cdot \dfrac{\pi}{2}\right)}{1 + \cos\left(\dfrac{f_1}{f} \cdot \pi\right)}
$$

$$
\alpha = \frac{L_P}{L_P + L_{S_1}} \cdot uv
$$

です。また，$\bar{V}_L$ は以下のように表すことができます。

$$
\bar{V}_L = E_o \left(1 + \frac{r}{R_o}\right) = G_{vv} E_i \left(1 + \frac{r}{R_o}\right) \tag{9.9}
$$

9.2 　伝達関数 $G_{vv}(s),\, G_{vf}(s),\, G_{vr}(s)$

　ここでは，図 9.7 に示している低周波に対する二次換算の等価回路をもとに，出力電圧に関する伝達関数，$G_{vv}(s),\, G_{vf}(s),\, G_{vr}(s)$ を求めます。

　図 9.7 において，次の式が成り立ちます。

$$
\frac{\alpha E_i}{n} = L_T \frac{di_D}{dt} + r i_D + E_o \quad \Rightarrow \quad \frac{di_D}{dt} = -\frac{r}{L_T} i_D - \frac{E_o}{L_T} + \frac{\alpha E_i}{L_T n} \tag{9.10}
$$

$$
E_o = \frac{1}{C} \int (i_D - I_o)\, dt = \frac{1}{C} \int \left(i_D - \frac{E_o}{R_o}\right) dt
$$

$$
\Rightarrow \quad \frac{dE_o}{dt} = -\frac{E_o}{C R_o} + \frac{i_D}{C} \tag{9.11}
$$

ただし，

$$
L_T = L + L_{S_2} = \frac{L_P + L_{S_1}}{n^2} \tag{9.12}
$$

156

です。これらを行列式にすると

$$
\begin{bmatrix} \dfrac{dE_o}{dt} \\[2mm] \dfrac{di_D}{dt} \end{bmatrix} = \begin{bmatrix} -\dfrac{1}{CR_o} & \dfrac{1}{C} \\[2mm] -\dfrac{1}{L_T} & -\dfrac{r}{L_T} \end{bmatrix} \begin{bmatrix} E_o \\ i_D \end{bmatrix} + \begin{bmatrix} 0 \\[1mm] \dfrac{\alpha}{nL_T} \end{bmatrix} E_i
$$

$$
= \mathbf{A} \begin{bmatrix} E_o \\ i_D \end{bmatrix} + \mathbf{B} E_i \tag{9.13}
$$

になります。

式 (9.13) は，変数 E_o と i_D を $\mathbf{x}$ に置き換えると，次の微分方程式になります。

$$
\frac{d\mathbf{x}}{dt} = \mathbf{A}\mathbf{x} + \mathbf{B}E_i \tag{9.14}
$$

ここで，入力電圧 E_i，出力抵抗 R_o，動作周波数 f に微小変動 $\Delta E_i,\ \Delta R_o,\ \Delta f$ を与えると，変数 $\mathbf{x}$ に微小変動 $\Delta \mathbf{x}$ が生じます。すなわち，

$$
E_i \Rightarrow E_i + \Delta E_i, \quad R_o \Rightarrow R_o + \Delta R_o, \quad f \Rightarrow f + \Delta f
$$

に対して，

$$
\mathbf{x} \Rightarrow \mathbf{x} + \Delta \mathbf{x}
$$

とすると，次式が成り立ちます。

$$
\frac{d\,(\mathbf{x} + \Delta \mathbf{x})}{dt} = \left(\mathbf{A} + \frac{\partial \mathbf{A}}{\partial f}\Delta f + \frac{\partial \mathbf{A}}{\partial R_o}\Delta R_o \right)(\mathbf{x} + \Delta \mathbf{x})
$$

$$
+ \left(\mathbf{B} + \frac{\partial \mathbf{B}}{\partial f}\Delta f + \frac{\partial \mathbf{B}}{\partial R_o}\Delta R_o \right)(E_i + \Delta E_i)
$$

上式において，$\partial \mathbf{A}/\partial f = 0$ なので，

$$
\frac{d\,(\mathbf{x} + \Delta \mathbf{x})}{dt} = \left(\mathbf{A} + \frac{\partial \mathbf{A}}{\partial R_o}\Delta R_o \right)(\mathbf{x} + \Delta \mathbf{x})
$$

$$
+ \left(\mathbf{B} + \frac{\partial \mathbf{B}}{\partial f}\Delta f + \frac{\partial \mathbf{B}}{\partial R_o}\Delta R_o \right)(E_i + \Delta E_i) \tag{9.15}
$$

となります。

次に，式 (9.15) より $\dfrac{d\Delta \mathbf{x}}{dt}$ を求めます。

$$
\frac{d\,(\mathbf{x} + \Delta \mathbf{x})}{dt} = \mathbf{A}\mathbf{x} + \mathbf{A}\Delta \mathbf{x} + \frac{\partial \mathbf{A}}{\partial R_o}\Delta R_o \mathbf{x} + \frac{\partial \mathbf{A}}{\partial R_o}\Delta R_o \Delta \mathbf{x} + \mathbf{B}E_i
$$

第 9 章　出力電圧の過渡応答

$$
+ \mathbf{B}\Delta E_i + \frac{\partial \mathbf{B}}{\partial f}\Delta f E_i + \frac{\partial \mathbf{B}}{\partial f}\Delta f \Delta E_i + \frac{\partial \mathbf{B}}{\partial R_o}\Delta R_o
$$

$$
+ \frac{\partial \mathbf{B}}{\partial R_o}\Delta R_o \Delta E_i
$$

2 次の微小項を無視して整理すると，以下のようになります。

$$
\frac{d\left(\mathbf{x}+\Delta\mathbf{x}\right)}{dt} \cong \mathbf{A}\mathbf{x} + \mathbf{A}\Delta\mathbf{x} + \frac{\partial \mathbf{A}}{\partial R_o}\Delta R_o \mathbf{x} + \mathbf{B}E_i + \mathbf{B}\Delta E_i + \frac{\partial \mathbf{B}}{\partial f}\Delta f E_i
$$

$$
+ \frac{\partial \mathbf{B}}{\partial R_o}\Delta R_o E_i
$$

$$
\frac{d\mathbf{x}}{dt} + \frac{d\Delta\mathbf{x}}{dt} \cong \left(\mathbf{A}\mathbf{x} + \mathbf{B}E_i\right) + \mathbf{A}\Delta\mathbf{x} + \frac{\partial \mathbf{A}}{\partial R_o}\Delta R_o \mathbf{x} + \mathbf{B}\Delta E_i + \frac{\partial \mathbf{B}}{\partial f}\Delta f E_i
$$

$$
+ \frac{\partial \mathbf{B}}{\partial R_o}\Delta R_o E_i
$$

$$
= \frac{d\mathbf{x}}{dt} + \mathbf{A}\Delta\mathbf{x} + \frac{\partial \mathbf{A}}{\partial R_o}\Delta R_o \mathbf{x} + \mathbf{B}\Delta E_i + \frac{\partial \mathbf{B}}{\partial f}\Delta f E_i
$$

$$
+ \frac{\partial \mathbf{B}}{\partial R_o}\Delta R_o E_i
$$

$$
\frac{d\Delta\mathbf{x}}{dt} = \mathbf{A}\Delta\mathbf{x} + \frac{\partial \mathbf{A}}{\partial R_o}\Delta R_o \mathbf{x} + \mathbf{B}\Delta E_i + \frac{\partial \mathbf{B}}{\partial f}\Delta f E_i + \frac{\partial \mathbf{B}}{\partial R_o}\Delta R_o E_i \qquad (9.16)
$$

式 (9.16) をラプラス変換すると，微小変動に対して以下の結果を得ることができます。

$$
s\Delta\mathbf{X}\left(s\right) = \mathbf{A}\Delta\mathbf{X}\left(s\right) + \frac{\partial \mathbf{A}}{\partial R_o}\mathbf{x}\Delta R_o\left(s\right) + \mathbf{B}\Delta E_i\left(s\right) + \frac{\partial \mathbf{B}}{\partial f}E_i\Delta f\left(s\right)
$$

$$
+ \frac{\partial \mathbf{B}}{\partial R_o}E_i\Delta R_o\left(s\right)
$$

$$
\Delta\mathbf{X}\left(s\right) = \frac{1}{s\mathbf{I}-\mathbf{A}}\left\{ \left(\frac{\partial \mathbf{A}}{\partial R_o}\mathbf{x} + \frac{\partial \mathbf{B}}{\partial R_o}E_i\right)\Delta R_o\left(s\right) \right.
$$

$$
\left. + \mathbf{B}\Delta E_i\left(s\right) + \frac{\partial \mathbf{B}}{\partial f}E_i\Delta f\left(s\right) \right\} \qquad (9.17)
$$

ただし，$\mathbf{I}$ は単位行列を意味します。

　式 (9.17) から，入力電圧，出力抵抗が微小変動したときの伝達関数（ゲイン）を求めることができます。結果を以下に示します。

158

9.2　伝達関数 $G_{vv}(s), G_{vf}(s), G_{vr}(s)$

$$\frac{\Delta \mathbf{X}(s)}{\Delta E_i(s)} = \left[\begin{array}{c} \dfrac{\Delta E_o(s)}{\Delta E_i(s)} \\ \dfrac{\Delta I_D(s)}{\Delta E_i(s)} \end{array}\right] = \frac{\mathbf{B}}{s\mathbf{I} - \mathbf{A}} = (s\mathbf{I} - \mathbf{A})^{-1}\,\mathbf{B} \qquad (9.18)$$

$$\frac{\Delta \mathbf{X}(s)}{\Delta f(s)} = \left[\begin{array}{c} \dfrac{\Delta E_o(s)}{\Delta f(s)} \\ \dfrac{\Delta I_D(s)}{\Delta f(s)} \end{array}\right] = \frac{E_i}{s\mathbf{I} - \mathbf{A}} \cdot \frac{\partial \mathbf{B}}{\partial f} = (s\mathbf{I} - \mathbf{A})^{-1}\,E_i\frac{\partial \mathbf{B}}{\partial f} \qquad (9.19)$$

$$\frac{\Delta \mathbf{X}(s)}{\Delta R_o(s)} = \left[\begin{array}{c} \dfrac{\Delta E_o(s)}{\Delta R_o(s)} \\ \dfrac{\Delta I_D(s)}{\Delta R_o(s)} \end{array}\right] = \frac{1}{s\mathbf{I} - \mathbf{A}} \cdot \left(\frac{\partial \mathbf{A}}{\partial R_o}\mathbf{x} + \frac{\partial \mathbf{B}}{\partial R_o}E_i\right)$$

$$= (s\mathbf{I} - \mathbf{A})^{-1}\left(\frac{\partial \mathbf{A}}{\partial R_o}\mathbf{x} + \frac{\partial \mathbf{B}}{\partial R_o}E_i\right) \qquad (9.20)$$

式 (9.18)〜(9.20) をもとに，伝達関数の実際の値を求めます。まず，式 (9.13) をラプラス変換すると次式となります。ここでは，E_i も変数として扱います。

$$s\left[\begin{array}{c} E_o(s) \\ I_D(s) \end{array}\right] = \mathbf{A}\left[\begin{array}{c} E_o(s) \\ I_D(s) \end{array}\right] + \mathbf{B}E_i(s)$$

$$= \left[\begin{array}{cc} -\dfrac{1}{CR_o} & \dfrac{1}{C} \\ -\dfrac{1}{L_T} & -\dfrac{r}{L_T} \end{array}\right]\left[\begin{array}{c} E_o(s) \\ I_D(s) \end{array}\right] + \left[\begin{array}{c} 0 \\ \dfrac{\alpha}{nL_T} \end{array}\right]E_i(s) \quad (9.21)$$

ここで，

$$(s\mathbf{I} - \mathbf{A}) = \left[\begin{array}{cc} a & b \\ c & d \end{array}\right]$$

とおき，a, b, c, d を求めます。式 (9.21) より

$$(s\mathbf{I} - \mathbf{A})\left[\begin{array}{c} E_o(s) \\ I_D(s) \end{array}\right] - \mathbf{B}E_i(s) = \left[\begin{array}{cc} a & b \\ c & d \end{array}\right]\left[\begin{array}{c} E_o(s) \\ I_D(s) \end{array}\right] - \left[\begin{array}{c} 0 \\ \dfrac{\alpha}{nL_T} \end{array}\right]E_i(s) = 0$$

が得られます。この式を展開すると，

$$\left.\begin{array}{l} (s\mathbf{I} - \mathbf{A})\,E_o(s) = aE_o(s) + bI_D(s) = 0 \\ (s\mathbf{I} - \mathbf{A})\,I_D(s) = cE_o(s) + dI_D(s) - \dfrac{\alpha}{nL_T}E_i(s) = 0 \end{array}\right\} \qquad (9.22)$$

159

第 9 章　出力電圧の過渡応答

となります。一方，式 (9.21) を展開すると

$$
\left.
\begin{aligned}
&sE_o\left(s\right) = -\frac{1}{CR_o}E_o\left(s\right) + \frac{1}{C}I_D\left(s\right) \\
&\Rightarrow \left(s + \frac{1}{CR_o}\right)E_o\left(s\right) - \frac{1}{C}I_D\left(s\right) = 0 \\
&sI_D\left(s\right) = -\frac{1}{L_T}E_o\left(s\right) - \frac{r}{L_T}I_D\left(s\right) + \frac{\alpha}{nL_T}E_i\left(s\right) \\
&\Rightarrow \frac{1}{L_T}E_o\left(s\right) + \left(s + \frac{r}{L_T}\right)I_D\left(s\right) - \frac{\alpha}{nL_T}E_i\left(s\right) = 0
\end{aligned}
\right\}
\tag{9.23}
$$

となります。式 (9.22) と式 (9.23) より，a, b, c, d は，

$$
a = \left(s + \frac{1}{CR_o}\right), \quad b = -\frac{1}{C}, \quad c = \frac{1}{L_T}, \quad d = \left(s + \frac{r}{L_T}\right)
\tag{9.24}
$$

として求められます。これより，$(s\mathbf{I} - \mathbf{A})$ と $(s\mathbf{I} - \mathbf{A})^{-1}$ は以下となります。

$$
(s\mathbf{I} - \mathbf{A}) = \left[\begin{array}{cc} a & b \\ c & d \end{array}\right] = \left[\begin{array}{cc} s + \dfrac{1}{CR_o} & -\dfrac{1}{C} \\ \dfrac{1}{L_T} & s + \dfrac{r}{L_T} \end{array}\right]
\tag{9.25}
$$

$$
\begin{aligned}
(s\mathbf{I} - \mathbf{A})^{-1} &= \frac{1}{ad - bc}\left[\begin{array}{cc} d & -b \\ -c & a \end{array}\right] \\[2mm]
&= \frac{1}{\left(s + \dfrac{1}{CR_o}\right)\left(s + \dfrac{r}{L_T}\right) + \dfrac{1}{L_T C}}\left[\begin{array}{cc} s + \dfrac{r}{L_T} & \dfrac{1}{C} \\ -\dfrac{1}{L_T} & s + \dfrac{1}{CR_o} \end{array}\right] \\[2mm]
&= \frac{1}{s^2 + \left(\dfrac{1}{CR_o} + \dfrac{r}{L_T}\right)s + \dfrac{1}{CR_o}\cdot\dfrac{r}{L_T} + \dfrac{1}{L_T C}} \\[2mm]
&\quad \cdot \left[\begin{array}{cc} s + \dfrac{r}{L_T} & \dfrac{1}{C} \\ -\dfrac{1}{L_T} & s + \dfrac{1}{CR_o} \end{array}\right] \\[2mm]
&= \frac{1}{s^2 + \left(\dfrac{1}{CR_o} + \dfrac{r}{L_T}\right)s + \omega_T^2\left(1 + \dfrac{r}{R_o}\right)}
\end{aligned}
$$

160

$$
\cdot \begin{bmatrix} s + \dfrac{r}{L_T} & \dfrac{1}{C} \\[3mm] -\dfrac{1}{L_T} & s + \dfrac{1}{CR_o} \end{bmatrix}
$$

$$
= \frac{1}{P(s)} \begin{bmatrix} s + \dfrac{r}{L_T} & \dfrac{1}{C} \\[3mm] -\dfrac{1}{L_T} & s + \dfrac{1}{CR_o} \end{bmatrix} \tag{9.26}
$$

ただし,

$$
\omega_T^2 = \frac{1}{L_T C} \tag{9.27}
$$

$$
P(s) = s^2 + \left(\frac{1}{CR_o} + \frac{r}{L_T} \right) s + \omega_T^2 \left(1 + \frac{r}{R_o} \right) \tag{9.28}
$$

です。

式 (9.26) を式 (9.18) に代入し,$\Delta \mathbf{X}(s) / \Delta E_i(s)$ を求めます。

$$
\frac{\Delta \mathbf{X}(s)}{\Delta E_i(s)} = \begin{bmatrix} \dfrac{\Delta E_o(s)}{\Delta E_i(s)} \\[4mm] \dfrac{\Delta I_D(s)}{\Delta E_i(s)} \end{bmatrix} = (s\mathbf{I} - \mathbf{A})^{-1} \mathbf{B}
$$

$$
= \frac{1}{P(s)} \begin{bmatrix} s + \dfrac{r}{L_T} & \dfrac{1}{C} \\[3mm] -\dfrac{1}{L_T} & s + \dfrac{1}{CR_o} \end{bmatrix} \begin{bmatrix} 0 \\[3mm] \dfrac{\alpha}{nL_T} \end{bmatrix}
$$

$$
= \frac{1}{P(s)} \cdot \frac{\alpha}{n} \begin{bmatrix} \dfrac{1}{L_T C} \\[4mm] \dfrac{1}{L_T} \left(s + \dfrac{1}{CR_o} \right) \end{bmatrix}
$$

式 (9.8) と式 (9.9) より

$$
\frac{\alpha}{n} = G_{vv} \left(1 + \frac{r}{R_o} \right)
$$

となるため,$\Delta \mathbf{X}(s) / \Delta E_i(s)$ は以下のようになります。

第 9 章　出力電圧の過渡応答

$$\frac{\Delta \mathbf{X}(s)}{\Delta E_i(s)} = \left[\begin{array}{c} \dfrac{\Delta E_o(s)}{\Delta E_i(s)} \\[3mm] \dfrac{\Delta I_D(s)}{\Delta E_i(s)} \end{array}\right] = \frac{G_{vv}\left(1 + \dfrac{r}{R_o}\right)}{P(s)} \left[\begin{array}{c} \dfrac{1}{L_T C} \\[3mm] \dfrac{1}{L_T}\left(s + \dfrac{1}{CR_o}\right) \end{array}\right] \tag{9.29}$$

次に，式 (9.26) を式 (9.19) に代入し，$\Delta \mathbf{X}(s)/\Delta f(s)$ を求めます。

$$\frac{\Delta \mathbf{X}(s)}{\Delta f(s)} = \left[\begin{array}{c} \dfrac{\Delta E_o(s)}{\Delta f(s)} \\[3mm] \dfrac{\Delta I_D(s)}{\Delta f(s)} \end{array}\right] = (s\mathbf{I} - \mathbf{A})^{-1} E_i \frac{\partial \mathbf{B}}{\partial f}$$

$$= \frac{E_i}{P(s)} \left[\begin{array}{cc} s + \dfrac{r}{L_T} & \dfrac{1}{C} \\[3mm] -\dfrac{1}{L_T} & s + \dfrac{1}{CR_o} \end{array}\right] \left[\begin{array}{c} 0 \\[3mm] \dfrac{\partial}{\partial f}\left(\dfrac{\alpha}{nL_T}\right) \end{array}\right] \tag{9.30}$$

式中の $\dfrac{\partial}{\partial f}\left(\dfrac{\alpha}{nL_T}\right)$ は

$$\frac{\partial}{\partial f}\left(\frac{\alpha}{nL_T}\right) = \frac{1}{nL_T} \cdot \frac{\partial \alpha}{\partial f} = \frac{1}{nL_T} \frac{\partial}{\partial f}\left(\frac{L_P}{L_P + L_{S_1}} uv\right)$$

$$= \frac{1}{nL_T} \cdot \frac{L_P}{L_P + L_{S_1}}\left(\frac{\partial u}{\partial f}v + u\frac{\partial v}{\partial v}\right)$$

となりますが，8.2 節の式 (8.3) より，

$$\frac{L_P}{L_P + L_{S_1}}\left(\frac{\partial u}{\partial f}v + u\frac{\partial v}{\partial v}\right) = -G_{vf}\frac{n}{E_i} \cdot \frac{1}{w} = -G_{vf}\frac{n}{E_i}\left(1 + \frac{r}{R_o}\right)$$

であり，これを代入すると，

$$\frac{\partial}{\partial f}\left(\frac{\alpha}{nL_T}\right) = -\frac{G_{vf}}{nL_T} \cdot \frac{n}{E_i}\left(1 + \frac{r}{R_o}\right) = -\frac{G_{vf}}{L_T E_i}\left(1 + \frac{r}{R_o}\right) \tag{9.31}$$

となります。さらに，式 (9.31) を式 (9.30) に代入します。

$$\frac{\Delta \mathbf{X}(s)}{\Delta f(s)} = \left[\begin{array}{c} \dfrac{\Delta E_o(s)}{\Delta f(s)} \\[3mm] \dfrac{\Delta I_D(s)}{\Delta f(s)} \end{array}\right] = (s\mathbf{I} - \mathbf{A})^{-1} E_i \frac{\partial \mathbf{B}}{\partial f}$$

9.2 伝達関数 $G_{vv}(s), G_{vf}(s), G_{vr}(s)$

$$= \frac{E_i}{P(s)} \begin{bmatrix} s + \dfrac{r}{L_T} & \dfrac{1}{C} \\ -\dfrac{1}{L_T} & s + \dfrac{1}{CR_o} \end{bmatrix} \begin{bmatrix} 0 \\ -\dfrac{G_{vf}}{L_T E_i} \cdot \left(1 + \dfrac{r}{R_o}\right) \end{bmatrix}$$

$$= \frac{E_i \left(1 + \dfrac{r}{R_o}\right)}{P(s)} \cdot \frac{G_{vf}}{E_i} \begin{bmatrix} -\dfrac{1}{L_T C} \\ -\dfrac{1}{L_T}\left(s + \dfrac{1}{CR_o}\right) \end{bmatrix}$$

$$= \frac{G_{vf}\left(1 + \dfrac{r}{R_o}\right)}{P(s)} \begin{bmatrix} -\dfrac{1}{L_T C} \\ -\dfrac{1}{L_T}\left(s + \dfrac{1}{CR_o}\right) \end{bmatrix}$$

$$= -\frac{G_{vf}\left(1 + \dfrac{r}{R_o}\right)}{P(s)} \begin{bmatrix} \dfrac{1}{L_T C} \\ \dfrac{1}{L_T}\left(s + \dfrac{1}{CR_o}\right) \end{bmatrix} \tag{9.32}$$

同様に式 (9.20) から，$\Delta\mathbf{X}(s)/\Delta R_o(s)$ を求めます．

$$\frac{\Delta\mathbf{X}(s)}{\Delta R_o(s)} = \begin{bmatrix} \dfrac{\Delta E_o(s)}{\Delta R_o(s)} \\ \dfrac{\Delta I_D(s)}{\Delta R_o(s)} \end{bmatrix} = (s\mathbf{I} - \mathbf{A})^{-1}\left(\frac{\partial\mathbf{A}}{\partial R_o}\mathbf{x} + \frac{\partial\mathbf{B}}{\partial R_o}E_i\right)$$

$$\frac{\partial\mathbf{A}}{\partial R_o} = \frac{\partial}{\partial R_o}\begin{bmatrix} -\dfrac{1}{CR_o} & \dfrac{1}{C} \\ -\dfrac{1}{L_T} & -\dfrac{r}{L_T} \end{bmatrix} = \begin{bmatrix} \dfrac{1}{CR_o^2} & 0 \\ 0 & 0 \end{bmatrix} = \begin{bmatrix} \dfrac{1}{CR_o^2} \\ 0 \end{bmatrix}$$

$$\frac{\partial\mathbf{B}}{\partial R_o}E_i = \frac{\partial}{\partial R_o}\begin{bmatrix} 0 \\ \dfrac{\alpha}{nL_T} \end{bmatrix}E_i = \begin{bmatrix} 0 \\ \dfrac{1}{L_T}\cdot\dfrac{\partial}{\partial R_o}\left(\alpha\dfrac{E_i}{n}\right) \end{bmatrix}$$

式 (9.8) より

$$\frac{\partial}{\partial R_o}\left(\alpha\frac{E_i}{n}\right) = \frac{E_i}{n}\cdot\frac{\partial\alpha}{\partial R_o} = \frac{E_i}{n}\cdot\frac{L_P}{L_P + L_{S_1}}v\cdot\frac{\partial u}{\partial R_o}$$

が求められ，ここに

第 9 章　出力電圧の過渡応答

$$
E_i = \frac{E_o}{\dfrac{1}{n} \cdot \dfrac{L_P}{L_P + L_{S_1}} \cdot uvw}
$$

を代入すると

$$
\frac{\partial}{\partial R_o}\left(\alpha \frac{E_i}{n}\right) = \frac{1}{n} \cdot \frac{E_o}{\dfrac{1}{n} \cdot \dfrac{L_P}{L_P + L_{S_1}} \cdot uvw} \cdot \frac{L_P}{L_P + L_{S_1}} v \cdot \frac{\partial u}{\partial R_o}
$$

$$
= \frac{E_o}{uw} \cdot \frac{\partial u}{\partial R_o}
$$

となります。また，7.2 節の式 (7.6) より，

$$
\frac{\partial u}{\partial R_o} = \frac{\left\{\dfrac{2\pi f\left(L_P + L_{S_1}\right)\left(f^2/f_0^2 - 1\right)}{0.81 n^2 \left(f^2/f_1^2 - 1\right)}\right\}^2 \left(\dfrac{1}{R_o}\right)^3}{1 + (2\pi f)^2 \left\{\dfrac{\left(L_P + L_{S_1}\right)\left(f^2/f_0^2 - 1\right)}{0.81 n^2 R_o \left(f^2/f_1^2 - 1\right)}\right\}^2} \cdot u
$$

$$
= \frac{1}{R_o} \cdot \frac{\dfrac{f^2}{f_1^2} \cdot \left(\dfrac{1}{Q}\right)^2 \left(\dfrac{f^2/f_0^2 - 1}{f^2/f_1^2 - 1}\right)^2}{1 + \dfrac{f^2}{f_1^2} \cdot \left(\dfrac{1}{Q}\right)^2 \left(\dfrac{f^2/f_0^2 - 1}{f^2/f_1^2 - 1}\right)^2} u
$$

であり，これを代入します。

$$
\frac{\partial}{\partial R_o}\left(\alpha \frac{E_i}{n}\right) = \frac{E_o}{uw} \cdot \frac{\partial u}{\partial R_o}
$$

$$
= \frac{E_o}{R_o} \cdot \frac{\dfrac{f^2}{f_1^2} \cdot \left(\dfrac{1}{Q}\right)^2 \left(\dfrac{f^2/f_0^2 - 1}{f^2/f_1^2 - 1}\right)^2}{1 + \dfrac{f^2}{f_1^2} \cdot \left(\dfrac{1}{Q}\right)^2 \left(\dfrac{f^2/f_0^2 - 1}{f^2/f_1^2 - 1}\right)^2} \left(1 + \frac{r}{R_o}\right)
$$

8.2 節の式 (8.8) から，

$$
\frac{E_o}{R_o} \cdot \frac{\dfrac{f^2}{f_1^2} \cdot \left(\dfrac{1}{Q}\right)^2 \left(\dfrac{f^2/f_0^2 - 1}{f^2/f_1^2 - 1}\right)^2}{1 + \dfrac{f^2}{f_1^2} \cdot \left(\dfrac{1}{Q}\right)^2 \left(\dfrac{f^2/f_0^2 - 1}{f^2/f_1^2 - 1}\right)^2} = G_{vr} - \frac{E_o}{R_o} \cdot \frac{r}{r + R}
$$

が得られ，これを代入します。

9.2 伝達関数 $G_{vv}(s), G_{vf}(s), G_{vr}(s)$

$$\frac{\partial}{\partial R_o}\left(\alpha\frac{E_i}{n}\right) = \left(G_{vr} - \frac{E_o}{R_o}\cdot\frac{r}{r+R}\right)\left(1+\frac{r}{R_o}\right) = G_{vr}\left(1+\frac{r}{R_o}\right) - \frac{rE_o}{R_o^2}$$

以上より，$\dfrac{\partial\mathbf{B}}{\partial R_o}E_i$ は以下のようになります。

$$\frac{\partial\mathbf{B}}{\partial R_o}E_i = \left[\begin{array}{c} 0 \\ \dfrac{1}{L_T}\cdot\dfrac{\partial}{\partial R_o}\left(\alpha\dfrac{E_i}{n}\right) \end{array}\right] = \left[\begin{array}{c} 0 \\ \dfrac{1}{L_T}\left\{G_{vr}\left(1+\dfrac{r}{R_o}\right) - \dfrac{rE_o}{R_o^2}\right\} \end{array}\right]$$

ここで，式 (9.26) を代入すると，$\Delta\mathbf{X}(s)/\Delta R_o(s)$ が以下のように求められます。

$$\frac{\Delta\mathbf{X}(s)}{\Delta R_o(s)} = \left[\begin{array}{c} \dfrac{\Delta E_o(s)}{\Delta R_o(s)} \\ \dfrac{\Delta I_D(s)}{\Delta R_o(s)} \end{array}\right] = (s\mathbf{I} - \mathbf{A})^{-1}\left(\frac{\partial\mathbf{A}}{\partial R_o}\mathbf{x} + \frac{\partial\mathbf{B}}{\partial R_o}E_i\right)$$

$$= \frac{1}{P(s)}\left[\begin{array}{cc} s+\dfrac{r}{L_T} & \dfrac{1}{C} \\ -\dfrac{1}{L_T} & s+\dfrac{1}{CR_o} \end{array}\right]\left[\begin{array}{c} \dfrac{1}{CR_o^2} \\ 0 \end{array}\right]\left[\begin{array}{c} E_o \\ i_D \end{array}\right]$$

$$+ \frac{1}{P(s)}\left[\begin{array}{cc} s+\dfrac{r}{L_T} & \dfrac{1}{C} \\ -\dfrac{1}{L_T} & s+\dfrac{1}{CR_o} \end{array}\right]$$

$$\cdot\left[\begin{array}{c} 0 \\ \dfrac{1}{L_T}\left\{G_{vr}\left(1+\dfrac{r}{R_o}\right) - \dfrac{rE_o}{R_o^2}\right\} \end{array}\right]$$

$$= \frac{1}{P(s)}\left[\begin{array}{c} \dfrac{1}{CR_o^2}\left(s+\dfrac{r}{L_T}\right) \\ -\dfrac{1}{L_TCR_o^2} \end{array}\right]\left[\begin{array}{c} E_o \\ i_D \end{array}\right]$$

$$+ \frac{\dfrac{1}{L_T}\left\{G_{vr}\left(1+\dfrac{r}{R_o}\right) - \dfrac{rE_o}{R_o^2}\right\}}{P(s)}\left[\begin{array}{c} \dfrac{1}{C} \\ s+\dfrac{1}{CR_o} \end{array}\right] \tag{9.33}$$

式 (9.29), (9.32), (9.33) から，出力電圧に対する伝達関数が求められます。

$$G_{vv}(s) = \frac{\Delta E_o(s)}{\Delta E_i(s)} = \frac{G_{vv}}{P(s)}\cdot\frac{1}{L_TC}\left(1+\frac{r}{R_o}\right)$$

165

第 9 章　出力電圧の過渡応答

$$= \frac{\omega_T^2 G_{vv}}{P(s)} \left(1 + \frac{r}{R_o} \right) \tag{9.34}$$

$$-G_{vf}(s) = \frac{\Delta E_o(s)}{\Delta f(s)} = -\frac{G_{vf}}{P(s)} \cdot \frac{1}{L_T C} \left(1 + \frac{r}{R_o} \right) = -\frac{\omega_T^2 G_{vf}}{P(s)} \left(1 + \frac{r}{R_o} \right)$$

$$G_{vf}(s) = \frac{\omega_T^2 G_{vf}}{P(s)} \left(1 + \frac{r}{R_o} \right) \tag{9.35}$$

$$G_{vr}(s) = \frac{\Delta E_o(s)}{\Delta R_o(s)}$$

$$= \frac{1}{P(s)} \left[\frac{E_o}{CR_o^2} \left(s + \frac{r}{L_T} \right) + \frac{1}{L_T C} \left\{ G_{vr} \left(1 + \frac{r}{R_o} \right) - \frac{rE_o}{R_o^2} \right\} \right]$$

$$= \frac{1}{P(s)} \left[\frac{E_o}{CR_o^2} s + \frac{E_o}{CR_o^2} \cdot \frac{r}{L_T} + \frac{G_{vr}}{L_T C} \left(1 + \frac{r}{R_o} \right) - \frac{1}{L_T C} \cdot \frac{rE_o}{R_o^2} \right]$$

$$= \frac{1}{P(s)} \left\{ \frac{E_o}{CR_o^2} s + \frac{G_{vr}}{L_T C} \left(1 + \frac{r}{R_o} \right) \right\}$$

$$= \frac{1}{P(s)} \left\{ \frac{E_o}{CR_o^2} s + \omega_T^2 G_{vr} \left(1 + \frac{r}{R_o} \right) \right\} \tag{9.36}$$

ただし,

$$\omega_T^2 = \frac{1}{L_T C} \tag{9.37}$$

です.

　式 (9.34)〜(9.36) で与えられる伝達関数は，周波数が低く，a-b 間の等価インダクタンス L $(= L_P/n^2)$ が一定であるとして求めたものです。周波数がさらに高くなったときは，式 (9.2) を用いて等価インダクタンス L を計算し，次に式 (9.12) から L_T を，式 (9.37) から ω_T^2 を求めて，L_T と ω_T^2 を式 (9.34)〜(9.36) に代入すると，その周波数における伝達関数を求めることができます。

9.3　出力電圧の過渡応答

[1]　微小変動に対するレギュレーション機構と出力電圧の変化

　伝達関数を用いて，電流共振形コンバータの微小変動に対するレギュレーション機構を表すと，図 9.8 のようになります。

　図 9.8 から，入力電圧が微小変化したときの出力電圧の微小変動として

$$G_{vv}(s) \Delta E_i(s) - \beta G_{vf}(s) \Delta E_o(s) = \Delta E_o(s)$$

166

9.3 出力電圧の過渡応答

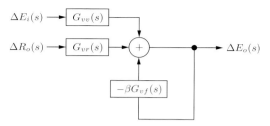

β〔Hz/V〕は帰還ループのゲインを意味しており，本書では「帰還ゲイン」と定義しています．

図 9.8 電流共振形コンバータの微小変動に対するレギュレーション機構

より

$$\Delta E_o(s) = \frac{G_{vv}(s)}{1 + \beta G_{vf}(s)} \Delta E_i(s) \tag{9.38}$$

が求められます．また，出力抵抗 R_o が微小変化したときの出力電圧の微小変動として

$$G_{vr}(s)\Delta E_i - \beta G_{vf}(s)\Delta E_o(s) = \Delta E_o(s)$$

より

$$\Delta E_o(s) = \frac{G_{vr}(s)}{1 + \beta G_{vf}(s)} \Delta R_o(s) \tag{9.39}$$

が求められます．両者を加えて，ΔE_o は次のようになります．

$$\begin{aligned}\Delta E_o &= \frac{G_{vv}(s)}{1 + \beta G_{vf}(s)} \Delta E_i(s) + \frac{G_{vr}(s)}{1 + \beta G_{vf}(s)} \Delta R_o(s) \\ &= \frac{G_{vv}(s)\Delta E_i(s) + G_{vr}(s)\Delta R_o(s)}{1 + \beta G_{vf}(s)}\end{aligned} \tag{9.40}$$

[2] 入力電圧が微小変動したときの出力電圧の過渡応答

式 (9.38) に式 (9.34) の $G_{vv}(s)$ と式 (9.35) の $G_{vf}(s)$ を代入し，入力電圧が微小変動したときの出力電圧の変動 $\Delta E_o(s)$ を求めます．

$$\Delta E_o(s) = \frac{G_{vv}(s)}{1 + \beta G_{vf}(s)} \Delta E_i(s)$$

第 9 章　出力電圧の過渡応答

$$
= \frac{\omega_T^2 G_{vv}}{P(s)} \left(1 + \frac{r}{R_o}\right) \cdot \frac{1}{1 + \beta \dfrac{\omega_T^2 G_{vf}}{P(s)} \left(1 + \dfrac{r}{R_o}\right)} \Delta E_i(s)
$$

$$
= \frac{\omega_T^2 G_{vv} \left(1 + \dfrac{r}{R_o}\right)}{P(s) + \beta \omega_T^2 G_{vf} \left(1 + \dfrac{r}{R_o}\right)} \cdot \Delta E_i(s)
$$

$$
= \frac{\omega_T^2 G_{vv} \left(1 + \dfrac{r}{R_o}\right)}{s^2 + \left(\dfrac{1}{CR_o} + \dfrac{r}{L_T}\right) s + \omega_T^2 \left(1 + \beta G_{vf}\right) \left(1 + \dfrac{r}{R_o}\right)} \Delta E_i(s)
$$

$$
= \frac{\omega_T^2 G_{vv}}{\omega_T^2 \left(1 + \beta G_{vf}\right)}
$$

$$
\cdot \frac{\omega_T^2 \left(1 + \beta G_{vf}\right) \left(1 + \dfrac{r}{R_o}\right)}{s^2 + \left(\dfrac{1}{CR_o} + \dfrac{r}{L_T}\right) s + \omega_T^2 \left(1 + \beta G_{vf}\right) \left(1 + \dfrac{r}{R_o}\right)} \Delta E_i(s)
$$

$$
= \frac{G_{vv}}{1 + \beta G_{vf}}
$$

$$
\cdot \frac{\omega_T^2 \left(1 + \beta G_{vf}\right) \left(1 + \dfrac{r}{R_o}\right)}{s^2 + \left(\dfrac{1}{CR_o} + \dfrac{r}{L_T}\right) s + \omega_T^2 \left(1 + \beta G_{vf}\right) \left(1 + \dfrac{r}{R_o}\right)} \Delta E_i(s)
\tag{9.41}
$$

ここで，入力電圧がステップ変化したときの出力電圧の過渡応答を求めてみましょう。$\Delta E_i(t) = 1$ とすると，$\Delta E_i(s) = 1/s$ になります。これを式 (9.41) に代入します。

$$
\Delta E_o(s) = \frac{G_{vv}}{1 + \beta G_{vf}} \cdot \frac{\omega_T^2 \left(1 + \beta G_{vf}\right) \left(1 + \dfrac{r}{R_o}\right)}{s^2 + \left(\dfrac{1}{CR_o} + \dfrac{r}{L_T}\right) s + \omega_T^2 \left(1 + \beta G_{vf}\right) \left(1 + \dfrac{r}{R_o}\right)} \cdot \frac{1}{s}
$$

$$
= \frac{G_{vv}}{1 + \beta G_{vf}} \cdot \frac{\omega_T^2 \left(1 + \beta G_{vf}\right) \left(1 + \dfrac{r}{R_o}\right)}{\omega_T^2 \left(1 + \beta G_{vf}\right) \left(1 + \dfrac{r}{R_o}\right)}
$$

168

$$
\cdot \left\{ \frac{1}{s} - \frac{s + \left(\dfrac{1}{CR_o} + \dfrac{r}{L_T} \right)}{s^2 + \left(\dfrac{1}{CR_o} + \dfrac{r}{L_T} \right) s + \omega_T^2 \left(1 + \beta G_{vf} \right) \left(1 + \dfrac{r}{R_o} \right)} \right\}
$$

$$
= \frac{G_{vv}}{1 + \beta G_{vf}}
$$

$$
\cdot \left[\frac{1}{s} - \frac{s + \dfrac{1}{2} \left(\dfrac{1}{CR_o} + \dfrac{r}{L_T} \right) + \dfrac{1}{2} \left(\dfrac{1}{CR_o} + \dfrac{r}{L_T} \right)}{\left\{ s + \dfrac{1}{2} \left(\dfrac{1}{CR_o} + \dfrac{r}{L_T} \right) \right\}^2 + \omega_T^2 \left(1 + \beta G_{vf} \right) \left(1 + \dfrac{r}{R_o} \right) - \dfrac{1}{4} \left(\dfrac{1}{CR_o} + \dfrac{r}{L_T} \right)^2} \right]
\tag{9.42}
$$

$1 \gg r/R_o$ のときは，$\Delta E_o (s)$ は以下のようになります。

$$
\Delta E_o (s) = \frac{G_{vv}}{1 + \beta G_{vf}}
$$

$$
\cdot \left[\frac{1}{s} - \frac{s + \dfrac{1}{2} \left(\dfrac{1}{CR_o} + \dfrac{r}{L_T} \right) + \dfrac{1}{2} \left(\dfrac{1}{CR_o} + \dfrac{r}{L_T} \right)}{\left\{ s + \dfrac{1}{2} \left(\dfrac{1}{CR_o} + \dfrac{r}{L_T} \right) \right\}^2 + \omega_T^2 \left(1 + \beta G_{vf} \right) - \dfrac{1}{4} \left(\dfrac{1}{CR_o} + \dfrac{r}{L_T} \right)^2} \right]
\tag{9.43}
$$

式 (9.43) を逆ラプラス変換すると，$\Delta E_o (t)$ の解は，分母の

$$
\left\{ \omega_T^2 \left(1 + \beta G_{vf} \right) - \frac{1}{4} \left(\frac{1}{CR_o} + \frac{r}{L_T} \right)^2 \right\}
$$

の大きさによって，以下の三つに分かれます。

(a) $\omega_T^2 \left(1 + \beta G_{vf} \right) - \dfrac{1}{4} \left(\dfrac{1}{CR_o} + \dfrac{r}{L_T} \right)^2 > 0$ の場合

(b) $\omega_T^2 \left(1 + \beta G_{vf} \right) - \dfrac{1}{4} \left(\dfrac{1}{CR_o} + \dfrac{r}{L_T} \right)^2 = 0$ の場合

(c) $\omega_T^2 \left(1 + \beta G_{vf} \right) - \dfrac{1}{4} \left(\dfrac{1}{CR_o} + \dfrac{r}{L_T} \right)^2 < 0$ の場合

実際の値を代入し，いずれになるか計算してみることにします。$f = 70\text{kHz}$，$n = 4$，（8.2 節より）$G_{vv} = 0.233$，$G_{vf} = 0.531\text{V/kHz}$，$L_T = (L_P + L_{S_1})/n^2 =$

第 9 章　出力電圧の過渡応答

$(220 + 35.2)/16 = 15.95\mu\text{H}$, $r = 0.1\Omega$, $C = 1000\mu\text{F}$, $R_o = 11.52\Omega$, $\beta = 25\text{kHz/V}$ とすると，それぞれ以下のようになります．

$$\omega_T^2 = \frac{1}{L_T C} = \frac{10^9}{15.95} = 6.2696 \times 10^7$$

$$\omega_T^2 \left(1 + \beta G_{vf}\right) = 6.2696 \times 10^7 \times \left(1 + 25 \times 0.531\right) = 8.95 \times 10^8$$

$$\frac{1}{4}\left(\frac{1}{CR_o} + \frac{r}{L_T}\right)^2 = \frac{1}{4}\left(\frac{10^3}{11.52} + \frac{0.1 \times 10^6}{15.95}\right)^2$$

$$= \frac{1}{4}\left(86.8 + 6.2696 \times 10^3\right)^2 = \frac{1}{4} \times 40.4 \times 10^6$$

$$= 1.01 \times 10^7$$

ここで，$\omega_T^2 \left(1 + \beta G_{vf}\right) - \frac{1}{4}\left(\frac{1}{CR_o} + \frac{r}{L_T}\right)^2 > 0$ であるため，$\Delta E_o\left(t\right)$ は次のようになります．

$$\Delta E_o\left(t\right) = \frac{G_{vv}}{1 + \beta G_{vf}}\left[1 - \varepsilon^{-\frac{t}{\tau}}\left\{\cos \omega t + \frac{1}{2\omega}\left(\frac{1}{CR_o} + \frac{r}{L_T}\right)\sin \omega t\right\}\right]$$

$$= \frac{G_{vv}}{1 + \beta G_{vf}}\sqrt{1 + \left\{\frac{1}{2\omega}\left(\frac{1}{CR_o} + \frac{r}{L_T}\right)\right\}^2}\left\{1 - \varepsilon^{-\frac{t}{\tau}}\cos\left(\omega t - \theta\right)\right\}$$

(9.44)

ただし，

$$\left.\begin{array}{l} \tau = \dfrac{1}{\dfrac{1}{2}\left(\dfrac{1}{CR_o} + \dfrac{r}{L_T}\right)} \\[4ex] \omega^2 = \omega_T^2\left(1 + \beta G_{vf}\right) - \dfrac{1}{4}\left(\dfrac{1}{CR_o} + \dfrac{r}{L_T}\right)^2 \\[3ex] \theta = \tan^{-1}\left\{\dfrac{1}{2\omega}\left(\dfrac{1}{CR_o} + \dfrac{r}{L_T}\right)\right\} \end{array}\right\}$$

(9.45)

です．

式 (9.44) と式 (9.45) から，入力電圧がステップ変化したときの出力電圧の変動 $\Delta E_o\left(t\right)$ が求められます．

$$\omega^2 = \omega_T^2\left(1 + \beta G_{vf}\right) - \frac{1}{4}\left(\frac{1}{CR_o} + \frac{r}{L_T}\right)^2 = 8.95 \times 10^8 - 1.01 \times 10^7$$

9.3 出力電圧の過渡応答

$$= 8.85 \times 10^8 \, (\mathrm{rad/s})^2$$

$$\omega = 2.975 \times 10^4 \mathrm{rad/s}$$

$$f = 4.74 \mathrm{kHz}$$

$$\frac{1}{2\omega}\left(\frac{1}{CR_o}+\frac{r}{L_T}\right) = \frac{1}{5.95\times10^4}\times\left(86.8+6.2696\times10^3\right) = \frac{1068.3}{10^4}$$

$$= 0.10683$$

$$\sqrt{1+\left\{\frac{1}{2\omega}\left(\frac{1}{CR_o}+\frac{r}{L_T}\right)\right\}^2} = \sqrt{1+0.01141} = 1.00569 = 1.0057$$

$$\theta = \tan^{-1}\left\{\frac{1}{2\omega}\left(\frac{1}{CR_o}+\frac{r}{L_T}\right)\right\} = \tan^{-1}(0.10683) = 0.1064 \cong 0.106\mathrm{rad}$$

$$\tau = \frac{1}{\dfrac{1}{2}\left(\dfrac{1}{CR_o}+\dfrac{r}{L_T}\right)} = \frac{1}{3178.2} = 314.6\times10^{-6} = 314.6\mu\mathrm{s}$$

$$\frac{G_{vv}}{1+\beta G_{vf}} = \frac{0.233}{1+25\times0.531} = \frac{0.233}{14.275} \cong 0.01632$$

$$\Delta E_o\left(t\right) = \frac{G_{vv}}{1+\beta G_{vf}}\sqrt{1+\left\{\frac{1}{2\omega}\left(\frac{1}{CR_o}+\frac{r}{L_T}\right)\right\}^2}\left\{1-\varepsilon^{-\frac{t}{\tau}}\cos\left(\omega t-\theta\right)\right\}$$

$$= 0.01632\left\{1-\varepsilon^{-\frac{t}{314.6\times10^{-6}}}\cos\left(2.975\times10^4 t - 0.106\right)\right\} \quad (9.46)$$

計算結果を図 9.9 に示します。出力電圧は振動しながら減衰し，$t=\infty$ で定常偏差に落ち着きます。

帰還ゲイン β と出力コンデンサ C を変化させたときの出力電圧の過渡応答を，ここで比較してみましょう。

① $\beta = 25\mathrm{kHz/V}$，$C = 1000\mu\mathrm{F}$ の場合

$\Delta E_o\left(t\right)$ は式 (9.46) になります。

② $\beta = 10\mathrm{kHz/V}$，$C = 1000\mu\mathrm{F}$ の場合

$$\omega_T^2\left(1+\beta G_{vf}\right) = \frac{\left(1+\beta G_{vf}\right)}{L_T C} = \frac{10^9}{15.95}\times\left(1+10\times0.531\right)$$

$$= 6.2696\times10^7 \times 6.31 = 3.956\times10^8 \, (\mathrm{rad/s})^2$$

第 9 章 出力電圧の過渡応答

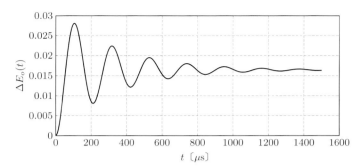

条件：$f = 70\text{kHz}$, $n = 4$, $G_{vv} = 0.233$, $G_{vf} = 0.531\text{V/kHz}$, $\beta = 25\text{kHz/V}$, $C = 1000\mu\text{F}$, $L_T = 15.95\mu\text{H}$, $r = 0.1\Omega$, $R_o = 11.52\Omega$

図 9.9 入力電圧のステップ変化（$\Delta E_i = 1$）に対する出力電圧の過渡応答 (1)

$$\omega^2 = \omega_T^2 \left(1 + \beta G_{vf}\right) - \frac{1}{4}\left(\frac{1}{CR_o} + \frac{r}{L_T}\right)^2 = 3.956 \times 10^8 - 1.01 \times 10^7$$
$$= 3.855 \times 10^8 \, (\text{rad/s})^2$$

$$\omega = 1.963 \times 10^4 \text{rad/s}$$

$$\frac{1}{2\omega}\left(\frac{1}{CR_o} + \frac{r}{L_T}\right) = \frac{1}{3.926 \times 10^4} \times (86.8 + 6.2696 \times 10^3) = \frac{1619.1}{10^4}$$
$$= 0.16191$$

$$\sqrt{1 + \left\{\frac{1}{2\omega}\left(\frac{1}{CR_o} + \frac{r}{L_T}\right)\right\}^2} = \sqrt{1 + 0.026215} = 1.013$$

$$\theta = \tan^{-1}\left\{\frac{1}{2\omega}\left(\frac{1}{CR_o} + \frac{r}{L_T}\right)\right\} = \tan^{-1}(0.16191) \cong 0.1605\text{rad}$$

$$\tau = 314.6 \times 10^{-6} = 314.6\mu\text{s}$$

$$\frac{G_{vv}}{1 + \beta G_{vf}} = \frac{0.233}{1 + 10 \times 0.531} = \frac{0.233}{6.31} \cong 0.03693$$

$$\Delta E_o(t) = \frac{G_{vv}}{1 + \beta G_{vf}}\sqrt{1 + \left\{\frac{1}{2\omega}\left(\frac{1}{CR_o} + \frac{r}{L_T}\right)\right\}^2}\left\{1 - \varepsilon^{-\frac{t}{\tau}}\cos(\omega t - \theta)\right\}$$
$$= 0.03693\left\{1 - \varepsilon^{-\frac{t}{314.6 \times 10^{-6}}}\cos(1.963 \times 10^4 t - 0.1605)\right\} \quad (9.47)$$

9.3 出力電圧の過渡応答

③ $\beta = 25\text{kHz/V}$, $C = 470\mu\text{F}$ の場合

$$\omega_T^2 \left(1 + \beta G_{vf}\right) = \frac{(1 + \beta G_{vf})}{L_T C} = \frac{10^9}{15.95 \times 0.47} \times (1 + 25 \times 0.531)$$

$$= 1.334 \times 10^8 \times 14.275 = 19.04 \times 10^8 \ (\text{rad/s})^2$$

$$\frac{1}{4}\left(\frac{1}{CR_o} + \frac{r}{L_T}\right)^2 = \frac{1}{4}\left(\frac{10^3}{0.47 \times 11.52} + \frac{0.1 \times 10^6}{15.95}\right)^2$$

$$= \frac{1}{4}\left(184.69 + 6.2696 \times 10^3\right)^2 = 0.104145 \times 10^8$$

$$\omega^2 = \omega_T^2 \left(1 + \beta G_{vf}\right) - \frac{1}{4}\left(\frac{1}{CR_o} + \frac{r}{L_T}\right)^2 = (19.04 - 0.104145) \times 10^8$$

$$\cong 18.94 \times 10^8 \ (\text{rad/s})^2$$

$\omega = 4.352 \times 10^4 \text{rad/s}$

$$\frac{1}{2\omega}\left(\frac{1}{CR_o} + \frac{r}{L_T}\right) = \frac{1}{8.704 \times 10^4} \times (184.69 + 6.2696 \times 10^3) = \frac{741.53}{10^4}$$

$$= 0.074153 \cong 0.0742$$

$$\sqrt{1 + \left\{\frac{1}{2\omega}\left(\frac{1}{CR_o} + \frac{r}{L_T}\right)\right\}^2} = \sqrt{1 + 0.005506} = 1.00275$$

$$\theta = \tan^{-1}\left\{\frac{1}{2\omega}\left(\frac{1}{CR_o} + \frac{r}{L_T}\right)\right\} = \tan^{-1}(0.0742) \cong 0.0741\text{rad}$$

$$\tau = \frac{1}{\dfrac{1}{2}\left(\dfrac{1}{CR_o} + \dfrac{r}{L_T}\right)} = \frac{1}{(184.69 + 6.2696 \times 10^3)/2} = 309.87 \times 10^{-6}$$

$$\cong 309.9\mu\text{s}$$

$$\frac{G_{vv}}{1 + \beta G_{vf}} = \frac{0.233}{1 + 25 \times 0.531} = \frac{0.233}{14.275} \cong 0.01632$$

$$\Delta E_o\left(t\right) = \frac{G_{vv}}{1 - \beta G_{vf}}\sqrt{1 + \left\{\frac{1}{2\omega}\left(\frac{1}{CR_o} + \frac{r}{L_T}\right)\right\}^2}\left\{1 - \varepsilon^{-\frac{t}{\tau}}\cos(\omega t - \theta)\right\}$$

$$= 0.01632\left\{1 - \varepsilon^{-\frac{t}{309.9 \times 10^{-6}}}\cos\left(4.352 \times 10^4 t - 0.0741\right)\right\} \quad (9.48)$$

計算結果を図 9.10 と図 9.11 で比較してみましょう．図 9.10 より，帰還ゲイン β

173

第 9 章　出力電圧の過渡応答

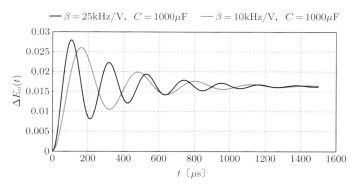

条件：$f = 70\text{kHz}$, $n = 4$, $G_{vv} = 0.233$, $G_{vf} = 0.531\text{V/kHz}$, $C = 1000\mu\text{F}$, $L_T = 15.95\mu\text{H}$, $r = 0.1\Omega$, $R_o = 11.52\Omega$

図 9.10　入力電圧のステップ変化（$\Delta E_i = 1$）に対する出力電圧の過渡応答 (2)

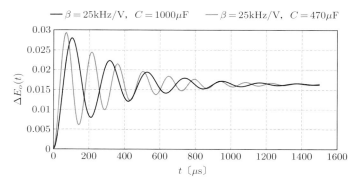

条件：$f = 70\text{kHz}$, $n = 4$, $G_{vv} = 0.233$, $G_{vf} = 0.531\text{V/kHz}$, $\beta = 25\text{kHz/V}$, $L_T = 15.95\mu\text{H}$, $r = 0.1\Omega$, $R_o = 11.52\Omega$

図 9.11　入力電圧のステップ変化（$\Delta E_i = 1$）に対する出力電圧の過渡応答 (3)

を小さくすると，振動の周期が長くなります．時間に対する減衰率に，大きな変化はありません．また，図 9.11 より，出力コンデンサ C を小さくすると，振動の周期が短くなります．時間に対する減衰率には，同様に大きな変化はありません．

[3]　出力抵抗が微小変動したときの出力電圧の過渡応答

次に，式 (9.39) に式 (9.35) の $G_{vf}(s)$ と式 (9.36) の $G_{vr}(s)$ を代入し，出力抵抗が微小変動したときの出力電圧の変動 $\Delta E_o(s)$ を求めます．

9.3 出力電圧の過渡応答

$$\Delta E_o(s) = \frac{G_{vr}(s)}{1 + \beta G_{vf}(s)} \Delta R_o(s)$$

$$= \frac{1}{P(s)} \cdot \frac{\dfrac{E_o}{CR_o^2}s + \omega_T^2 G_{vr}\left(1 + \dfrac{r}{R_o}\right)}{1 + \beta \dfrac{\omega_T^2 G_{vf}}{P(s)}\left(1 + \dfrac{r}{R_o}\right)} \Delta R_o(s)$$

$$= \frac{\dfrac{E_o}{CR_o^2}s + \omega_T^2 G_{vr}\left(1 + \dfrac{r}{R_o}\right)}{P(s) + \beta\omega_T^2 G_{vf}\left(1 + \dfrac{r}{R_o}\right)} \Delta R_o(s)$$

$$= \frac{\dfrac{E_o}{CR_o^2}s + \omega_T^2 G_{vr}\left(1 + \dfrac{r}{R_o}\right)}{s^2 + \left(\dfrac{1}{CR_o} + \dfrac{r}{L_T}\right)s + \omega_T^2\left(1 + \dfrac{r}{R_o}\right) + \beta\omega_T^2 G_{vf}\left(1 + \dfrac{r}{R_o}\right)} \Delta R_o(s)$$

$$= \frac{\dfrac{E_o}{CR_o^2}s + \omega_T^2 G_{vr}\left(1 + \dfrac{r}{R_o}\right)}{s^2 + \left(\dfrac{1}{CR_o} + \dfrac{r}{L_T}\right)s + \omega_T^2\left(1 + \beta G_{vf}\right)\left(1 + \dfrac{r}{R_o}\right)} \Delta R_o(s)$$

$$(9.49)$$

ここで，出力抵抗がステップ変化したときの出力電圧の過渡応答を求めてみましょう。$\Delta R_o(t) = 1$ とすると，$\Delta R_o(s) = 1/s$ になります。これを式 (9.49) に代入します。

$$\Delta E_o(s) = \frac{\dfrac{E_o}{CR_o^2}s + \omega_T^2 G_{vr}\left(1 + \dfrac{r}{R_o}\right)}{s^2 + \left(\dfrac{1}{CR_o} + \dfrac{r}{L_T}\right)s + \omega_T^2\left(1 + \beta G_{vf}\right)\left(1 + \dfrac{r}{R_o}\right)} \cdot \frac{1}{s}$$

$$= \frac{\dfrac{E_o}{CR_o^2}}{s^2 + \left(\dfrac{1}{CR_o} + \dfrac{r}{L_T}\right)s + \omega_T^2\left(1 + \beta G_{vf}\right)\left(1 + \dfrac{r}{R_o}\right)}$$

$$+ \frac{\omega_T^2 G_{vr}\left(1 + \dfrac{r}{R_o}\right)}{s^2 + \left(\dfrac{1}{CR_o} + \dfrac{r}{L_T}\right)s + \omega_T^2\left(1 + \beta G_{vf}\right)\left(1 + \dfrac{r}{R_o}\right)} \cdot \frac{1}{s}$$

175

第 9 章　出力電圧の過渡応答

$$
= \frac{\dfrac{E_o}{CR_o^2}}{s^2 + \left(\dfrac{1}{CR_o} + \dfrac{r}{L_T}\right)s + \omega_T^2\left(1 + \beta G_{vf}\right)\left(1 + \dfrac{r}{R_o}\right)}
$$

$$
+ \frac{\omega_T^2 G_{vr}\left(1 + \dfrac{r}{R_o}\right)}{\omega_T^2\left(1 + \beta G_{vf}\right)\left(1 + \dfrac{r}{R_o}\right)}
$$

$$
\cdot \left\{ \frac{1}{s} - \frac{s + \left(\dfrac{1}{CR_o} + \dfrac{r}{L_T}\right)}{s^2 + \left(\dfrac{1}{CR_o} + \dfrac{r}{L_T}\right)s + \omega_T^2\left(1 + \beta G_{vf}\right)\left(1 + \dfrac{r}{R_o}\right)} \right\}
$$

$$
= \frac{\dfrac{E_o}{CR_o^2}}{\left\{s + \dfrac{1}{2}\left(\dfrac{1}{CR_o} + \dfrac{r}{L_T}\right)\right\}^2 + \omega_T^2\left(1 + \beta G_{vf}\right)\left(1 + \dfrac{r}{R_o}\right) - \dfrac{1}{4}\left(\dfrac{1}{CR_o} + \dfrac{r}{L_T}\right)^2}
$$

$$
+ \frac{G_{vr}}{1 + \beta G_{vf}}
$$

$$
\cdot \left[\frac{1}{s} - \frac{s + \dfrac{1}{2}\left(\dfrac{1}{CR_o} + \dfrac{r}{L_T}\right) + \dfrac{1}{2}\left(\dfrac{1}{CR_o} + \dfrac{r}{L_T}\right)}{\left\{s + \dfrac{1}{2}\left(\dfrac{1}{CR_o} + \dfrac{r}{L_T}\right)\right\}^2 + \omega_T^2\left(1 + \beta G_{vf}\right)\left(1 + \dfrac{r}{R_o}\right) - \dfrac{1}{4}\left(\dfrac{1}{CR_o} + \dfrac{r}{L_T}\right)^2} \right]
$$

$$
\tag{9.50}
$$

$1 \gg r/R_o$ のときは，$\Delta E_o\left(s\right)$ は以下のようになります。

$$
\Delta E_o\left(s\right) = \frac{\dfrac{E_o}{CR_o^2}}{\left\{s + \dfrac{1}{2}\left(\dfrac{1}{CR_o} + \dfrac{r}{L_T}\right)\right\}^2 + \omega_T^2\left(1 + \beta G_{vf}\right) - \dfrac{1}{4}\left(\dfrac{1}{CR_o} + \dfrac{r}{L_T}\right)^2}
$$

$$
+ \frac{G_{vr}}{1 + \beta G_{vf}}
$$

$$
\cdot \left[\frac{1}{s} - \frac{s + \dfrac{1}{2}\left(\dfrac{1}{CR_o} + \dfrac{r}{L_T}\right) + \dfrac{1}{2}\left(\dfrac{1}{CR_o} + \dfrac{r}{L_T}\right)}{\left\{s + \dfrac{1}{2}\left(\dfrac{1}{CR_o} + \dfrac{r}{L_T}\right)\right\}^2 + \omega_T^2\left(1 + \beta G_{vf}\right) - \dfrac{1}{4}\left(\dfrac{1}{CR_o} + \dfrac{r}{L_T}\right)^2} \right]
$$

$$
\tag{9.51}
$$

ここで，$\omega_T^2 \left(1 + \beta G_{vf}\right) - \dfrac{1}{4}\left(\dfrac{1}{CR_o} + \dfrac{r}{L_T}\right)^2 > 0$ であるため，$\Delta E_o\left(t\right)$ は次のようになります。

$$
\begin{aligned}
\Delta E_o\left(t\right) &= \frac{E_o}{\omega C R_o^2}\varepsilon^{-\frac{t}{\tau}}\sin\omega t \\
&\quad + \frac{G_{vr}}{1 + \beta G_{vf}}\left[1 - \varepsilon^{-\frac{t}{\tau}}\left\{\cos\omega t + \frac{1}{2\omega}\left(\frac{1}{CR_o} + \frac{r}{L_T}\right)\sin\omega t\right\}\right] \\
&= \frac{E_o}{\omega C R_o^2}\varepsilon^{-\frac{t}{\tau}}\sin\omega t \\
&\quad + \frac{G_{vr}}{1 + \beta G_{vf}}\sqrt{1 + \left\{\frac{1}{2\omega}\left(\frac{1}{CR_o} + \frac{r}{L_T}\right)\right\}^2}\left\{1 - \varepsilon^{-\frac{t}{\tau}}\cos\left(\omega t - \theta\right)\right\}
\end{aligned}
$$
$$(9.52)$$

なお，式中の $\tau,\ \omega^2,\ \theta$ は式 (9.45) と同じです。

式 (9.52) の第 2 項は，入力電圧がステップ変化したときの出力電圧の変動 $\Delta E_o(t)$ を与える式 (9.44) の G_{vv} を，G_{vr} に置き換えた式になっています。

式 (9.52) から，出力抵抗がステップ変化したときの出力電圧の変動 $\Delta E_o(t)$ が求められます。

① $\beta = 25\mathrm{kHz/V},\ C = 1000\mu\mathrm{F}$ の場合

$f = 70\mathrm{kHz},\ n = 4,\ $（p.139，図 8.7 より）$G_{vr} = 0.303\mathrm{V/\Omega}$。

$$
\begin{aligned}
\frac{G_{vr}}{1 + \beta G_{vf}}\sqrt{1 + \left\{\frac{1}{2\omega}\left(\frac{1}{CR_o} + \frac{r}{L_T}\right)\right\}^2} &= \frac{0.303}{1 + 25 \times 0.531} \times 1.0057 \\
&= \frac{0.303 \times 1.0057}{14.275} \cong 0.02135
\end{aligned}
$$

$$
\frac{E_o}{\omega C R^2} = \frac{24}{2.975 \times 10^4 \times 10^{-3} \times 11.52^2} = \frac{24}{3948.1344} = 0.00608
$$

$$
\begin{aligned}
\Delta E_o\left(t\right) &= 0.00608\varepsilon^{-\frac{t}{314.6 \times 10^{-6}}}\sin\left(2.975 \times 10^4 t\right) \\
&\quad + 0.02135\left\{1 - \varepsilon^{-\frac{t}{314.6 \times 10^{-6}}}\cos\left(2.975 \times 10^4 t - 0.106\right)\right\}
\end{aligned}
$$
$$(9.53)$$

② $\beta = 10\mathrm{kHz/V},\ C = 1000\mu\mathrm{F}$ の場合

$$
\frac{G_{vr}}{1 + \beta G_{vf}}\sqrt{1 + \left\{\frac{1}{2\omega}\left(\frac{1}{CR_o} + \frac{r}{L_T}\right)\right\}^2}
$$

第 9 章　出力電圧の過渡応答

$$= \frac{0.303}{1+10\times 0.531}\times 1.013 = \frac{0.303\times 1.013}{6.31} = 0.04864$$

$$\frac{E_o}{\omega CR^2} = \frac{24}{1.963\times 10^4\times 10^{-3}\times 11.52^2} = \frac{24}{2605.1052} = 0.00921$$

$$\Delta E_o(t) = 0.00921\varepsilon^{-\frac{t}{314.6\times 10^{-6}}}\sin\left(1.963\times 10^4 t\right)$$
$$+ 0.04864\left\{1-\varepsilon^{-\frac{t}{314.6\times 10^{-6}}}\cos\left(1.963\times 10^4 t - 0.1605\right)\right\}$$
(9.54)

③　$\beta = 25\text{kHz/V}$，$C = 470\mu\text{F}$ の場合

$$\frac{G_{vr}}{1+\beta G_{vf}}\sqrt{1+\left\{\frac{1}{2\omega}\left(\frac{1}{CR_o}+\frac{r}{L_T}\right)\right\}^2} = \frac{0.303}{1+25\times 0.531}\times 1.00275$$
$$= \frac{0.303}{14.275}\times 1.00275 \cong 0.02128$$

$$\frac{E_o}{\omega CR^2} = \frac{24}{4.352\times 10^4\times 0.47\times 10^{-3}\times 11.52^2} = \frac{24}{2714.512} = 0.00884$$

$$\Delta E_o(t) = 0.00884\varepsilon^{-\frac{t}{309.9\times 10^{-6}}}\sin\left(4.352\times 10^4 t\right)$$
$$+ 0.02128\left\{1-\varepsilon^{-\frac{t}{309.9\times 10^{-6}}}\cos\left(4.352\times 10^4 t - 0.0741\right)\right\}$$
(9.55)

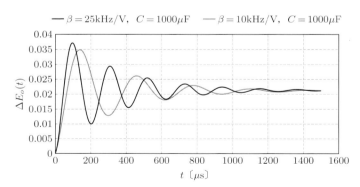

条件：$f=70\text{kHz}$, $n=4$, $G_{vr}=0.303\text{V}/\Omega$, $G_{vf}=0.531\text{V/kHz}$, $C=1000\mu\text{F}$, $L_T=15.95\mu\text{H}$, $r=0.1\Omega$, $R_o=11.52\Omega$, $E_o=24\text{V}$

図 9.12　出力抵抗のステップ変化（$\Delta R_o = 1$）に対する出力電圧の過渡応答 (1)

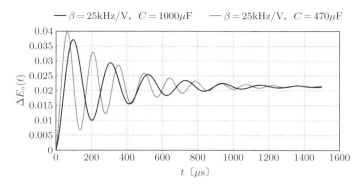

条件：$f = 70\text{kHz}$, $n = 4$, $G_{vr} = 0.303\text{V}/\Omega$, $G_{vf} = 0.531\text{V/kHz}$,
$\beta = 25\text{kHz/V}$, $L_T = 15.95\mu\text{H}$, $r = 0.1\Omega$, $R_o = 11.52\Omega$, $E_o = 24\text{V}$

図 9.13　出力抵抗のステップ変化（$\Delta R_o = 1$）に対する出力電圧の過渡応答 (2)

　計算結果を図 9.12 と図 9.13 に示します。出力電圧は振動しながら減衰し，$t = \infty$ で定常偏差に落ち着きます。入力電圧がステップ変化したときの出力電圧の変動である図 9.9 と比較すると，変化量が大きくなっています。図 9.12 より，帰還ゲイン β を小さくすると，振動の周期が長くなります。時間に対する減衰率に，大きな変化はありません。また，図 9.13 より，出力コンデンサ C を小さくすると，振動の周期が短くなります。時間に対する減衰率に，大きな変化はありません。

9.4　定常偏差

　ここでは，入力電圧と出力抵抗がステップ変化したときの定常偏差を求めます。

　式 (9.44) から，入力電圧がステップ変化したときの定常偏差は，以下のようになります。

$$\lim_{t \to \infty} \Delta E_o(t) = \frac{G_{vv}}{1 + \beta G_{vf}} \sqrt{1 + \left\{\frac{1}{2\omega}\left(\frac{1}{CR_o} + \frac{r}{L_T}\right)\right\}^2}$$

ここで，$1 \gg \left\{\dfrac{1}{2\omega}\left(\dfrac{1}{CR_o} + \dfrac{r}{L_T}\right)\right\}^2$ であるため，

$$\lim_{t \to \infty} \Delta E_o(t) = \frac{G_{vv}}{1 + \beta G_{vf}} \tag{9.56}$$

となります。また，出力抵抗がステップ変化したときの定常偏差は，式 (9.52) より以下のようになります。

$$\lim_{t \to \infty} \Delta E_o(t) = \frac{G_{vr}}{1+\beta G_{vf}} \sqrt{1 + \left\{ \frac{1}{2\omega} \left(\frac{1}{CR_o} + \frac{r}{L_T} \right) \right\}^2}$$

$$\cong \frac{G_{vr}}{1+\beta G_{vf}} \tag{9.57}$$

これらの定常偏差は，帰還ゲイン β を大きくすると小さくなり，$\beta = 20 \sim 30\mathrm{kHz/V}$ にすると，十分に小さくすることができます。図 9.14 を参照してください。

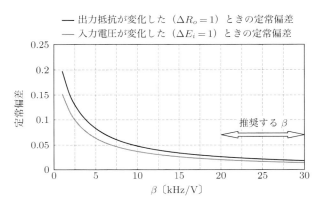

図 9.14　帰還ゲイン β に対する定常偏差の推移

9.5　安定性と帰還ゲインの限界

式 (9.45) から求められる減衰係数 γ は

$$\gamma = \frac{1}{\tau} = \frac{1}{2} \left(\frac{1}{CR_o} + \frac{r}{L_T} \right) \tag{9.58}$$

で与えられ，帰還ゲイン β の大きさに関係なく正の値になります。したがって，β を大きくしても減衰係数が負になり，制御系が不安定になることはありません。入力電圧がステップ変化すると，出力電圧の変動は時間とともに減少し，定常偏差に落ち着きます。出力抵抗がステップ変化したときも同様です。

9.6 第9章のまとめ

第9章の要点をまとめると，以下のようになります。

① 低周波に対する図 9.1 (b) の a-b 間のインピーダンスは，等価インダクタンスに置き換えることができます。したがって，過渡応答に対する等価回路は図 9.7 のようになります。

② 出力電圧に関する伝達関数 $G_{vv}(s)$, $G_{vf}(s)$, $G_{vr}(s)$ は以下の式で与えられます。

- $G_{vv}(s)$：式 (9.34)
- $G_{vf}(s)$：式 (9.35)
- $G_{vr}(s)$：式 (9.36)

③ 電流共振形コンバータの微小変動に対するレギュレーション機構を図 9.8 に示しています。

④ 入力電圧が微小変動したときの出力電圧の過渡応答は，式 (9.41) で与えられます。また，入力電圧がステップ変化したときの出力電圧の過渡応答は式 (9.44) になり，図 9.9〜9.11 に示すように振動しながら時間に対して減衰します。

⑤ 出力抵抗が微小変動したときの出力電圧の過渡応答は，式 (9.49) で与えられます。また，出力抵抗がステップ変化したときの出力電圧の過渡応答は式 (9.52) になり，図 9.12，図 9.13 に示すように振動しながら時間に対して減衰します。

⑥ 入力電圧と出力抵抗がステップ変化したときの定常偏差は，式 (9.56) と式 (9.57) で与えられ，帰還ゲイン β に対して図 9.14 のように変化します。これらの定常偏差は，帰還ゲイン β を大きくすると小さくなり，$\beta = 20$〜$30\mathrm{kHz/V}$ にすると十分に小さくすることができます。

⑦ 電流共振形コンバータでは，帰還ゲイン β の大きさに関係なく，出力電圧の過渡応答における減衰係数は常に正の値になります。したがって，β を大きくしても減衰係数が負の値になり，制御系が不安定になることはありません。

第10章
周波数特性

　入力電圧が周期的に周波数 f で変化すると，その変化が出力電圧にも表れます。この章では，変動周波数に対する等価回路を示し，入力電圧が周期的に変化したときの入出力電圧比を M（入力電圧の変化と出力電圧の変化の比，$M = \Delta E_o/\Delta E_i$）として，$M$ および M の位相角 $\angle M$ を求めます。また，出力インピーダンス Z の周波数特性も求めます。

10.1　周波数に対する等価回路

　周波数 f が f_1 より低い $f < f_1$ の領域における電流共振形コンバータの等価回路は，図 10.1 のようになります。図中の L は a-b 間の等価インダクタンスであり，9.1 節の式 (9.2) のように周波数で変化します（詳細は 9.1 節を参照）。

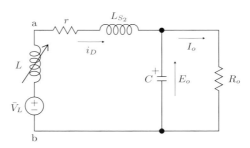

L：a-b 間の等価インダクタンス（周波数で変化します。式 (9.2) 参照）
L_{S_2}：二次リーケージインダクタンス，r：二次換算の損失抵抗（スイッチの抵抗やトランスの巻線抵抗など），C：出力コンデンサ，R_o：出力抵抗（負荷抵抗），E_o：出力電圧，$\bar{V}_L$：等価インダクタンスに発生している電圧の平均値（式 (9.8)，(9.9) 参照），i_D：出力ダイオード電流，I_o：出力電流（負荷電流）

図 10.1　$f < f_1$ の領域における周波数に対する等価回路

10.2 入出力電圧比の周波数特性

ここでは，入力電圧が周期的に変化したときの，入力電圧の変化 $\Delta E_i(j\omega)$ に対する出力電圧の変動 $\Delta E_o(j\omega)$ の比 $M(j\omega)$ が，入力電圧の変動周波数 f に対してどう変化するかを，周波数 f が f_1 より低い $f < f_1$ の領域について求めます。図 10.2 を参照してください。

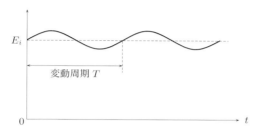

図 10.2　入力電圧の変動

まず，9.3 節の式 (9.41) から，入力電圧の変化 $\Delta E_i(s)$ に対する出力電圧の変動 $\Delta E_o(s)$ の比 $M(s)$ を求めると

$$M(s) = \frac{\Delta E_o(s)}{\Delta E_i(s)}$$
$$= \frac{\omega_T^2 G_{vv}\left(1 + \dfrac{r}{R_o}\right)}{s^2 + \left(\dfrac{1}{CR_o} + \dfrac{r}{L_T}\right)s + \omega_T^2(1 + \beta G_{vf})\left(1 + \dfrac{r}{R_o}\right)} \quad (10.1)$$

となり，$1 \gg r/R_o$ の場合は次式のようになります。

$$M(s) = \frac{\Delta E_o(s)}{\Delta E_i(s)} = \frac{\omega_T^2 G_{vv}}{s^2 + \left(\dfrac{1}{CR_o} + \dfrac{r}{L_T}\right)s + \omega_T^2(1 + \beta G_{vf})} \quad (10.2)$$

ここで $s = j\omega$ とおくと，入力電圧に対する出力電圧の周波数特性を求めることができ，このときの $M(j\omega)$ は

$$M(j\omega) = \frac{\Delta E_o(j\omega)}{\Delta E_i(j\omega)} = \frac{\omega_T^2 G_{vv}}{(j\omega)^2 + j\omega\left(\dfrac{1}{CR_o} + \dfrac{r}{L_T}\right) + \omega_T^2(1 + \beta G_{vf})}$$

第 10 章　周波数特性

$$= \frac{\omega_T^2 G_{vv}}{\omega_T^2 \left(1 + \beta G_{vf}\right) - \omega^2 + j\omega \left(\dfrac{1}{CR_o} + \dfrac{r}{L_T}\right)} \tag{10.3}$$

となります。

$M\left(j\omega\right)$ の絶対値を M とおくと，次式が得られます。

$$M = |M\left(j\omega\right)| = \left|\frac{\Delta E_o\left(j\omega\right)}{\Delta E_i\left(j\omega\right)}\right|$$

$$= \frac{\omega_T^2 G_{vv}}{\sqrt{\left\{\omega_T^2\left(1 + \beta G_{vf}\right) - \omega^2\right\}^2 + \omega^2 \left(\dfrac{1}{CR_o} + \dfrac{r}{L_T}\right)^2}} \tag{10.4}$$

また，$M\left(j\omega\right)$ の位相角を $\angle M\left(j\omega\right)$ とすると，$\angle M\left(j\omega\right)$ は次式となります。

$$\angle M\left(j\omega\right) = -\tan^{-1}\left\{\frac{\omega\left(\dfrac{1}{CR_o} + \dfrac{r}{L_T}\right)}{\omega_T^2\left(1 + \beta G_{vf}\right) - \omega^2}\right\} \tag{10.5}$$

なお，式 (10.1)〜(10.5) における L_T は，周波数 f が f_1 より低い領域（$f < f_1$ の領域）では以下のようになります。

$$L_T = L + L_{S_2} = \frac{\left(\dfrac{1 - f^2/f_2^2}{1 - f^2/f_1^2}\right) L_P + L_{S_1}}{n^2} \tag{10.6}$$

ω_T^2 は 9.2 節の式 (9.37) の定義と同じです。

$$\omega_T^2 = \frac{1}{L_T C}$$

　実際の値を代入し，電流共振形コンバータの動作周波数が 70kHz であるときの，周波数に対する M と位相角 $\angle M\left(j\omega\right)$ を求めてみましょう。計算結果を図 10.3〜10.5 に示します。

① $\beta = 0$ で負帰還がない場合

　動作周波数 $f = 70\text{kHz}$, $f_1 = 50.5\text{kHz}$, $f_2 = 135.9\text{kHz}$, $n = 4$, $G_{vv} = 0.233$, $G_{vf} = 0.531\text{V/kHz}$, $r = 0.1\Omega$, $R_o = 11.52\Omega$, $L_P = 220\mu\text{H}$, $L_{S_1} = 35.2\mu\text{H}$, $L_{S_2} = 35.2/16 = 2.2\mu\text{H}$, $C_i = 0.039\mu\text{F}$, $C = 1000\mu\text{F}$, $E_i = 100\text{V}$, $E_o = 24\text{V}$。

184

$$L_T = \frac{\left(\dfrac{1 - f^2/f_2^2}{1 - f^2/f_1^2}\right) L_P + L_{S_1}}{n^2}$$

$$= \left[\left\{\frac{1 - f^2/\left(1.847 \times 10^{10}\right)}{1 - f^2/\left(2.5503 \times 10^9\right)}\right\} \times 220 + 35.2\right] \times \frac{10^{-6}}{16}\,\mathrm{H}$$

$$\omega_T^2 = \frac{1}{L_T C} = \frac{1}{L_T \times 1000 \times 10^{-6}} = \frac{10^3}{L_T}\,(\mathrm{rad/s})^2$$

$$\omega_T^2 \left(1 + \beta G_{vf}\right) = \omega_T^2 = \frac{10^3}{L_T}\,(\mathrm{rad/s})^2$$

$$\left(\frac{1}{CR_o} + \frac{r}{L_T}\right)^2 = \left(\frac{1}{11.52 \times 1000 \times 10^{-6}} + \frac{0.1}{L_T}\right)^2 = \left(86.8 + \frac{0.1}{L_T}\right)^2$$

$$M = \frac{\omega_T^2 G_{vv}}{\sqrt{\left\{\omega_T^2 \left(1 + \beta G_{vf}\right) - \omega^2\right\}^2 + \omega^2 \left(\dfrac{1}{CR_o} + \dfrac{r}{L_T}\right)^2}}$$

$$= \frac{0.233 \times \dfrac{10^3}{L_T}}{\sqrt{\left\{\dfrac{10^3}{L_T} - \omega^2\right\}^2 + \omega^2 \left(86.8 + \dfrac{0.1}{L_T}\right)^2}} \tag{10.7}$$

$$\angle M\left(j\omega\right) = -\tan^{-1}\left\{\frac{\omega\left(\dfrac{1}{CR_o} + \dfrac{r}{L_T}\right)}{\omega_T^2 \left(1 + \beta G_{vf}\right) - \omega^2}\right\}$$

$$= -\tan^{-1}\left\{\frac{2\pi f\left(86.8 + \dfrac{0.1}{L_T}\right)}{\left(\dfrac{10^3}{L_T}\right)^2 - \omega^2}\right\} \tag{10.8}$$

② $\beta = 10\mathrm{kHz/V}$ の場合

$\omega_T^2 \left(1 + \beta G_{vf}\right) = \omega_T^2 \times (1 + 10 \times 0.531) = 6.31 \times \omega_T^2$
その他は ① に同じです。

③ $\beta = 25\mathrm{kHz/V}$ の場合

$\omega_T^2 \left(1 + \beta G_{vf}\right) = \omega_T^2 \times (1 + 25 \times 0.531) = 14.275 \times \omega_T^2$
その他は ① に同じです。

第 10 章　周波数特性

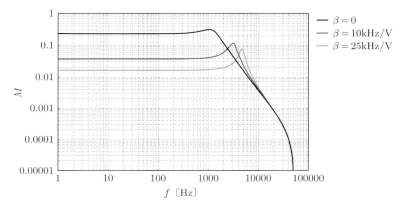

条件：動作周波数 $f = 70\text{kHz}$, $n = 4$, $G_{vv} = 0.233$, $G_{vf} = 0.531\text{V/kHz}$, $r = 0.1\Omega$, $R_o = 11.52\Omega$, $C = 1000\mu\text{F}$, $E_i = 100\text{V}$, $E_o = 24\text{V}$

図 10.3　入出力電圧比の周波数特性 (1)

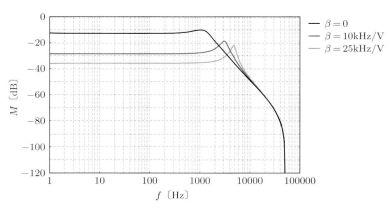

条件：動作周波数 $f = 70\text{kHz}$, $n = 4$, $G_{vv} = 0.233$, $G_{vf} = 0.531\text{V/kHz}$, $r = 0.1\Omega$, $R_o = 11.52\Omega$, $C = 1000\mu\text{F}$, $E_i = 100\text{V}$, $E_o = 24\text{V}$

図 10.4　入出力電圧比の周波数特性 (2)

10.2 入出力電圧比の周波数特性

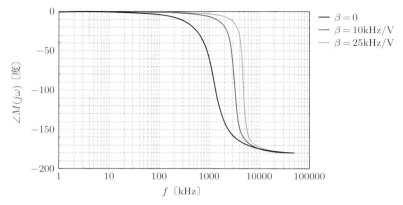

条件：動作周波数 $f = 70\text{kHz}$, $n = 4$, $G_{vv} = 0.233$, $G_{vf} = 0.531\text{V/kHz}$, $r = 0.1\Omega$, $R_o = 11.52\Omega$, $C = 1000\mu\text{F}$, $E_i = 100\text{V}$, $E_o = 24\text{V}$

図 10.5　入力電圧に対する出力電圧の位相の周波数特性

図 10.3 と図 10.4 の入出力電圧比 M は，帰還ゲイン β が大きくなると小さくなり，入力電圧の周期的変化に伴う出力の変化は少なくなります。しかし，M が平坦な領域が高い周波数まで伸びており，この領域の一部では，帰還ゲイン β が大きいほうが M は大きくなってしまいます。また，ある周波数でピーク値が生じます。さらに，周波数が高くなり f_1 付近になると，入出力電圧比 M は急激に減少します。

ここで，入出力電圧比 M が最大になる周波数を求めると，以下のようになります。

$$\frac{dM}{d\omega} = \frac{\omega_T^2 G_{vv}}{2}\left[\left\{\omega_T^2(1+\beta G_{vf})-\omega^2\right\}^2 + \omega^2\left(\frac{1}{CR_o}+\frac{r}{L_T}\right)^2\right]^{-\frac{1}{2}}$$
$$\cdot 2\omega\left[-2\left\{\omega_T^2(1+\beta G_{vf})-\omega^2\right\} + \left(\frac{1}{CR_o}+\frac{r}{L_T}\right)^2\right]$$

$dM/d\omega = 0$ とおくと，

$$2\omega^2 - 2\omega_T^2(1+\beta G_{vf}) + \left(\frac{1}{CR_o}+\frac{r}{L_T}\right)^2 = 0$$

が得られます。これより，M が最大になる角周波数 ω_m は

第 10 章　周波数特性

$$\omega = \omega_m = \sqrt{\omega_T^2 \left(1 + \beta G_{vf}\right) - \frac{1}{2}\left(\frac{1}{CR_o} + \frac{r}{L_T}\right)^2} \tag{10.9}$$

となり，$\beta = 25\text{kHz/V}$ のときは，

$$\omega_T^2 \left(1 + \beta G_{vf}\right) = 8.95 \times 10^8 \ (\text{rad/s})^2$$

$$\frac{1}{2}\left(\frac{1}{CR_o} + \frac{r}{L_T}\right)^2 = \frac{4.04 \times 10^7}{2} = 2.02 \times 10^7$$

$$\omega_m = \sqrt{8.95 \times 10^8 - 2.02 \times 10^7} = 2.9577 \times 10^4 \text{rad/s}$$

周波数に換算すると，$f_m = 4.71\text{kHz}$

になります。

　図 10.5 に示す位相角 $\angle M\left(j\omega\right)$ の周波数特性も，帰還ゲイン β が大きいほうが良くなっています。周波数が高くなるにつれて，位相角 $\angle M\left(j\omega\right)$ は徐々に負の角度が大きくなっていき，-180 度で一定になります。帰還ゲイン β が大きいと，位相が遅れ始める周波数が高くなり，周波数特性が改善されます。

　レギュレーション機構では，負帰還をかけて出力電圧が一定になるように制御します。入力電圧に対する出力電圧の位相が 180 度遅れると，負帰還が正帰還になってしまい，発振を起こす可能性が出てきます。帰還回路に 180 度まで遅らせないようにする，位相補正が必要となります。

10.3　出力インピーダンスの周波数特性

　7.2 節の式 (7.3) より，ラプラス変換後の出力インピーダンスは以下となります。

$$Z_o\left(s\right) = \frac{R_o}{\dfrac{E_o}{R_o} \cdot \dfrac{1}{\Delta E_o\left(s\right)/\Delta R_o\left(s\right)} - 1} \tag{10.10}$$

一方，式中の $\Delta E_o\left(s\right)/\Delta R_o\left(s\right)$ が

$$\frac{\Delta E_o\left(s\right)}{\Delta R_o\left(s\right)} = \frac{G_{vr}\left(s\right)}{1 + \beta G_{vf}\left(s\right)} = \frac{\dfrac{1}{P\left(s\right)}\left\{\dfrac{E_o}{CR_o^2}s + \omega_T^2 G_{vr}\left(1 + \dfrac{r}{R_o}\right)\right\}}{1 + \beta \dfrac{\omega_T^2 G_{vf}}{P\left(s\right)}\left(1 + \dfrac{r}{R_o}\right)}$$

$$= \frac{\dfrac{E_o}{CR_o^2}s + \omega_T^2 G_{vr}\left(1 + \dfrac{r}{R_o}\right)}{P\left(s\right) + \beta \omega_T^2 G_{vf}\left(1 + \dfrac{r}{R_o}\right)}$$

10.3 出力インピーダンスの周波数特性

$$
= \frac{\dfrac{E_o}{CR_o^2}s + \omega_T^2 G_{vr}\left(1 + \dfrac{r}{R_o}\right)}{s^2 + \left(\dfrac{1}{CR_o} + \dfrac{r}{L_T}\right)s + \omega_T^2\left(1 + \dfrac{r}{R_o}\right) + \beta\omega_T^2 G_{vf}\left(1 + \dfrac{r}{R_o}\right)}
$$

$$
= \frac{\dfrac{E_o}{CR_o^2}s + \omega_T^2 G_{vr}\left(1 + \dfrac{r}{R_o}\right)}{s^2 + \left(\dfrac{1}{CR_o} + \dfrac{r}{L_T}\right)s + \omega_T^2\left(1 + \beta G_{vf}\right)\left(1 + \dfrac{r}{R_o}\right)}
$$

として求められ，これを式 (10.10) に代入すると，負帰還をかけて制御したときの出力インピーダンス Z が求められます。

$$
Z(s) = \frac{R_o}{\dfrac{E_o}{R_o}\cdot\dfrac{s^2 + \left(\dfrac{1}{CR_o} + \dfrac{r}{L_T}\right)s + \omega_T^2\left(1 + \beta G_{vf}\right)\left(1 + \dfrac{r}{R_o}\right)}{\dfrac{E_o}{CR_o^2}s + \omega_T^2 G_{vr}\left(1 + \dfrac{r}{R_o}\right)} - 1}
$$

$$
= \frac{R_o\left\{\dfrac{E_o}{CR_o^2}s + \omega_T^2 G_{vr}\left(1 + \dfrac{r}{R_o}\right)\right\}}{\dfrac{E_o}{R_o}\left\{s^2 + \left(\dfrac{1}{CR_o} + \dfrac{r}{L_T}\right)s + \omega_T^2\left(1 + \beta G_{vf}\right)\left(1 + \dfrac{r}{R_o}\right)\right\} - \dfrac{E_o}{CR_o^2}s - \omega_T^2 G_{vr}\left(1 + \dfrac{r}{R_o}\right)}
$$

$$
= \frac{\dfrac{R_o^2}{E_o}\left\{\dfrac{E_o}{CR_o^2}s + \omega_T^2 G_{vr}\left(1 + \dfrac{r}{R_o}\right)\right\}}{s^2 + \left(\dfrac{1}{CR_o} + \dfrac{r}{L_T}\right)s + \omega_T^2\left(1 + \beta G_{vf}\right)\left(1 + \dfrac{r}{R_o}\right) - \dfrac{1}{CR_o}s - \dfrac{R_o\omega_T^2 G_{vr}}{E_o}\left(1 + \dfrac{r}{R_o}\right)}
$$

$$
= \frac{\dfrac{1}{C}s + \dfrac{R_o^2}{E_o}\omega_T^2 G_{vr}\left(1 + \dfrac{r}{R_o}\right)}{s^2 + \dfrac{r}{L_T}s + \omega_T^2\left\{\left(1 + \beta G_{vf}\right) - \dfrac{R_o G_{vr}}{E_o}\right\}\left(1 + \dfrac{r}{R_o}\right)} \tag{10.11}
$$

$1 \gg r/R_o$ のときは，以下となります。

$$
Z(s) = \frac{\dfrac{1}{C}s + \dfrac{R_o^2}{E_o}\omega_T^2 G_{vr}}{s^2 + \dfrac{r}{L_T}s + \omega_T^2\left\{\left(1 + \beta G_{vf}\right) - \dfrac{R_o G_{vr}}{E_o}\right\}} \tag{10.12}
$$

ここで，$s = j\omega$ とおくと，出力インピーダンスの周波数特性を求めることができます。

189

$$Z(j\omega) = \frac{\dfrac{R_o^2}{E_o}\omega_T^2 G_{vr} + \dfrac{j\omega}{C}}{-\omega^2 + j\omega \dfrac{r}{L_T} + \omega_T^2 \left\{(1+\beta G_{vf}) - \dfrac{R_o G_{vr}}{E_o}\right\}}$$

$$= \frac{\dfrac{R_o^2}{E_o}\omega_T^2 G_{vr} + \dfrac{j\omega}{C}}{\omega_T^2 \left\{(1+\beta G_{vf}) - \dfrac{R_o G_{vr}}{E_o}\right\} - \omega^2 + j\omega \dfrac{r}{L_T}} \quad (10.13)$$

また，$Z(j\omega)$ の絶対値を Z とおくと，次式が得られます．

$$Z = |Z(j\omega)| = \sqrt{\frac{\left(\dfrac{R_o^2}{E_o}\omega_T^2 G_{vr}\right)^2 + \left(\dfrac{\omega}{C}\right)^2}{\left[\omega_T^2\left\{(1+\beta G_{vf})-\dfrac{R_o G_{vr}}{E_o}\right\}-\omega^2\right]^2 + \left(\omega\dfrac{r}{L_T}\right)^2}}$$

$$(10.14)$$

実際の値を代入し，電流共振形コンバータの動作周波数が 70kHz であるときの，周波数に対する出力インピーダンス Z を求めてみましょう．計算結果を図 10.6 と図 10.7 に示します．これらの図の Z は，帰還ゲイン β が大きくなると小さくなりますが，Z が平坦な領域が高い周波数まで伸びており，この領域の一部では，帰還ゲイン β が大きいほうが Z は大きくなってしまいます．また，ある周波数

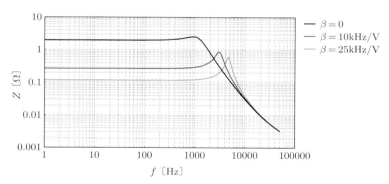

条件：動作周波数 $f = 70\text{kHz}$, $n = 4$, $G_{vr} = 0.303\text{V}/\Omega$, $G_{vf} = 0.531\text{V/kHz}$, $r = 0.1\Omega$, $R_o = 11.52\Omega$, $C = 1000\mu\text{F}$, $E_i = 100\text{V}$, $E_o = 24\text{V}$

図 10.6 出力インピーダンスの周波数特性 (1)

10.4 第10章のまとめ

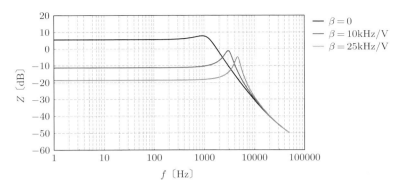

$Z\,[\text{dB}]$ は，$Z\,[\text{dB}] = 20\log Z\,[\Omega]$ で求めています。

条件：動作周波数 $f = 70\text{kHz}$, $n = 4$, $G_{vr} = 0.303\text{V}/\Omega$, $G_{vf} = 0.531\text{V/kHz}$, $r = 0.1\Omega$, $R_o = 11.52\Omega$, $C = 1000\mu\text{F}$, $E_i = 100\text{V}$, $E_o = 24\text{V}$

図 10.7　出力インピーダンスの周波数特性 (2)

でピーク値が生じますが，その周波数は入出力電圧比 M が最大になる周波数と同じです。

10.4 第10章のまとめ

第 10 章の要点をまとめると，以下のようになります。

① 電流共振形コンバータの周波数に対する等価回路は，図 10.1 のようになります。

② 入力電圧が周期的に周波数 f で変化したときの入出力電圧比 M は式 (10.4) で与えられ，動作周波数が 70kHz のときの入出力電圧比 M は，変動周波数に対して図 10.3 と図 10.4 のように変化します。変動周波数が約 1kHz 以下の領域では，入出力電圧比 M の周波数に対する変化はなく，その大きさは帰還ゲイン β が大きいほど小さくなります。周波数が上がると，入出力電圧比 M は式 (10.9) で決まる角周波数でピークに達し，その後，徐々に小さくなります。

③ 出力電圧比 M の位相角 $\angle M$ は式 (10.8) で与えられ，変動周波数に対して図 10.5 のように変化します。周波数が高くなると，位相角 $\angle M$ は -180 度になります。入力電圧に対する出力電圧の位相が 180 度遅れると，負帰還が正帰還になってしまい，発振を起こす可能性が出てきます。帰還回路に 180 度

第 10 章　周波数特性

まで遅らせないようにする，位相補正が必要となります。

④ 周波数に対する出力インピーダンス Z は式 (10.14) で与えられ，変動周波数に対して図 10.6 と図 10.7 のように変化します。出力インピーダンス Z は，帰還ゲイン β が大きくなると小さくなりますが，Z が平坦な領域が高い周波数まで伸びており，この領域の一部では，帰還ゲイン β が大きいほうが Z は大きくなってしまいます。また，ある周波数でピーク値が生じますが，その周波数は入出力電圧比 M が最大になる周波数と同じです。

⑤ 以上のことより，帰還ゲイン β が大きいほうが，入出力電圧比 M と出力インピーダンス Z が小さくなるため，周波数特性が良くなります。

第11章
設計に際して注意すべき点

この章では，実際に設計するにあたり注意すべき点と，トランスの巻線比や電流共振コンデンサの容量の決め方などについて説明します。

11.1　トランスの最大磁束密度

フライバック形コンバータなどの絶縁形矩形波コンバータは，1周期間に1回しか二次側に電力を供給しません。一方，電流共振形コンバータは，1周期間に2回，二次側に電力を供給します。したがって，同じサイズのフェライトコアを使ったトランスを，同一最大磁束密度 $B_{\mathrm{max}} = 0.3\mathrm{T}$（Tesla）で使用すると，コア損失（鉄損）が矩形波コンバータより大きくなってしまいます。すなわち，トランスのコア損失と巻線損失（銅損）において，コア損失の占める割合が大きくなってしまいます。コア損失を減らして最大効率を得るためには，最大磁束密度を下げて使わなければなりません。

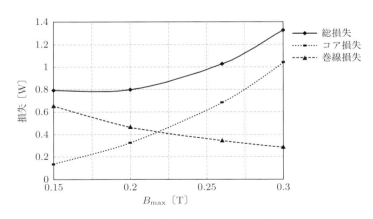

図 11.1　最大磁束密度とトランスの損失

第 11 章　設計に際して注意すべき点

表 11.1　コアの最大磁束密度とトランスの損失

最大磁束密度 B_{max}〔Tesla〕			0.3	0.26	0.2	0.15
(a) コア損失〔W〕			1.04	0.683	0.332	0.1365
ギャップ長〔mm〕			0.25	0.39	0.76	1.8
巻数	N_1〔turn〕		35	41	53	70
	N_2〔turn〕		9	10	14	18
巻線	長さ〔m〕	一次	1.6595	2.021	2.8158	4.038
		二次	0.4864	0.556	0.7805	1.014
	交流抵抗〔Ω〕	一次	0.1049	0.1278	0.178	0.2553
		二次	0.0159	0.0182	0.0255	0.0332
巻線の実効電流〔A〕		一次	1.27	1.283	1.267	1.271
		二次	2.702	2.729	2.685	2.703
(b) 巻線損失〔W〕		一次	0.1692	0.2104	0.2857	0.4124
		二次	0.1162	0.1354	0.1838	0.2426
		合計	0.2854	0.3458	0.4695	0.655
(c) 総損失 (a)+(b)〔W〕			1.3254	1.0288	0.8015	0.7915

【計算条件】　入力電圧：$E_i = 100$V，出力電圧：$E_o = 24$V，出力電流：$I_o = 2.1$A，動作周波数：$f = 68.4$kHz，励磁インダクタンス：$L_P = 210\mu$H，一次および一次換算の二次リーケージインダクタンス：$L_{S_1} = L'_{S_2} = 50.4\mu$H，電流共振コンデンサ：$C_i = 0.03\mu$F，コア：EE25/19 PC47 材，コア温度および巻線温度：$T = 100°$C，一次巻線：0.7φ（単線），二次巻線：$0.2\varphi \times 22$ 本（リッツ線），一次巻線の交流抵抗：直流抵抗比 7.6% アップ（表皮効果分），引き出しリードの長さ：一次・二次ともに 10mm

　最大磁束密度を変化させたときのコア損失と巻線損失，およびそれらを加算した総損失を計算した結果を，図 11.1 と表 11.1 に示します。総損失は 0.2T 以下で最小になっており，トランスコアの最大磁束密度は 0.2T 以下になるように設定すべきであることがわかります。

11.2　トランス巻数の決め方

[1]　トランスの励磁電流

　出力電力が大きくなると動作周波数は低くなり，1 周期間 T は伸びますが，一次リーケージインダクタンス L_{S_1} に発生する電圧降下が大きくなって，励磁電圧が低下します。このため，励磁電流は無負荷のときより小さくなります。つまり，無負荷のときの励磁電流が最大になります。したがって，トランスの巻数を決めるときは，無負荷のときの励磁電流を計算し，これをもとに決めてください。

① 出力電力が最大 $P_o = 50\mathrm{W}$ のとき

6.4 節より，$i_e(t_1) = 1.149\mathrm{A}$ です（図 6.3（p.83）のシミュレーション結果では $i_e(t_1) = 1.14\mathrm{A}$）。$t_1 \sim t_2$ 期間において励磁電流は最大になりますが，その値は，$i_e(t_1)$ とほぼ同じです（図 6.3 参照）。なお，このときの動作周波数は，図 6.16（p.112）より $f = 68.1\mathrm{kHz}$ です。

② 無負荷のとき

無負荷のときの励磁電流は，時刻 t_0 で最大になります。このときの励磁電流は，動作周波数に対して図 11.2 のように変化します。5.2 節の式 (5.9) を用いて求めたものです。無負荷のときは，$E_o = 24\mathrm{V}$ にするための動作周波数は，図 6.16 より $f = 71\mathrm{kHz}$ となります。これらから励磁電流を求めると $i_{e_{\max}} = i_e(0) = 1.266\mathrm{A}$ となります。

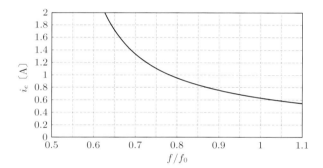

条件：$E_i = 100\mathrm{V}$, $L_P = 220\mu\mathrm{H}$, $L_{S_1} = 35.2\mu\mathrm{H}$, $C_i = 0.039\mu\mathrm{F}$, $f_0 = 99.6\mathrm{kHz}$, $f_1 = 50.5\mathrm{kHz}$

図 11.2　無負荷状態におけるトランスの励磁電流

[2]　トランスの巻数決定

コイル（導体）を貫く磁束が時間に対して変化すると，磁束の変化を妨げる方向に誘起起電力（逆起電力）e が発生します。

$$e = -N\frac{d\varphi}{dt}$$

ただし，N はコイルの巻数です。

また，コイルに流れる電流が時間に対して変化すると，電流の流れる向きと逆方向に誘起起電力 e が発生します。この性質をインダクタンスといいます。

第 11 章　設計に際して注意すべき点

$$e = -L\frac{di}{dt}$$

これらの誘起起電力は等しく,

$$|e| = L\frac{di}{dt} = N\frac{d\varphi}{dt} \quad \Rightarrow \quad Li = N\varphi \tag{11.1}$$

となります。これより，コア材の最大磁束密度を $B_{\max}$ (0.2T)，コアの実効断面積を A_e [m^2] とすると，

$$\varphi = B_{\max}A_e \geqq \frac{Li}{N} \quad \Rightarrow \quad N = N_1 \geqq \frac{Li}{B_{\max}A_e} = \frac{L_P i_{e_{\max}}}{B_{\max}A_e} \tag{11.2}$$

が成り立ち，コアの磁束密度を 0.2T 以下にするための一次巻線の巻数 N_1 を計算することができます。$L_P = 220\mu\text{H}$，$i_{e_{\max}} = 1.266\text{A}$，$A_e = 40\text{mm}^2$ とすると，以下のように 35 turn となります。

$$N_1 \geqq \frac{220 \times 10^{-6} \times 1.266}{0.2 \times 40 \times 10^{-6}} = 34.8 \quad \Rightarrow \quad 35\,\text{turn}$$

次に，二次巻線の巻数 N_2 を求めます。最高動作周波数 f を共振周波数 f_0 に等しい 100kHz （$f/f_0 = 1$）とすると，5.2 節の式 (5.12) より昇降圧比 G は 0.621 になります。図 11.3 に出力特性を示しており，この図からも求められます。入力電

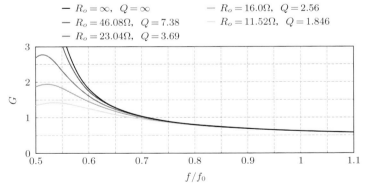

条件：$E_i = 100\text{V}$, $L_P = 220\mu\text{H}$, $L_{S_1} = 35.2\mu\text{H}$, $C_i = 0.039\mu\text{F}$, $f_0 = 99.6\text{kHz}$, $f_1 = 50.5\text{kHz}$

$f/f_0 = 1$ では，出力抵抗 R_o に関係なく，$G = 0.621$ になります。

図 11.3　出力特性

圧を $E_i = 110\sim180\mathrm{V}$ とすると，入力電圧が最も高い $180\mathrm{V}$ でも出力電圧が $24\mathrm{V}$ 以下に下がるという条件より，

$$G = \frac{nE_o}{E_{i_{\max}}} = 0.621$$

$$n \geqq \frac{E_{i_{\max}}}{E_o} G = \frac{180}{24} \times 0.621 = 4.658 \cong 4.7$$

が得られます。これより，N_2 は

$$n = \frac{N_1}{N_2} \geqq 4.7$$

$$N_2 \leqq \frac{N_1}{n} = \frac{35}{4.7} = 7.45 \quad \Rightarrow \quad 7\,\mathrm{turn}$$

となります。巻線比 n を再計算すると，

$$n = \frac{N_1}{N_2} = \frac{35}{7} = 5$$

となります。

[3]　昇降圧比の確認

巻線比 n が決まったら，入力電圧が最も低い $110\mathrm{V}$ のときに昇降圧比が十分かどうか，つまり，出力電圧が $24\mathrm{V}$ まで上がるかどうかを確認します。

$$G \geqq \frac{nE_o}{E_{i_{\min}}} = \frac{5 \times 24}{110} = 1.09$$

ピーク点における昇降圧比 G_P に対して 20% のマージンを見込むと，G_P は 1.4 以上が必要になります。図 11.3 を確認すると，$R_o = 11.52\Omega$ のときに $G_P = 1.4$ であり，問題がないことがわかります。

$$G_P \geqq \frac{G}{0.8} = \frac{1.09}{0.8} = 1.363 \cong 1.4$$

11.3　トランスのリーケージインダクタンスの最適値

電流共振形コンバータでは，出力ダイオードが導通したときに，リーケージインダクタンスは共振用インダクタンスとして動作しています。そのため，あまり小さくすることはできません。小さくすると，ダイオード電流のピーク値が大きくな

第 11 章　設計に際して注意すべき点

り，出力ダイオードの損失や巻線損失が増大してしまいます．逆に大きすぎると，リーケージフラックスが銅線の内部を横切ることにより銅線内に渦電流が発生し，それによる漂遊負荷損が増加してしまいます．小さすぎても大きすぎても損失が増大し，効率が低下します．しかし，どこかに最適値があるはずです．

そこで，一次リーケージインダクタンスを変化させて AC-DC 効率を測定した結果を，図 11.4 に示します．一次リーケージインダクタンスは，自己インダクタンスの約 12.3% が最適だというデータが得られています．入力電圧や出力電圧・電力によって多少変化しますが，12% 前後の値を選ぶようにすれば，高い効率を得ることができます．

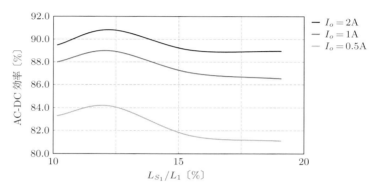

図 11.4　一次リーケージインダクタンスと AC-DC 効率

図 11.4 は，AC 電圧 100V，出力電圧 $E_o = 24$V で測定した結果です．また，その他の詳細な測定条件については，巻末「参考文献・図書」の [5] を参照してください．なお，実験に使用したトランスサンプルのインダクタンスは，表 11.2 のようになっています．

表 11.2　トランスサンプルのインダクタンス

トランスサンプル	No.1	No.2	No.3	No.4
L_{S_1} 〔μH〕	11.8	16	16.9	22.8
L_P 〔μH〕	111.2	114	113.5	114.1
L_1 〔μH〕	123.0	130	130.4	136.9
$(L_{S_1}/L_1) \times 100$ 〔%〕	9.6	12.3	13.0	16.7

L_{S_1}：一次リーケージインダクタンス，L_P：励磁インダクタンス，L_1：自己インダクタンス

11.4　昇降圧比と電流共振コンデンサの容量

一次リーケージインダクタンスと自己インダクタンスの比 L_{S_1}/L_1 を最適値の 0.12，共振周波数 f_0 を 100kHz として出力特性を求めると，図 11.5 のようになります。この特性より，少なくとも Q は 2.0 以上でないと使えないことになります。

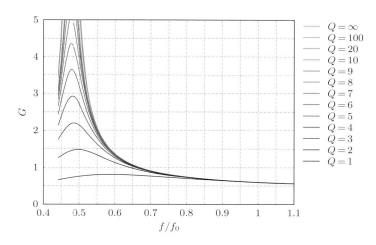

条件：$L_{S_1}/L_1 = 0.12$，$L_P/L_1 = 0.88$，$f_0 = 100\text{kHz}$，$f_1 = 47.5\text{kHz}$

図 11.5　$L_{S_1}/L_1 = 0.12$ における出力特性

図 11.6 は一次換算の出力抵抗 R'_o と Q の関係をグラフに表したものです。この図より，Q が 2 のときの R'_o の下限を求めることができます。例えば，$L_1 = 260\mu\text{H}$ とすると，$R'_o = 90\Omega$ となります。つまり，一次換算の出力抵抗が約 90Ω 以上の負荷でないと，使えないことになります。90Ω を下回るときは，自己インダクタンス L_1 を下げて，電流共振コンデンサ C_i の容量を大きくしてください。Q が上昇し，必要な昇降圧比を得ることができます。

また，自己インダクタンス L_1 を与えたときの電流共振コンデンサの容量は，図 11.7 から求めることができます。参考にしてください。

(注) トランスのコアサイズの決定，その他の詳細については，巻末「参考文献・図書」の [4] を参照してください。

第 11 章 設計に際して注意すべき点

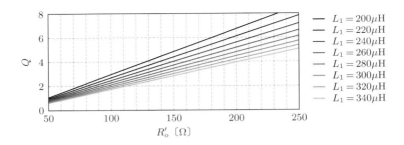

条件：$L_{S_1}/L_1 = 0.12$, $L_P/L_1 = 0.88$, $f_0 = 100\text{kHz}$, $f_1 = 47.5\text{kHz}$

図 11.6 一次換算の出力抵抗 R'_o と Q

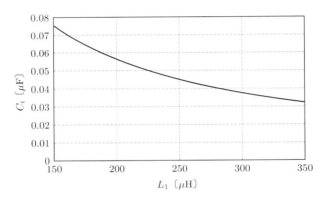

条件：$L_{S_1}/L_1 = 0.12$, $L_P/L_1 = 0.88$,
$f_0 = 100\text{kHz}$, $f_1 = 47.5\text{kHz}$

図 11.7 トランスの自己インダクタンスと電流共振コンデンサの容量

11.5 第 11 章のまとめ

第 11 章の要点をまとめると，以下のようになります。

① トランスコアの最大磁束密度は，0.2T 以下になるように設定してください。そうすれば，トランスの損失を最小にすることができます。
② トランスの励磁電流 i_e は無負荷のときが，最大になります。5.2 節の例では，動作周波数は図 6.16（p.112）より $f = 71\text{kHz}$ になります。これを 5.2 節の式 (5.9) に代入して計算すると，i_e は 1.266A になります。

③ コアの最大磁束密度を 0.2T として，実効断面積 A_e〔m^2〕を与えると，一次
巻線の最小巻数 N_1 を計算することができます。

④ 入力電圧 E_i が最も高いときの条件より，巻線比 n と二次巻線の巻数 N_2 を
決めることができます。最高動作周波数 f を f_0 とすると，5.2 節の式 (5.12)
より昇降圧比 G は 0.621 になります。これより，巻線比 n と二次巻線の巻
数 N_2 が計算できます。それが終わったら，入力電圧 E_i が最も低いときに，
必要な昇降圧比 G が確保されているかどうかを確認してください。

⑤ トランスの一次リーケージインダクタンスは，自己インダクタンスの約
12% にすると，スイッチングコンバータとしての最大効率が得られます。

⑥ 一次リーケージインダクタンスと自己インダクタンスの比 L_{S_1}/L_1 を最適値
の 0.12，共振周波数 f_0 を 100kHz として出力特性を求めると，図 11.5 のよ
うになります。ここから必要な Q を確認することができます。

⑦ 図 11.6 と図 11.7 から，必要な Q を確保すべき自己インダクタンス L_1 と電
流共振コンデンサ C_i の容量を求めることができます。

付録 A
フライバック形コンバータと電流共振形コンバータのノイズ比較

　まったくの同一条件ではありませんが，フライバック形コンバータと電流共振形コンバータの伝導ノイズと輻射ノイズを測定したところ，フライバック形では伝導ノイズと輻射ノイズが突出して大きい周波数領域があるのに対し，電流共振形にはそれがなく，ノイズが極めて少ないことが確認できました。表 A.1 に，フライバック形および電流共振形の電源ユニットの測定条件を示します。表中の記号については，図 A.1 を参照してください。

表 A.1　電源ユニットの測定条件

	AC 電圧 [V]	出力電力 [W]	動作周波数 [kHz]	C_{X_1} [μF]	C_{X_2} [μF]	C_{Y_2} [pF]	C'_Y [pF]
フライバック形	100	100	67	0.22	0.22	1000	1000
電流共振形	100	100	100	0.22	0.22	1000	1000

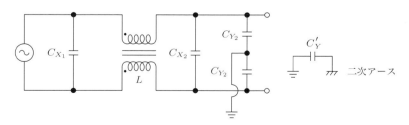

図 A.1　表 A.1 の記号の意味

A.1　伝導ノイズの比較

　フライバック形と電流共振形の伝導ノイズの測定結果を図 A.2 に示します。図から，フライバック形では，2MHz 以上の領域で電流共振形よりも伝導ノイズが増えており，特に 3.5MHz 付近と 20〜25MHz 付近にピークが生じていることが，また，電流共振形では，それらの周波数領域にわたってノイズが少なく，電流共振形を使うことにより伝導ノイズを大幅に低減できることがわかります。

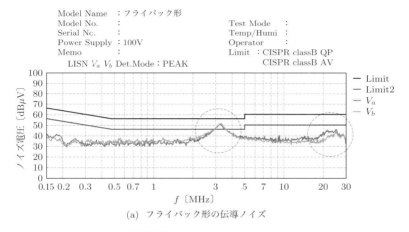

(a) フライバック形の伝導ノイズ

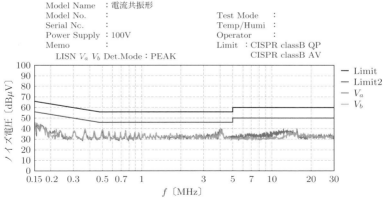

(b) 電流共振形の伝導ノイズ

Limit：準尖頭値，Limit2：平均値の限度値，V_a：AC 電源の a 極のノイズ，V_b：b 極のノイズ

図 A.2　フライバック形と電流共振形の伝導ノイズの比較

A.2 輻射ノイズの比較

フライバック形と電流共振形の輻射ノイズの測定結果を図 A.3 に示します。図から，フライバック形は電流共振形に比べて全体的に輻射ノイズが大きく，特に丸印を付けてあるところで大幅に増えています。電流共振形コンバータでは，これらの領域もノイズが少なく，高域の輻射ノイズを大幅に低減できることがわかります。

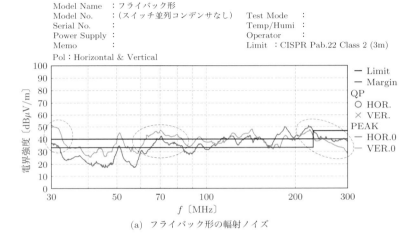

(a) フライバック形の輻射ノイズ

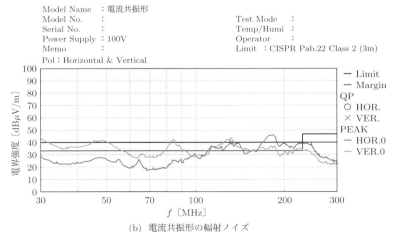

(b) 電流共振形の輻射ノイズ

HOR. は水平偏波，VER. は垂直偏波を意味しています。どちらも限度値以下にすることが電気用品安全法により義務付けられています。

図 A.3　フライバック形と電流共振形の輻射ノイズの比較

付録 B
降圧形コンバータの損失

　入力電圧 $E_i = 12\text{V}$，出力電圧 $E_o = 5\text{V}$，インダクタンス $L = 10\mu\text{H}$ で動作周波数 f と出力電流 I_o を変えたときのコンバータ全体の損失を，図 B.1 と図 B.2 に示します．

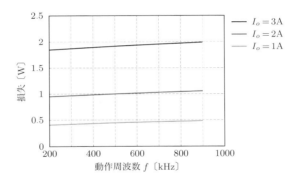

図 B.1　降圧形コンバータの損失 (1)

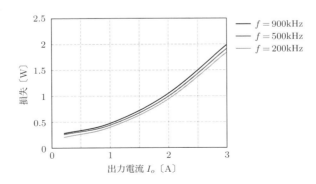

図 B.2　降圧形コンバータの損失 (2)

付録 B　降圧形コンバータの損失

　図 B.1 より，動作周波数に対する損失の変化は少なく，スイッチング損失は小さいことがわかります。図 B.2 より，出力電流に対する損失の変化は非常に大きく，オン期間に発生する導通損失が大きいことがわかります。出力が低電圧・大電流である降圧形コンバータにおいては，スイッチング損失が全体の損失に占める割合が小さいことが確認できます。

参考文献・図書

[1] 原田耕介ほか 31 名『スイッチング電源技術』，日本工業技術センター（1988）

[2] 原田耕介ほか 2 名『スイッチングコンバータの基礎』，コロナ社（2007）

[3] 森田浩一『スイッチング電源基礎セミナーテキスト』，日本能率協会（2013）

[4] 落合政司『スイッチング電源の原理と設計』，オーム社（2015）

[5] 白石尚也・落合政司ほか 5 名「電流共振形コンバータの効率におけるリーケージインダクタンスの最適値」，信学技報，vol.115, no.462, EE2015-30, pp.1–6（2016）

[6] 落合政司『シッカリ学べる！「スイッチング電源回路」の設計入門』，日刊工業新聞社（2018）

[7] 落合政司「群馬大学 アナログ集積回路研究会講演会テキスト」（2011〜2018）

   ① 電源回路の基礎とスイッチングコンバータの原理

   ② スイッチング電源回路の原理（中級）

   ③ 状態平均化法による矩形波コンバータの動作特性解析

   ④ 電流共振形コンバータの設計法

   ⑤ 電流共振形コンバータの電圧・電流と静特性および動特性

索引

■ 数字・記号

1 周期間　79, 82, 112, 113, 153–155, 193, 194
　　——の動作　46
$\angle M$　182
$\angle M(j\omega)$　184

■ A

a-b 間のインピーダンス　149–151, 153, 181
a-b 間の等価インダクタンス　166, 182

■ G

G_P　197
G_{vf}　129, 132, 138, 141, 144, 146
$G_{vf}(s)$　149, 181
G_{vr}　129, 138, 140, 144, 146, 177
$G_{vr}(s)$　149, 181
G_{vv}　129, 131, 141, 177
$G_{vv}(s)$　149, 181

■ K

K_V　105, 107, 108, 113

■ L

L_T　184

■ M

M　182, 184
MOSFET　38

■ Q

Q　108, 117, 119, 122, 124, 127, 128, 199, 201

■ R

R_{oAC}　106, 122
R_o/Z_r　26

■ S

S　141

■ T

$t_0 \sim t_1$ 期間の電圧・電流　64, 112
$t_1 \sim t_2$ 期間の電圧・電流　91, 113

■ X

x　157

■ Z

ZCS　5, 6, 10, 11, 13, 27, 29, 38
ZVS　5, 6, 8, 10, 11, 13, 27, 29, 30, 38, 44, 47, 50, 51

■ あ

安定性　180

■ い

位相角　182, 188, 191
位相補正　188, 192
一次換算
　　——の出力ダイオード電流　64, 69, 70, 76, 81, 84, 89, 99, 100, 112
　　——の出力抵抗　199
　　——の等価インダクタンス　150–152
　　——の等価容量　152
　　——の二次リーケージインダクタンス　39, 46
　　——の二次リーケージインダクタンスに発生する電圧　73, 74, 112
一次巻線　44, 56, 61
　　——に発生する電圧　75
　　——の巻数　196
一次リーケージインダクタンス　39, 117, 128, 194, 198, 201
　　——に発生する電圧　112
　　——の電圧　72
インダクタンス　195, 205
インピーダンス　49, 154

■ う

渦電流　198

■ お

音響機器　2, 10
オン抵抗　2, 38
温度上昇　5

■ か

回路方式　11, 13
回路方程式　40

208

索引

角速度　46, 49
片側断面図　38
過渡応答　149, 153, 154, 168, 171, 175,
　　181
過渡的な振動　8
簡易等価回路　39

■ き _____

帰還回路　188, 191
帰還ゲイン　142, 144, 146, 148, 149, 171,
　　173, 179–181, 187, 188, 190–192
寄生ダイオード　46
基板面積　38
基本波　62
逆ラプラス変換　69, 70, 169
共振　49, 51
共振回路　11, 28, 49
　　——のインピーダンス　9, 13, 49, 50
　　——のインピーダンスの比　29
共振角速度　49, 50
共振期間　21
共振形降圧コンバータ　11, 13, 27–29
共振形コンバータ　2, 5, 6, 10, 11, 13, 28,
　　40
共振コイル　17, 21, 24, 26, 30, 37, 40, 51
共振コンデンサ　16–19, 21, 25, 26, 30, 37,
　　40
共振コンデンサ電圧　34
共振コンデンサ電流　37
共振周波数　13, 45, 49, 50, 56, 109, 110,
　　117, 119, 124, 151, 199, 201
共振スイッチ　11–14, 28
共振電圧　25, 45, 49–51, 55
共振電圧・電流　40
共振電流　21, 26, 37, 38, 46, 49
共振はずれ現象　38
共振用インダクタンス　197
近似直線　154

■ く _____

矩形波コンバータ　2, 5–7, 11, 28, 37, 124,
　　128
矩形波電圧　62

■ け _____

計測器　2, 10
軽負荷　38
ゲート電圧　46, 47
減衰係数　180, 181
減衰率　174, 179

■ こ _____

コアサイズ　37

コアの実効断面積　196
コイル　17, 21, 195
降圧形コンバータ　11, 13, 14, 26, 28, 206
構成　44
効率　29, 38, 123, 198, 201
交流近似解析法　52, 61–63, 104, 105
交流出力抵抗　105
交流出力電圧　62
　　——の振幅　105
交流出力電流の振幅　105
交流入力電圧　62
小型化　4–6, 10, 37, 38
コンバータ　38

■ さ _____

サージ電圧　6
サージ電流　6
最大磁束密度　193, 196, 200, 201
最大になる時刻　100

■ し _____

自己インダクタンス　30, 39, 44, 45, 91,
　　124, 198, 199, 201
実効断面積　201
時定数　153, 154
時比率　44, 51
シミュレーション結果　90, 95, 97, 195
シミュレーションして得た値　79
シミュレーションソフトウェア　58
周期　174, 179
周波数制御　13, 28, 33, 35, 49, 51
周波数制御方式　129
周波数特性　182, 183, 188, 189
出力インピーダンス　26, 119, 123, 124,
　　127–129, 144, 148, 182, 188–190,
　　192
出力コンデンサ　17, 37, 46, 47, 60, 171,
　　174, 179
出力ダイオード　7, 8, 37, 39, 49, 52, 56,
　　64, 91, 197
　　——の損失　198
　　——の電圧降下　79, 95
　　——の導通時間　79, 82, 84, 113
出力ダイオード電流　37, 89, 90, 100, 113
　　——が最大になる時刻　100, 102, 113
出力抵抗　13, 29, 109, 110, 115, 117, 119,
　　123, 128, 131, 140, 146, 149, 157,
　　158, 167, 174, 175, 177, 179–181
　　——に対する直流ゲイン　138
出力電圧　13, 16–21, 23, 24, 26–28, 33,
　　35, 41, 45, 50–52, 61, 62, 99, 102,
　　110, 113–115, 119, 128, 129, 131,

209

索引

138, 140, 141, 146, 148, 149, 165,
168, 170, 174, 175, 177, 179–181,
183, 197, 198, 205
──の過渡応答　166
──の微小変動　166, 167
──の変動　140
出力電圧・昇降圧比　11
出力電圧比　191
出力電流　11, 13, 19, 24, 26, 35, 37, 56,
60, 64, 119, 148
出力電力　4, 115, 128, 195
出力特性　11, 13, 15, 16, 21, 24, 26, 33,
35, 37, 41, 52, 59, 63, 104, 110,
113, 199, 201
出力トランジスタ　2, 3
──の損失　2, 3
昇降圧形コンバータ　30
昇降圧比　13, 16, 19–22, 24, 26, 28,
33–35, 37, 41, 46, 51, 52, 56, 59,
61, 62, 104, 105, 110, 197, 199, 201
──の求め方　104
振動　174, 179, 181

■ す

スイッチ損失　2, 6, 29
スイッチ電圧・電流　27
スイッチ電圧波形　8
スイッチの抵抗　114
スイッチングコンバータ　2, 4–6, 10, 119
スイッチング損失　2, 5, 10, 27, 29, 38, 206
スイッチングトランス　5, 38, 40
スイッチングレギュレータ　129
ステップ変化　168, 170, 175, 177, 179–181
ストレージ期間　7

■ せ

正帰還　188, 191
制御感度　138
制御法　27
静特性　40, 114
絶縁形　38
絶縁形共振コンバータ　28, 30, 33, 37, 40,
41
絶縁形矩形波コンバータ　30, 40, 193
ゼロクロス条件　28
全体の損失　206
全波整流　38
全波整流回路　44, 51
全波電圧共振形降圧コンバータ　14, 15, 20,
26
全波電圧共振形コンバータ　28
全波電圧共振スイッチ　11, 12, 28

全波電流共振形　33
全波電流共振形降圧コンバータ　14, 16, 25
全波電流共振形コンバータ　29
全波電流共振スイッチ　11, 12, 28

■ そ

総損失　194
損失　200
損失抵抗　114, 115, 128, 141

■ た

耐圧　38
ダイオード　46, 47, 49, 155
ダイオード電流　46, 49, 197
他励式　45

■ ち

直流ゲイン　129, 131
直流に対するレギュレーション機構　129

■ て

抵抗負荷　5
低周波　150, 151, 154, 156
──に対する等価回路　153
定常偏差　171, 179–181
鉄損　5, 39, 193
電圧−電流の軌跡　5, 13
電圧・電流の時刻 t_0 における初期値　112
電圧・電流の初期値　76
電圧共振　30, 44, 51
電圧共振形　16, 27
──の ZVS 条件　28
電圧共振形降圧コンバータ　13, 16, 17, 28
電圧共振形コンバータ　5, 11, 17
電圧共振コンデンサ　44, 46, 49–51
電圧共振スイッチ　12
電圧共振フォワード形コンバータ　30, 33, 40
電圧共振フライバック形コンバータ　8, 9,
30, 31, 33, 34, 40, 41
電圧時間積　33
電気・電子機器　2, 30, 37, 41
伝達関数　149, 156, 158, 165, 166, 181
伝導ノイズ　10, 202, 203
──と輻射ノイズ　6
電流共振　30, 51
電流共振形　27, 203
──の ZCS 条件　28
電流共振形降圧コンバータ　13, 16, 21, 23,
29
電流共振形コンバータ　5, 8, 10, 11, 13, 30,
32, 33, 37, 40, 44, 46, 48, 51, 62,
124, 128, 129, 149, 153–155, 166,
181, 184, 190, 191, 193, 197, 202

210

索引

——の静特性　114
電流共振コンデンサ　30, 44–46, 49–51, 91,
　　　117, 128, 193, 199, 201
——の容量　123, 124
電流共振コンデンサ電圧　52, 55, 57, 58,
　　　63, 64, 72–74, 84, 85, 91, 93, 112
——の初期値　76, 79, 112, 113
電流共振スイッチ　12
電流共振ハーフブリッジ形コンバータ　30,
　　　33, 35, 37, 40
電力量（エネルギー）　4

■ と

等価インダクタンス　149, 150, 154, 166,
　　　181
等価回路　30, 39, 41, 46, 52, 55, 91, 105,
　　　114, 149, 154–156, 181, 182, 191
等価抵抗　39
等価容量　152
動作原理　44
動作周波数に対する直流ゲイン　132
同心巻き（層巻き）トランス　38
導通時間　89
導通損失　206
動特性　40, 129
トランス　30, 38, 39, 44, 46, 47, 51, 53,
　　　61, 151, 193, 200, 201
——のコアサイズ　199
——の自己インダクタンス　123
——のリーケージインダクタンス　51
トランスコア　5, 200
トランス巻線の抵抗　114

■ に

二次側での等価インダクタンス　150
二次側での等価容量　152
二次換算の抵抗　115
二次巻線　61
——の巻数　196, 201
二次リーケージインダクタンス　40, 56
入出力電圧比　182, 183, 187, 191, 192
入力電圧　13, 33, 34, 45, 61, 131, 140,
　　　141, 149, 157, 158, 166, 168, 170,
　　　177, 179–183, 187, 191, 198, 201,
　　　205
——に対する直流ゲイン　131
入力電流　21

■ の

ノイズ　2, 6

■ は

ハーフブリッジ構成　51

発振　188, 191
発振器　45
パルス・バイ・パルス方式　38
半波共振形降圧コンバータ　15, 26
半波電圧共振形　33
半波電圧共振形降圧コンバータ　14, 15, 17,
　　　18, 26
半波電圧共振形コンバータ　28
半波電圧共振スイッチ　11, 12, 28
半波電流共振形降圧コンバータ　14, 16, 22,
　　　26
半波電流共振形コンバータ　29
半波電流共振スイッチ　11, 12, 28

■ ひ

ピーク値　187, 191, 192, 197
ピーク点における昇降圧比　197
微小変化　166, 167
微小変動　157, 158, 174, 181
——に対するレギュレーション機構　166
非絶縁　40
——のチョッパ方式矩形波コンバータ
　　　30
微分方程式　157
漂遊負荷損　198
比率　105, 107, 113

■ ふ

フーリエ展開　62
フェライトコア　193
負荷レギュレーション特性　129, 146, 148
負荷を引いたときの出力電圧　104, 110, 113
負荷を引いたときの昇降圧比　105, 113
負帰還　114, 129, 146, 148, 188, 189, 191
——をかけて制御したときの出力インピー
　　　ダンス　143, 144
輻射ノイズ　10, 38, 202, 204
フライバック形　6, 124, 128, 203
フライバック形コンバータ　2, 10, 37, 149,
　　　193, 202
分割巻きトランス　30, 38, 41
分布容量　38

■ へ

平均電圧　154
平均電流　154
変数　157
変動周波数　182
変動率　129, 140–142, 148

■ ほ

放熱板　38
ボビン　38

211

索引

■ま

巻数　194, 195
巻数比　61
巻線損失　193, 198
巻線抵抗　39
巻線比　131, 193, 197, 201

■む

無負荷状態　52, 60
　　——における昇降圧比　62, 105
　　——の出力電圧　61, 63, 104
　　——の電圧・電流　63

■ゆ

誘起起電力　195
誘導性　150

■よ

容量　41
容量性　151, 153

■ら

ラプラス変換　64, 158, 159, 188

■り

リーケージインダクタンス　38, 41, 45, 46,
　　50, 117, 197
リカバリー電流　7
リカバリーノイズ　38
利用率　37
リンギングチョーク形コンバータ　2, 3

■れ

励磁インダクタンス　39, 45, 46, 49–51, 55,
　　117, 128, 151
励磁電圧　49, 52, 55, 56, 58, 63, 64, 72,
　　99, 102, 112, 194
　　——の最大値　60, 63
励磁電圧・電流　91
励磁電流　38, 45–47, 49, 52, 53, 55, 57,
　　63, 64, 91, 92, 112, 113, 123, 195,
　　200
　　時刻 t_1 における——　93
　　——の最大値　59, 63
　　——の初期値　76, 81, 82, 84, 85, 112,
　　113
レギュレーション機構　129, 149, 181, 188

212

■ 著者紹介

落合政司（おちあい まさし）

長崎大学大学院 生産科学研究科 博士課程修了
工学博士

元群馬大学 客員教授（2012～2017 年度）
芝浦工業大学 非常勤講師（2014 年度～）
小山工業高等専門学校 非常勤講師（2011 年度～）

主な著書
　『スイッチング電源の原理と設計』（オーム社，2015）
　『シッカリ学べる！「スイッチング電源回路」の設計入門』（日刊工業新聞社，2018）
　『はかる×わかる半導体―パワーエレクトロニクス編』（共著，日経 BP 社，2019）

小学 2 年生のころ

- 本書の内容に関する質問は，オーム社書籍編集局「（書名を明記）」係宛に，書状または FAX（03-3293-2824），E-mail（shoseki@ohmsha.co.jp）にてお願いします．お受けできる質問は本書で紹介した内容に限らせていただきます．なお，電話での質問にはお答えできませんので，あらかじめご了承ください．
- 万一，落丁・乱丁の場合は，送料当社負担でお取替えいたします．当社販売課宛にお送りください．
- 本書の一部の複写複製を希望される場合は，本書扉裏を参照してください．

|JCOPY|＜出版者著作権管理機構 委託出版物＞

共振形スイッチングコンバータの基礎

2019 年 8 月 10 日　　第 1 版第 1 刷発行

著　　者　落 合 政 司
発 行 者　村 上 和 夫
発 行 所　株式会社 オーム社
　　　　　郵便番号　101-8460
　　　　　東京都千代田区神田錦町 3-1
　　　　　電話　03(3233)0641(代表)
　　　　　URL　https://www.ohmsha.co.jp/

© 落合政司 2019

組版　グラベルロード　　印刷・製本　三美印刷
ISBN978-4-274-22409-6　Printed in Japan

関連書籍のご案内

回路シミュレータ LTspiceで学ぶ電子回路 第3版

● 渋谷 道雄 著
B5変判・512頁
定価(本体 3700 円【税別】)

◆LTspice を使って電子回路を学ぼう！

本書は LTspice（フリーの回路シミュレータ）を使って電子回路を学ぶものです。
単なる操作マニュアルにとどまらず、電子回路の基本についても解説します。回路の実例としては、スイッチング電源、オペアンプなどを取り上げています。

開発元のリニアテクノロジーがアナログ・デバイセズ（ADI）に買収され、業界での利用率が上がっています。また、買収後 ADI の回路モデルが大量に追加され、より利便性が増しています。

主要目次

第1部 基礎編
- 第1章 まず使ってみよう
- 第2章 回路図入力
- 第3章 シミュレーション・コマンドとスパイス・ディレクティブ
- 第4章 波形ビューワ
- 第5章 コントロールパネル

第2部 活用編
- 第6章 簡単な回路例
- 第7章 スイッチング電源トポロジー
- 第8章 Op.Amp. を使った回路
- 第9章 参考回路例
- 第10章 SPICE モデルの取り扱い
- 第11章 その他の情報

もっと詳しい情報をお届けできます．
○書店に商品がない場合または直接ご注文の場合も右記宛にご連絡ください．

ホームページ https://www.ohmsha.co.jp/
TEL/FAX TEL.03-3233-0643 FAX.03-3233-3440

（定価は変更される場合があります）

A-1905-157